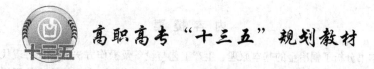

高职高专"十三五"规划教材

铜冶金生产技术

贺晓红　孙来胜　编著

北京

冶金工业出版社

2023

内 容 提 要

本书分析了铜冶金的基本原理、生产工艺与设备及操作方法。不仅对现代铜冶金强化新工艺——闪速熔炼、顶吹浸没熔炼、诺兰达熔炼与白银熔炼法作了详细介绍，而且对传统炼铜法及不锈钢阴极永久电解法也作了较具体的讲述。

全书共 12 章，包括绪论，造锍熔炼的基本原理，铜精矿的闪速熔炼，诺兰达熔炼，铜精矿的顶吹熔炼，白银炼铜法，传统熔炼方法，其他炼铜方法，熔锍吹炼，炉渣的贫化处理，粗铜火法精炼和铜的电解精炼。

本书适合作为高职高专院校和本科院校教材，也可作为铜冶金企业生产管理人员，技术人员和现场工人培训教材。

图书在版编目(CIP)数据

铜冶金生产技术/贺晓红，孙来胜编著 . —北京：冶金工业出版社，2017.2（2023.12 重印）

高职高专"十三五"规划教材

ISBN 978-7-5024-7411-9

Ⅰ.①铜…　Ⅱ.①贺…　②孙…　Ⅲ.①炼铜—高等职业教育—教材　Ⅳ.①TF811

中国版本图书馆 CIP 数据核字（2017）第 028981 号

铜冶金生产技术

出版发行	冶金工业出版社	**电　话**	(010)64027926
地　址	北京市东城区嵩祝院北巷 39 号	**邮　编**	100009
网　址	www. mip1953. com	**电子信箱**	service@ mip1953. com

责任编辑　杨盈园　美术编辑　彭子赫　版式设计　葛新霞
责任校对　郑　娟　责任印制　窦　唯
北京虎彩文化传播有限公司印刷
2017 年 2 月第 1 版，2023 年 12 月第 2 次印刷
787mm×1092mm　1/16；15.75 印张；377 千字；238 页
定价 38.00 元

投稿电话　(010)64027932　投稿信箱　tougao@cnmip. com. cn
营销中心电话　(010)64044283
冶金工业出版社天猫旗舰店　yjgycbs. tmall. com
（本书如有印装质量问题，本社营销中心负责退换）

前　言

目前，先进的铜冶金技术在国内应用非常普遍，设备的改进和操作管理水平都有了很大的提高。本书编写根据高职高专院校教学大纲要求，辅以国内先进生产方法为参考，对国内采用的冶炼工艺作了详细的叙述，同时对国外的先进冶炼方法和传统工艺作了简单的介绍。

全书共 12 章，从铜的性质到铜的冶炼方法一一阐述，介绍了铜的性质和主要化合物，造锍熔炼的基本原理，铜精矿的闪速熔炼，诺兰达熔炼，铜精矿的顶吹熔炼，白银炼铜法，传统熔炼法，其他炼铜方法，熔锍吹炼，炉渣的贫化处理，粗铜的火法精炼和铜的电解精炼等。

全书第 1、2、7、9、10、12 章由贺晓红编写，第 3、4、5、6、8、11 章由孙来胜编写，贺晓红任主编，负责全书的统稿和修改，文燕、贺晓红负责全书审定。

本书除可作为本科和高职高专院校学生的教学用书外，亦可供从事铜冶金生产的管理人员、技术人员、生产工人参考。

本书在编写过程中，参考了相关资料，对其作者表示由衷的感谢；本书的编写得到了铜陵有色控股集团金冠铜业公司领导和工程技术人员的支持和帮助，在此也对他们表示衷心的感谢。

由于本书涉及内容广泛，编者学识水平有限，书中若有不妥之处，敬请读者批评指正。

编者

2016 年 9 月

目 录

1 绪 论

1.1 铜的性质和主要化合物

1.1.1 铜的物理性质

铜在自然界中的分布十分广泛。在组成地壳的全部元素中，铜的蕴藏量目前居第22位。铜是一种玫瑰红色、柔软、具有良好延展性能的金属。

铜的熔点为1083℃，沸点为2310℃，铜具有较大比重，固态时（20℃）密度为8.94g/cm³，熔点时（1083℃）密度为8.32g/cm³，1200℃液态时密度为7.81g/cm³。

熔点时蒸汽压很低，仅为0.13Pa，因此铜在火法冶炼的温度条件下，实际上不会产生挥发。

铜是电和热的良导体，仅次于银，如果把银的导电率和导热率作为100%，则铜的导电率是93%，导热率是73.2%。

铜在20℃时的电阻率为0.017241Ω·mm²/m，当温度下降时电阻降低。

铜中的杂质会降低铜的导电率。铜的导热率也随温度的升高而降低。

铜25℃时的比热容为398J/(kg·℃)，液态时比热容为251J/(kg·℃)，熔化潜热为204891J/kg。

铜具有很好的延展性能，易于铸造和压延，能够加工成薄片和拉成细的铜丝。液体铜能溶解某些气体，如H_2、O_2、SO_2、CO_2、CO和水蒸气，当液体铜凝固时，溶解的气体会从铜中逸出，造成铜铸件结构上不致密，对铸件强度有不利影响。

除电气工业外，其他的制造工业多不直接应用纯铜，而是应用以铜为主体的合金。铜与锌、镍、锡、铅组成的各种合金，可以大大改善铜的机械性能，使之易于进行冷、热加工，并增加抗疲劳强度和耐磨性能。

黄铜为铜锌合金，含锌5%~50%，这种合金抗蚀能力强，广泛用于船舶制造；青铜为铜锡合金，含锡1%~20%，青铜在机械制造、电器等各行业中有广泛的用途；此外，还有白铜（铜镍合金）、锰铜（锰铜合金）、铍铜合金，等等。

1.1.2 铜的化学性质

铜在元素周期表中属于第一副族，原子序数29、原子量63.57，具有2个价电子，形成一价和二价铜的化合物。铜的电位次序位于氢之下，不能从酸中置换出氢，故不溶解于盐酸和无溶解氧的硫酸中，只有在具有氧化作用的酸中铜才能溶解，如铜能溶解于硝酸和有氧化剂存在的硫酸中，能溶于氨水中。

金属铜在干燥的空气中不起氧化作用，但在含有CO_2的潮湿空气中，铜的表面会生成一层薄的碱性碳酸铜（铜绿）薄膜，这层薄膜对金属铜具有保护作用，使其不再受腐蚀，但铜绿有毒，故纯铜不宜作食用器具。

铜在空气中加热至185℃时开始氧化，在表面生成一层暗红色的铜氧化物；当温度高于350℃时，铜的颜色逐渐由玫瑰红色变成黄铜色，最后变成黑色。黑色层为 CuO，中间层为 Cu_2O，内层为金属铜。

1.1.3 铜的主要化合物

氧化铜（CuO）：氧化铜在自然界呈黑铜矿的矿物形态存在，黑色无光泽。氧化铜是不稳定的化合物，加热时依下式分解：

$$4CuO = 2Cu_2O + O_2$$

在大气压下，当温度高于1060℃时，氧化铜完全转变成氧化亚铜。这是因为在该温度下氧化铜的离解压力高于空气中氧的分压。由此可见在火法冶炼高温条件下，氧化铜难以稳定存在，存在的只有氧化亚铜。

氧化铜易被 H_2、C、CO、C_xH_y 还原成金属，在冶炼过程中 CuO 可被其他硫化物和较负电性的金属，如锌、铁、镍等还原。

氧化亚铜（Cu_2O）：氧化亚铜在自然界中呈赤铜矿物形态存在。氧化亚铜依晶粒大小不同呈现的颜色各异，组织致密的 Cu_2O 呈樱红色，并有金属光泽；粉末状的 Cu_2O 则为洋红色。

氧化亚铜只有在空气中加热高于1060℃时才稳定，低于这个温度时部分氧化成 CuO。在800℃长久加热时可以使 Cu_2O 几乎全部变成 CuO。

氧化亚铜在高温下于空气中可离解成金属铜，但是只有加热到2208℃以上时，Cu_2O 才能按 $2Cu_2O = 4Cu + O_2$ 反应式完全离解。因此可以认为 Cu_2O 是高温下唯一稳定的氧化物。

氧化亚铜易被 H_2、C、CO、C_xH_y 等还原成金属铜。铁、锌等对氧亲和力很强的金属元素在赤热时也可使 Cu_2O 还原成金属铜。当 Cu_2O 与 Cu_2S 共热时产生交互反应生成金属铜。

$$Cu_2S + 2Cu_2O = 6Cu + SO_2$$

该反应在450℃开始，在1100℃时完成，是冰铜吹炼成粗铜的基本反应。

氧化亚铜或氧化铜与氧化铁紧密混合后在700℃以上加热时生成铜的铁酸盐。在低温下铁酸铜（$CuO \cdot Fe_2O_3$）稳定，而 $Cu_2O \cdot Fe_2O_3$ 在1100℃以上是稳定的。

铜的氧化物在与其他金属氧化物紧密混合加热时也可生成化合物，如生成硅酸盐（$2Cu_2O \cdot SiO_2$）、铝酸盐（$Cu_2O \cdot Al_2O_3$）等。

在熔炼过程中如存在有比 Cu_2O 碱性更强的金属氧化物时，例如有 CaO、FeO 存在时，则 Cu_2O 可从上述的盐类中被置换出来，Cu_2O 的这一性质有利于减少铜进入炉渣的损失。

硫化铜（CuS）：硫化铜在自然界中呈铜兰的矿物形态存在，为绿黑色或棕黑色的无定形体，硫化铜是不稳定的化合物，在中性或还原性气氛中加热时，按下式离解：

$$4CuS = 2Cu_2S + S_2$$

该反应在400℃时，硫的蒸汽压为133Pa；而在500℃时即达66660Pa 以上，所以在熔炼过程中 CuS 难以稳定存在，在熔化以前就已经分解。

硫化亚铜（Cu_2S）：硫化亚铜是蓝黑色无定形或结晶形物质，在自然界中呈辉铜矿的矿物形态存在。

硫化亚铜依下式离解生成金属铜，但反应的离解压很低，1400℃仅等于32Pa。所以在高温下是相当稳定的化合物。

$$2Cu_2S = 4Cu + S_2$$

常温时 Cu_2S 不被空气氧化,但加热到 $430 \sim 680℃$ 时氧化。Cu_2S 的熔点为 $1135℃$,在高温下,当空气通过熔融 Cu_2S 时,Cu_2S 按下式氧化:

$$Cu_2S + O_2 = 2Cu + SO_2$$

由于铜对硫的亲和力大,在有足够硫(如有 FeS)存在的条件下,铜均以 Cu_2S 形态存在。正是由于这一特点,在铜锍吹炼过程中使 FeS 先氧化造渣,然后再将 Cu_2S 继续吹炼成粗铜。

Cu_2S 若与 FeS 及其他金属硫化共熔会结合生成合金锍冰铜。金属硫化物这些特性是铜锍吹炼过程的理论基础。

铜的硫化合物中还有硫酸铜,是湿法冶金和电解精炼过程的重要化合物。

1.2 铜的用途

铜的用途十分广泛,一直是电气、轻工、机械制造、交通运输、电子、邮电、军工等行业不可缺少的原材料。

铜的电导率高,仅次于银,因此铜在电气、电子技术、电机制造等工业部门应用最广用量最大。铜的导热性能好,因此常用铜制造加热器、冷凝器与热交换器等。铜的延展性能好,易于成型和加工,在飞机、船舶、汽车等制造行业多用来生产各种部件。铜的耐蚀性较强,盐酸和稀硫酸对铜不起作用,在化学、制糖和配酒工业中多被用来制造真空器、蒸馏器、酿造锅阀门及管道等。

铜能与锌、锡、铝、镍和铍等形成多种重要合金。黄铜(铜锌合金)、青铜(铜锡合金)可用于制造轴承、活塞、开关、油管、换热器等;铝青铜(铜铝合金)抗震能力很强,可用于制造需要强度和韧性的铸件;铜镍合金中的蒙奈尔合金以抗蚀性著称,多用于制造阀、泵、高压蒸汽设备;铍青铜(含铍铜合金)的力学性能超过高级优质钢,广泛用于制造各种机械部件、工具和无线电设备。

铜的化合物是电镀、原电池、农药、颜料、染料和触媒等工农业生产的重要原料。

1.3 炼铜原料

在自然界铜原料以三种矿物形态存在,即天然铜矿、氧化铜矿和硫化铜矿。我国铜矿床可分为斑岩型、矽卡岩型、火山沉积型及铜镍硫化物型四大类。

世界铜矿资源十分丰富。据 2010 年美国地质调查统计,世界铜资源估计为 55000 万吨,储量主要集中在智利、秘鲁等国,这两个国家铜储量为 22000 万吨,分别占世界储量的 29% 和 11%。

我国铜矿主要分布在江西、云南、湖北、西藏、甘肃、安徽、山西、黑龙江等省区,这 8 省的基础储量约占全国总基础储量的 76.40%。

天然铜矿在自然界存在量很少,对当今铜的生产意义不大。铜的氧化矿在铜原料中占的比例也很少，一般不大于 10% 。铜原料的 90% 以上来源于硫化铜矿。铜矿石在自然界中是以各种矿物组成形态存在的，各类型铜矿物的组成见表 1 – 1。

表 1 – 1　主要铜矿物的组成表

矿物	组成	含 Cu 量 /%	颜色	晶系	光泽	莫氏硬度	密度/g·cm⁻³
斑铜矿	Cu_5FeS_4	63.3	铜红至深黄色	立方	金属	3	5.06 ~ 5.08
黄铜矿	$CuFeS_2$	34.5	黄铜色	立方	金属	3.5 ~ 4	4.1 ~ 4.3
黝铜矿	$Cu_{12}Sb_4S_{13}$	45.8	灰至铁灰色	立方	金属（发亮）	3 ~ 4.5	4.6
砷黝铜矿	$Cu_{12}As_4S_{13}$	51.6	铅灰至铁黑色	立方	金属	3 ~ 4.5	4.37 ~ 4.49
辉铜矿	Cu_2S	79.8	铅灰至灰色	斜方	金属	2.5 ~ 3	5.5 ~ 5.8
铜蓝	CuS	66.4	靛蓝或灰黑色	立方	半金属至树脂状	1.5 ~ 2	4.6 ~ 4.76
赤铜矿	Cu_2O	88.8	红色	立方	金刚至土色	3.5 ~ 4	6.14
黑铜矿	CuO	79.9	灰黑色	单斜	金属	3.5	5.8 ~ 6.4
孔雀石	$CuCO_3 \cdot Cu(OH)_2$	57.3	浅绿色	单斜	金刚至土色	3.5 ~ 4	3.9 ~ 4.03
蓝铜矿	$2CuCO_3 \cdot Cu(OH)_3$	55.1	天蓝色	单斜	玻璃状近于金刚	3.5 ~ 4	3.77 ~ 3.89
水胆矾	$Cu_4SO_4(OH)_6$	56.2	绿色	单斜	玻璃状	3.5 ~ 4	3.9
氯铜矿	$Cu_2Cl(OH)_3$	59.5	绿色	斜方	金刚至玻璃	3 ~ 3.5	3.76 ~ 3.78
硅孔雀石	$CuSiO_3 \cdot 2H_2O$	36.0	绿至蓝色	立方	玻璃至土色	2.4	2.0 ~ 2.4
自然铜	Cu	100	铜红色	立方	金属	2.5 ~ 3	8.94

在硫化矿物中分布最广的矿物是黄铜矿，其次是斑铜矿，辉铜矿常见于铜矿床上部氧化带，一般含铜较高。

目前工业上开采的铜矿石含铜品位较低，最低的品位为 0.4% ~ 0.5% ，这是因为铜矿石中除含铜矿物成分外还含有大量的脉石和大量其他伴生金属矿物。硫化铜矿石常见的伴生金属矿物有黄铁矿、闪锌矿、方铅矿，有时还含有镍黄铁矿等，此外还含有较少量的砷、锑、铋、硒、碲、钴等杂质的矿物成分。通常还含有金、银等贵金属和稀散金属。氧化矿石中除铜矿物外常含有褐铁矿、赤铁矿、菱铁矿及其他金属氧化物。不论是氧化矿石或硫化矿石都不同程度地含有大量的 SiO_2、CaO、MgO、Al_2O_3 等造渣矿物成分。这样的铜矿石不能直接作为炼铜的原料，需首先进行浮游选矿分离，使其中大部分的造渣脉石成分和杂质金属矿物分离出去，以得到的浮选铜精矿作为炼铜的原料。

由于原生矿石的含铜品位低和伴生矿物组成复杂，故浮选后铜精矿的组成仍然很复杂。

1.4　铜的生产方法与流程

目前世界上原生铜产量中 80% 用火法冶炼生产，约 20% 用湿法冶炼生产。湿法炼铜通常用于处理氧化铜矿、低品位废矿、坑内残矿和难选复合矿。

火法炼铜用于处理硫化铜矿的各种铜精矿、废杂铜，分为传统熔炼方法和强化熔炼方法。传统熔炼方法由于劳动强度大、环保效果差、生产成本高已被淘汰。强化熔炼方法归纳为两大类：一是闪速熔炼方法，如奥托昆普闪速熔炼、Inco 氧气闪速熔炼等；另一类是熔池熔炼方法，如诺兰达熔炼、三菱法熔炼、特尼恩特转炉熔炼、澳斯麦特/艾萨熔炼、瓦纽科夫法、侧吹炉、卡尔多炉熔炼、氧气顶吹熔炼、白银法和水口山法等（图1-1）。

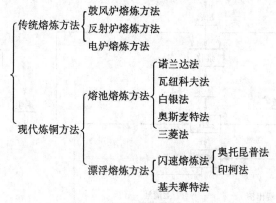

图1-1　火法炼铜方法分类

强化熔炼方法的共同特点是运用富氧技术，强化熔炼过程，充分利用精矿氧化反应热量，在自热或接近自热的条件下进行熔炼，产出高浓度 SO$_2$ 烟气以便有效地回收硫，生产硫酸或其他硫产品，消除污染，保护环境，节约资源，获取良好的经济效益。

火法炼铜与湿法炼铜的工艺流程如图1-2~图1-4所示。

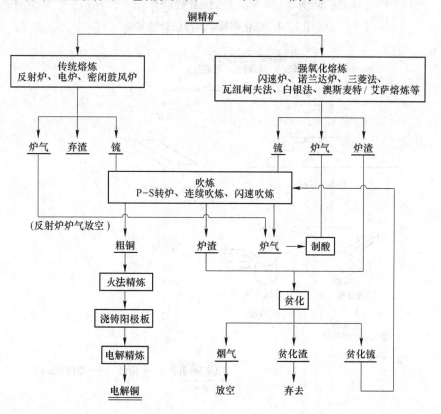

图1-2　火法炼铜工艺流程

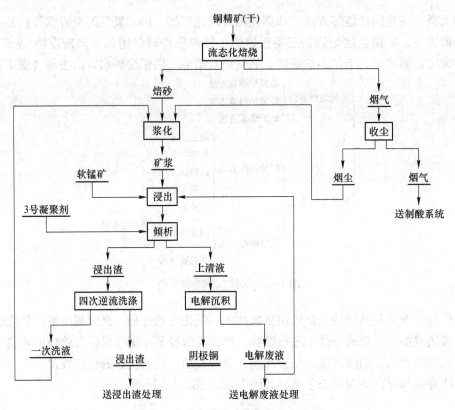

图 1-3 硫化铜精矿的湿法处理流程

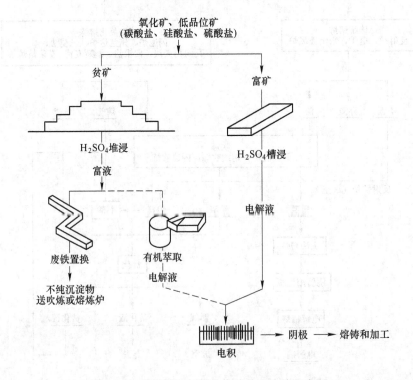

图 1-4 氧化铜矿与低品位矿的湿法处理流程

思考题

1-1 铜的物理、化学性质有哪些? 具体指标是什么?

1-2 铜锍的主要组成物是什么?

1-3 常见的铜合金有哪些?

1-4 铜原料的分类有哪几种?

1-5 铜冶炼的主要工艺流程有哪些?

2 造锍熔炼的基本原理

造锍熔炼（又称铜锍熔炼）是从硫化铜精矿提取铜的一个重要步骤。在传统的分步冶炼方法中，它是一个单独的作业阶段；在目前发展的连续炼铜法中，也必须完成造锍熔炼过程。

造锍熔炼的目的是将精矿中铜及其他有价金属（Ni、Co、Pb、Zn 和贵金属）富集于铜锍中，从而达到与脉石、部分硫、铁分离的目的。

造锍熔炼处理的物料可以是精矿、焙砂或烧结块。在 1300℃ 以上的高温和氧化气氛作用下，物料中的铁与铜的化合物，以及脉石成分，进行熔化和一系列的化学反应，形成金属硫化物（铜锍）与氧化物（炉渣）两个互不相溶的相，并因其密度的差异而分离。

2.1 造锍过程的主要物理化学变化

熔炼炉料中主要化合物是硫化物、氧化物和碳酸盐。可能的硫化物组成成分有 $CuFeS_2$、CuS、Cu_2S、FeS、FeS_2、ZnS、PbS、NiS 等。氧化物主要有 Fe_2O_3、Fe_3O_4、CuO、Cu_2O、ZnO、NiO、$MeO \cdot Fe_2O_3$、SiO_2、Al_2O_3、CaO 和 MgO。CaO 和 MgO 是由碳酸盐分解而来的。

2.1.1 物理变化

目前除采用闪速熔炼、三菱法等处理的干精矿外，其他方法的入炉精矿水分较高，这些精矿进入高温区后，矿中的水分将迅速挥发，进入烟气。

2.1.2 化学变化

2.1.2.1 高价硫化物分解

（1）黄铁矿（FeS_2）的离解。黄铁矿是火法炼铜处理物料中最广泛的一种硫化铁矿物，在中性或还原气氛中加热时将按下式离解：

$$FeS_2 = FeS + 1/2S_2 - 81928J \text{（吸热）}$$

该反应在 $500 \sim 600℃$ 开始，最后在 1000℃ 左右离解为纯硫化亚铁。硫化亚铁（FeS）相当稳定，实际上不再分解。

（2）黄铜矿（$CuFeS_2$）的离解。黄铜矿是主要含铜及铁的复合硫化矿物，在中性或还原气氛下按下式发生离解：

$$2CuFeS_2 = Cu_2S + 2FeS + S_2 - 38916J \text{（吸热）}$$

该反应在 550℃ 以上开始，到 $800 \sim 1000℃$ 离解完全。

（3）辉铜矿（CuS）的离解。在中性或还原气氛中，CuS 按下式离解：

$$4CuS = 2Cu_2S + S_2 - 35112J$$

该反应在 467℃时离解压即达 14667Pa，因此是不稳定的硫化物。

2.1.2.2 硫化物的氧化

现代强化熔炼中，炉料往往很快进入高温强氧化气氛中，所以高价硫化物除发生分解外，还可能被直接氧化。

$$2CuFeS_2 + 5/2O_2 = Cu_2S \cdot FeS + FeO + 2SO_2$$
$$2CuS + O_2 = Cu_2S + SO_2$$
$$4FeS_2 + 11O_2 = 2Fe_2O_3 + 8SO_2$$
$$3FeS_2 + 8O_2 = Fe_3O_4 + 6SO_2$$
$$2Cu_2S + 3O_2 = 2Cu_2O + 2SO_2$$
$$2SO_2 + O_2 = 2SO_3$$

高氧势下，FeO 可继续氧化成 Fe_3O_4：

$$3FeO + 1/2O_2 = Fe_3O_4$$

氧化反应将产生大量热量。

2.1.2.3 金属硫化物与金属氧化物的相互作用

上面介绍了各种硫化物在空气中的单独行为，实际上，炉料中各个组分是相互紧密接触的，所以，除了各组分发生离解、氧化等外，还将相互发生交互反应（原始组分之间、原始组分和产物之间、产物和产物之间等）。

例如铁的硫化物和氧化物之间将发生一系列反应：

$$FeS_2 + 16Fe_2O_3 = 11Fe_3O_4 + 2SO_2$$
$$FeS + 10Fe_2O_3 = 7Fe_3O_4 + SO_2$$

上述反应在 850℃开始，1000 ~ 1100℃以上激烈进行，反应生产的 Fe_3O_4（或加入的 Fe_3O_4）与炉料中的 FeS 在 1200℃以上可发生下列反应：

$$3Fe_3O_4 + FeS = 10FeO + SO_2$$

在 1200℃以下，此反应只能很缓慢地进行。

铜的硫化物与氧化物之间可发生下列反应：

$$Cu_2S + 2CuO = 4Cu + SO_2$$
$$Cu_2S + 2Cu_2O = 6Cu + SO_2$$

当铜和铁的硫化物在一起经受高温空气作用时，除产生上列反应外，还将发生下列反应：

$$2Cu + FeS = Cu_2S + Fe$$
$$Cu_2O + FeS = Cu_2S + FeO$$
$$2Fe + SO_2 = 2FeO + 1/2S_2$$

研究表明，由于铜对硫的亲和力大于铁对硫的亲和力，铁对氧的亲和力大于铜对氧的亲和力，所以在反应体系中只要有 FeS 存在，Cu_2O 将和 FeS 发生反应，生成 Cu_2S。正是基于这种原理，在铜锍熔炼炉中才能形成以 FeS 和 Cu_2S 为主的铜锍。

2.1.2.4 造锍反应

$$Cu_2S + FeS = Cu_2S \cdot FeS$$

Cu_2S、FeS 为铜锍的主要成分，其他还含有少量其他金属的硫化物。

2.1.2.5　造渣反应

炉料中产生的 FeO 在有 SiO_2 存在时，将按下式反应形成铁橄榄石炉渣：

$$2FeO + SiO_2 \Longrightarrow (2FeO \cdot SiO_2)$$

此外，炉内的 Fe_3O_4 在高温下也能与 FeO 和 SiO_2 作用生成炉渣：

$$FeS + 3Fe_3O_4 + 5SiO_2 \Longrightarrow 5(2FeO \cdot SiO_2) + SO_2$$

2.2　熔炼产物

造锍熔炼主要有四种产物：冰铜、炉渣、烟尘、烟气。

2.2.1　铜锍

2.2.1.1　铜锍结构

铜锍是从硫化铜矿提取金属铜的中间产物。它是一种重金属硫化物的共熔体，并含有一些氧化物。铜锍中以 Cu_2S 和 FeS 为主，工厂的铜锍成分，因熔炼条件不同而异，但大体相近。铜锍的主要化学成分是 Cu、Fe、S，通常三者之和占铜锍量的 80% ~ 90%。除 Cu、Fe、S 之外，铜锍中通常含有 2% ~ 4% 的氧。铜锍中溶解的氧以两种形态存在：FeO 或 Fe_3O_4。闪速熔炼所产铜锍的含氧量较反射炉和鼓风炉熔炼铜锍含氧量高，这是因为，闪速炉中氧化气氛较反射炉和鼓风炉强。表 2-1 为部分熔炼方法的铜锍平均化学组成。

表 2-1　部分熔炼方法的铜锍平均化学组成

熔炼方法	化学组成/%						备　注
	Cu	Fe	S	Pb	Zn	F_3O_4	
奥托昆普闪速熔炼	58.64	11 ~ 18	21 ~ 22	0.3 ~ 0.8	0.2 ~ 1.4	0.1（Bi）	贵冶
	52.46	19.81	22.37	0.23	0.01（Bi）	—	金隆
	66 ~ 70	8.0	21.0	—	—	—	Harjavalta
	52.55	18.66	23.46	0.3	1.8	—	东予
诺兰达熔炼	69.84	6.08	21.07	0.64	0.28	—	大冶
	64.70	7.80	23.00	2.80	1.20	—	Horne
白银法	50 ~ 54	17 ~ 19	22 ~ 24	—	1.4 ~ 2.0	—	白银
瓦纽科夫法	41 ~ 55	25 ~ 14	23 ~ 24	4.5 ~ 5.2（Ni）	—	—	Norilsk
澳斯麦特法	47 ~ 67	29 ~ 12	21 ~ 24	—	—	—	山西华铜公司
	44.5	23.6	23.8		3.2		试验炉
三菱法	65.7	9.2	21.9	—	—	—	直岛

实践表明，实际产出铜锍中的含硫量一般都低于理论含硫量，而且铜锍品位越低，实际铜锍的含硫量与理论含硫量之差也越大，这是由铜锍中含氧以及铜锍愈贫含氧愈高的变

化所致。

除上述成分外，铜锍中还溶解有 PbS、ZnS 等硫化物以及少量的 Au、Ag 等贵金属。铜锍对 SiO_2、FeO、Al_2O_3、CaO 等成分的溶解极少，同样这些氧化物及其共熔物炉渣对铜锍等硫化物的溶解也十分有限，从而造成了铜锍、炉渣分离的良好条件。

随着铜锍品位的不同，铜锍的断面组织、颜色、光泽和硬度有所不同，铜锍品位与断面组织等的关系见表 2-2。

表 2-2 不同品位时的铜锍断面情况

铜锍品位（Cu）/%	颜色	组织	光泽	硬度
25	暗灰色	坚实	无光泽	硬
30~40	淡红色	粒状	无光泽	稍硬
40~50	青黄色	粒柱状	无光泽	
50~70	淡青色	柱状	无光泽	
70 以上	青白色	贝壳状	金属光泽	

2.2.1.2 铜锍的主要性质

铜锍的物理性质如下。

熔点：950~1130℃（Cu 30%，1050℃；Cu 50%，1000℃；Cu 80%，1130℃）；

比热容：0.586~0.628J/(g·℃)；

熔化热：125.6J/g（Cu_2S 58.2%）；117J/g（Cu_2S 32%）；

热焓：0.93MJ/kg（Cu 60%，1300℃）。

密度（固态、液态）见表 2-3。

表 2-3 铜锍密度

铜锍品位/%		30	40	50	70	80	粗铜
密度 /g·cm^{-3}	20℃	4.96	4.99	5.05	5.46	5.77	8.61
	1200℃	4.13	4.28	4.44	4.93	5.22	7.87

注：粗铜含 Cu 98.3%。

黏度：约 0.004Pa·s 或由 $3.36 \times 10^{-4} \exp (5000/T_m)$ 计算；

表面张力：约为 330×10^{-3}N/m（Cu 53.3%，1200~1300℃）；

电导率：$(3.2~4.5) \times 10^2/\Omega \cdot m$（Cu 51.9%，1100~1400℃）。

FeS-Cu_2S 系铜锍与 2FeO·SiO_2 熔体间的界面张力约为 0.02~0.06N/m，其值很小，故铜锍易悬浮于熔渣中。

在火法炼铜中，铜锍还具有以下重要性质：

（1）铜锍的熔点一般低于炉渣的熔点，并随铜锍品位不同而有所变化。从资料看 Cu_2S 的熔点为 1127℃，FeS 的熔点为 1195℃，但两者在一起时会形成一种熔点更低（940℃）的物体（共晶体），工厂铜锍的熔点一般在 950~1130℃范围内波动，但在冶金计算中常以 1000℃作为铜锍熔点。

（2）熔融铜锍的密度（4.13~4.70g/cm³）比熔渣密度（3.0~3.5g/cm³）大，而熔

融铜锍的黏度（-0.1P）低于熔渣的黏度（5~20P），因而铜锍在炉渣层以下，且流动性比熔渣好。

（3）铜锍的导电性很好，熔融铜锍的比电导为 $300~400/(\Omega \cdot m)$，这在电炉熔炼中甚为重要，因为部分电流通过液态铜锍传导，故对保持电炉熔池底部温度起着重要作用。

（4）铜锍是贵金属金、银的良好捕集剂。在火法炼铜中处理大量金精矿回收金银正是基于铜锍的这种性能。铜锍能富集贵金属的原因是铜锍中的 Cu_2S 和 FeS 都容易溶解 Au，如 1200℃时每吨 Cu_2S 可溶解 74 kg 金，而 FeS 能溶解 52 kg 金左右。对金、银的溶解主要是铜锍中的 Cu_2S。Cu_2S 不仅吸收金，还能溶解 Ag_2S。FeS 对金、银的吸收能力比 Cu_2S 弱；金属铜对金银具有更强的溶解吸收能力。

（5）铜锍对铁器具有迅速强烈的腐蚀能力，主要是因为铜锍中的 FeS 具有溶解铁的能力，所以铜锍接触铁器就能很快使铁器腐蚀损坏，为此，铜锍包子在装铜锍前需先装几次转炉渣，使包壁挂上渣子（俗称挂包子），从而保护包子不被铜锍腐蚀坏。

（6）熔融铜锍遇水会爆炸，这是因为发生了下列反应：

$$Cu_2S + 2H_2O =\!=\!= 2Cu + 2H_2 + SO_2$$

$$FeS + H_2O =\!=\!= FeO + H_2S$$

产出的 H_2、H_2S 气体与空气中的氧发生下列反应：

$$2H_2S + 3O_2 =\!=\!= 2H_2O(气) + 2SO_2$$

$$2H_2 + O_2 =\!=\!= 2H_2O(气)$$

这两个反应是放热反应，在高温下进行得异常剧烈，产出的气体迅速膨胀，对周围空气产生巨大压力，这种压力使气体以极大的速度扩散，从而发生爆炸，正因为如此，对在操作中与将铜锍接触的器具一定要烘干，以免发生爆炸。

就传统的鼓风炉熔炼、反射炉熔炼、电炉熔炼来说，硫化铜精矿氧化熔炼的结果只能导致中间产品铜锍。因为在上述熔炼过程中硫化物氧化的条件和氧化强度都是十分有限的，而且形成液体铜锍后，硫化物再受氧化的可能性就更小了，因此熔炼的结果只能是产出中间产品铜锍。而在氧化条件充分和氧化强度大的闪速炉或者熔池鼓风熔炼的过程中，熔炼的结果可以是铜锍，也可以是直接产出粗铜，可以通过改变送风量控制氧化强度来选择。

2.2.2　炉渣

2.2.2.1　炉渣组成

炉渣是火法炼铜的重要产物，是金属氧化物和硅酸盐的共熔体。还含有一些硫化物、硫酸盐等。炉渣的组分主要来自矿石、熔剂和燃料灰分中的造渣成分。渣中的氧化物在不同的组成和温度条件下可以形成化合物、固溶体、溶液及共晶等。依炉料中铁和其他杂质数量的不同炉渣的产出量亦不同，一般按重量计约为铜锍量的 2~5 倍。

铜冶金渣的组成极为复杂，然而主要的氧化物通常仅为三种，即 FeO、SiO_2 和 CaO，这三种氧化物的和约占渣总量的 80% 以上。表 2-4 列出了火法炼铜炉渣的成分。

表 2-4 火法炼铜炉渣化学成分

熔 炼 方 法	炉渣化学成分/%							
	Cu	Fe	Fe₃O₄	SiO₂	S	Al₂O₃	CaO	MgO
密闭鼓风炉	0.42	29.0		38		7.5	11	0.74
奥托昆普闪速熔炼（渣不贫化）	1.5	44.4	11.8	26.6	1.6			
奥托昆普闪速熔炼（电炉贫化）	0.78	44.06		29.7	1.4	7.8	0.6	
Inco 闪速熔炼	0.9	44.0	10.8	33	1.1	4.72	1.73	1.61
诺兰达熔炼	2.6	40	15	25.1	1.7	5.0	1.5	1.5
瓦纽科夫熔炼	0.5	40	5	34		4.2	2.6	1.4
白银法熔炼	0.45	35	3.15	35	0.7	3.3	8	1.4
特尼恩特转炉熔炼	4.6	43	20	26.5	0.8			
澳斯麦特熔炼	0.65	34	7.5	31	2.8	7.5	5.0	
三菱法熔炼	0.6	38.2		32.2	0.6	2.9	5.9	

炉渣的酸碱性过去常用硅酸度来表示，即：

$$硅酸度 = \frac{酸性氧化物中氧的质量和}{碱性氧化物中氧的质量和}$$

考虑到铜锍熔炼渣中酸性氧化物主要是 SiO_2，所以硅酸度用下式表示：

$$硅酸度 = \frac{O_{SiO_2}}{O_{\sum MeO}}$$

式中，$\sum MeO$ 是 CaO、FeO、MgO 等碱性氧化物之和。

近年来许多研究者指出，硅酸度中只把 SiO_2 作为酸性氧化物考虑了进去，但实际上有时碱性氧化物含量较多，渣中的 Al_2O_3 应归入酸性氧化物，所以用碱度来表示炉渣的酸碱性更合适。当渣碱度大于 1 时，为碱性渣；碱度 = 1 时，为中性渣；碱度小于 1 时，为酸性渣。其表示式为：

$$渣的碱度 = \frac{(FeO) + b_1(CaO) + b_2(MgO) + b_3(MeO) + \cdots}{(SiO_2) + a_1(Al_2O_3) + a_2(Me_xO_y) + \cdots}$$

式中，(FeO)、(CaO)、…为炉渣中各氧化物的含量（%）；a_i 和 b_i 为酸性氧化物和碱性氧化物的系数。铜熔炼的实际应用中，把 CaO、MgO、Al_2O_3 及其他金属氧化物分别简化为等量的 FeO 和 SiO_2，则碱度被简化为 Fe/SiO_2 比（或 FeO/SiO_2 比），该比值是铜熔炼生产过程中的重要控制参数。

2.2.2.2 炉渣的结构

由上述可知，炉渣是一种复杂的氧化物和硅酸盐的共熔体。为简单起见铜熔炼炉渣可看成是 SiO_2-FeO 二元系共熔体，因为在铜矿石中这两个化合物是最主要的造渣成分。

当 SiO_2 含量为 30%、FeO 为 70% 时存在一个稳定的化合物（$2FeO \cdot SiO_2$），此化合物为铁橄榄石，可近似地看成炉渣，其熔点为 1205℃。在 1177℃ 和 1178℃ 时，$2FeO \cdot SiO_2$ 分别和 FeO 及 SiO_2 形成一种简单的共晶。该体系熔化温度最低（1180 ~ 1200℃），这个温度可近似地看成是炉渣的熔化温度。就温度而言，该体系可满足铜锍熔炼要求，但是这种渣熔化温度低，且含 FeO 高达 70%，渣密度增大，故使炉渣与铜锍分离效果不好。

同时由于含 FeO 高，炉渣对铜锍溶解度也增大，金属铜在渣中损失大，所以，在工业生产中通常加入一定量 CaO，以改善 FeO-SiO₂ 炉渣组成的上述性能。因此实际上铜熔炼炉渣是 FeO-SiO₂-CaO 三元系组成。

2.2.2.3　炉渣的性质

炉渣的性质在火法炼铜中极为重要。在选择熔炼炉渣合理组成时，是要努力使炉渣有关的物理化学性质能够最经济合理地满足熔炼的要求，这对炼铜作业能否顺利进行和获得好的技术经济效果十分重要。

A　熔化温度

炉渣与纯金属不同，它没有一个确定的熔点，而是只存在一个熔化温度区间。如铜的熔点为 1083℃，铜加热到 1083℃ 开始熔化，直到完全熔化温度仍然为 1083℃；而炉渣从开始熔化到完全熔化的温度不是同一数值，而是一个区间，这个区间相差数十度至数百度。通常说的炉渣熔点或熔化温度是指炉渣完全熔化的温度，在相图上就是液相线上的温度。炉渣熔化温度区间的大小与炉渣的成分有关，含 SiO₂ 高的炉渣（即酸性高的炉渣）温度区间大；反之，含 FeO、CaO 高的炉渣（即碱性高的炉渣）温度区间小。前者称为长渣，后者称为短渣。铜锍熔炼炉的炉渣熔化温度一般为 1100～1200℃。一般说来熔炼过程的温度主要取决于炉渣的熔化温度。如果炉渣熔点过低。则熔炼过程的温度将不能确保炉料中各组成分完全熔化造渣；如果过高则增加过程的热消耗。因此需根据实际的熔炼过程来选择炉渣组成及其相适应的熔化温度。

B　黏度

黏度也是熔渣的重要性质，直接影响铜锍熔炼作业的正常进行，对渣含铜及其他熔炼指标均有重大影响。

熔渣的黏度与熔化温度一样，是实测得出的，其单位为 P（1 泊 = 100 厘泊）。

熔渣的黏度与熔渣的化学成分及温度有关。理论上的研究和生产实践表明：SiO₂ 对熔渣黏度影响最大。熔渣中 SiO₂ 含量越高，熔渣结构越复杂，熔渣的黏度越大，Al₂O₃ 和 ZnO 也有类似作用。但 FeO、CaO 等碱性氧化物含量增高，可降低熔渣的黏度。任何组成的炉渣的黏度均随温度升高而降低，但是温度对碱性强的炉渣与酸性强的炉渣的影响有显著区别。

碱性强的炉渣受热熔化时黏度迅速下降，如图 2－1 所示。

由图可知：线②所表示的为碱性炉渣，当温度高于 T_C 点时，它的黏度较小，亦即具有较好的流动性；而当温度低于 T_C 点时，其黏度急增，熔渣很快失去流动性。对于这类型的炉渣，T_C 点的温度即是它的完全熔化温度。而对于线①所表示的酸性炉渣来说，由于曲线没有明显的转折点，所以确定它的完全熔化温度常用经验方法，即作一与水平成 45°角的直线与曲线相切，此切点的温度即是所求的炉渣完全熔化温度。这种温度的确定对于生产上具有现实意义。

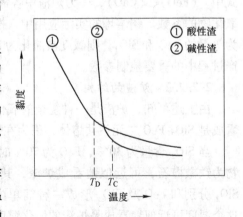

图 2－1　熔渣的黏度与温度的关系示意图

火法炼铜的熔渣黏度一般为 5 ~ 20P。

C　电导

在用电炉熔炼铜精矿时，熔渣的电导直接影响熔体的加热和电能的消耗。

电导对研究炉渣的结构十分重要。电导的单位为 $\Omega^{-1} \cdot m^{-1}$。渣中 FeO、CaO、MgO 等碱性氧化物增加时，使熔渣电导增大；反之，SiO_2、Al_2O_3 增多时，熔渣的电导减小。升高温度可使熔渣电导值增大。一般说来，熔渣的电导与熔渣的黏度随组分的变化是相反的。

D　密度

熔渣的密度对熔渣、铜锍的分离有重大影响，因而对渣含铜影响很大。铜锍熔炼炉渣的密度一般为 $3.0 \sim 3.7 \mathrm{g/cm^3}$。

熔渣的成分对熔渣密度影响很大。SiO_2 密度最小（$2.51\mathrm{g/cm^3}$），增加渣含 SiO_2，可使熔渣密度降低。FeO 和 Fe_3O_4 的密度大，含 FeO 和 Fe_3O_4 高的熔渣密度也大，CaO 可使渣的密度降低，从而改善铜锍沉降条件。因此工厂喜欢用高钙渣而不太用高铁渣。

E　其他性质

除上述熔渣性质外，熔渣的表面张力、熔渣与铜锍间的界面张力以及熔渣的热含量等也对冶炼过程有很大影响。

表面张力及熔渣 - 铜锍间的界面张力，不仅影响熔渣与冰铜的分离，还影响熔渣对耐火砖炉衬的渗透浸蚀。研究表明 SiO_2、Fe_2O_3 等物质可降低熔渣的表面张力，而 CaO 可增大熔渣表面张力，升高温度使表面张力增大。

熔渣的热含量与熔炼过程的燃料消耗有关。冰铜熔炼炉渣的热含量在 1250℃ 时，一般为 1254kJ/kg。

F　铜在渣中的损失

工厂评价炉渣性质好坏的一个重要标准是看该渣含铜量的高低。渣含铜是冶炼过程中铜损失的主要渠道。

铜是以熔解和机械夹杂两种形态损失于熔渣中的。

熔解于渣中的铜主要是 Cu_2S、Cu_2O 和金属 Cu，机械夹杂的是冰铜颗粒和金属 Cu。

研究表明，一般熔炼炉渣中以机械夹杂的形态损失的铜量最大，可占铜在渣中损失量的 65% ~ 80%。因此，熔渣在炉内或沉清室沉清分离的好坏对降低渣含铜影响极大。

影响渣含铜的因素甚多，主要是冰铜品位、炉内氧化气氛的强弱、渣型、操作温度、磁性氧化铁的含量、熔渣沉清的程度等。为了降低渣中铜，必须从以上各方面入手，采取综合措施。

思考题

2 - 1　铜锍造锍熔炼的原理是什么？

2 - 2　叙述铜锍的性质。

2 - 3　叙述炉渣的性质。

2 - 4　降低渣中含铜措施有哪些？

3 铜精矿的闪速熔炼

3.1 概　述

闪速熔炼是将经过深度脱水（含水小于 0.3%）的粉状精矿，在喷嘴中与空气或氧气混合后，以高速度（60~70m/s）从反应塔顶部喷入高温（1450~1550℃）的反应塔内。此时精矿颗粒被包围，处于悬浮状态，在 2~3s 内就基本上完成了硫化物的分解、氧化和熔化等过程。熔融硫化物与氧化物的混合熔体落到反应塔底部沉淀池中汇集起来继续完成铜锍与炉渣最终形成过程，并进行澄清分离。炉渣在单独的贫化炉中贫化、炉内贫化区贫化或送选矿车间选取渣精矿。

闪速熔炼有以下的特点：

（1）焙烧与熔炼结合成一个过程；

（2）炉料与气体密切接触，在悬浮状态下与气相进行传热和传质；

（3）FeS 与 Fe_3O_4、FeS 与 $Cu_2O(NiO)$，以及其他硫化物与氧化物的交互反应主要在沉淀池中以液 - 液接触的方式进行。

根据炉型不同，闪速熔炼有奥托昆普（Outokumpu）闪速熔炼和因科（INCO）闪速熔炼两种类型，比较见表 3-1。

表 3-1　闪速熔炼的类型

类　型	首创公司	投入工业生产时间、冶炼厂	应用情况	技　术　特　点
奥托昆普型	芬兰奥托昆普公司	1949 年哈利亚瓦尔塔冶炼厂（Harjavalta）	到 1999 年上半年已有 45 座闪速炉购买了许可证，36 座熔炼铜精矿，1 座用于处理黄铁矿（已关闭），6 座用于熔炼镍精矿，2 座用于铜锍吹炼（1 座在生产），3 座闪速炉直接由铜精矿生产粗铜（2 座在生产）。目前单炉生产能力已达年产矿产铜 30 万吨以上	（1）工艺及设备成熟可靠，自动化程度高； （2）烟气 SO_2 浓度高，有利于回收制酸，硫到硫酸产品的回收率达 95.5% 以上，能有效防止冶炼烟气污染大气； （3）能充分利用精矿中铁、硫的反应热，热效率高，能源消耗低； （4）可以使用天然气、重油、粉煤、焦粉等多种燃料，送风氧浓度范围大，为 21%~95%，铜锍品位可以灵活地调整，可以自热； （5）反应塔寿命达 10 年，沉淀池一般每年修理一次； （6）生产能力大
因科型	加拿大国际镍公司	1952 年铜崖冶炼厂（Copper Cliff）	目前仅有 4 座因科炉在生产，处理铜精矿，铜锍品位在 50% 左右	（1）采用氧气鼓风，烟气量小，烟气处理设备小，建设投资低； （2）烟气含 SO_2 70%~80%，可以生产液体 SO_2、元素硫或硫酸； （3）过程自热，熔炼的氧气消耗为每吨铜 800~1000m³； （4）炉渣含铜较低，弃去前可以不作处理

3.2 闪速熔炼的基本原理

以奥托昆普型闪速炉为例。

闪速炉的主要熔炼过程发生在反应塔内。气流中的精矿颗粒在离开反应塔底部进入沉淀池之前完成氧化和熔化等过程。发生在反应塔内的是一个由热量传递、质量传递、流体流动和多相多组分间的化学反应综合而成的复杂过程。

3.2.1 反应塔内精矿氧化行为与熔炼产物的形成

精矿中最常见的矿物有黄铜矿（$CuFeS_2$）和黄铁矿（FeS_2）。闪速炉内发生的总反应可以表达如下：

$$CuFeS_2 + 5/4O_2 = 1/2(Cu_2S \cdot FeS) + 1/2FeO + SO_2$$

$$2FeS_2 + 7/2O_2 = FeS + FeO + 3SO_2$$

$$3FeO + 1/2O_2 = Fe_3O_4$$

精矿颗粒氧化后最后形成的硫氧化物是在炉气一定的氧分压（$lgPO_2$ 约为 -1.7）下反应平衡时的产物。

由于精矿颗粒粒度与其表面性状的差异、喷嘴结构及其工况参数的影响，精矿颗粒在离开喷嘴后下落过程中的变化是不同的。存在三种情况：（1）易燃的铜精矿粒子（或反应快的粒子）直接被氧化成白锍或带金属铜的白锍，氧化放出的热量使精矿粒子熔化为液态；（2）过氧化的熔融颗粒；（3）未反应的颗粒。

过氧化的熔融粒子在反应塔内下落时，它们彼此之间或者与尚未反应的固体粒子(反应慢的粒子)之间将发生碰撞。过氧化粒子中存在 Fe_3O_4，与熔剂粒子碰撞时发生还原造渣反应，并把热量传给未反应粒子而使其熔化。由于粒子之间相互碰撞，粒子直径逐渐增大。

在炉料中装入烟尘和不装入烟尘的条件下，基本完成还原与造渣反应的时间是不同的，即该过程持续在反应塔的高度段上是不同的，前者在 3m 以下。反应塔出口部的最终产物是由辉铜矿和斑铜矿为主的过氧化熔融粒子和未反应的黄铜矿固体粒子组成。

3.2.2 沉淀池内的反应

从反应塔落下的 MeO-MeS 液滴还只是初生的锍和渣的混合熔融物，到了沉淀池后，除了进行由于密度不同的分层外，还有一系列的反应要继续进行。继续反应的条件和终渣的组成除了受沉淀池的温度、气氛和添加燃料等影响外，还取决于初渣的氧势、温度、初渣中二氧化硅的含量以及烟尘返回量的多少等因素。

在沉淀池内的主要反应有以下几类。

（1）Fe_3O_4 的还原反应：

$$[FeS] + 3(Fe_3O_4) = 10(FeO) + SO_2$$

在有 SiO_2 存在的情况下，FeO 与 SiO_2 造渣，使 Fe_3O_4 的还原变得容易。影响该反应进行的因素是炉渣中 Fe_3O_4 的活度、Fe/SiO_2、锍品位、二氧化硫分压和温度以及各相之间接触的动力学条件。

控制 Fe_3O_4 的一般途径有提高反应塔温度；增加沉淀池燃油量，降低锍品位；降低

Fe/SiO$_2$，加入煤，以及优化喷嘴结构与操作条件等。

（2）Cu$_2$O 的硫化还原反应：

$$(Cu_2O) + [FeS] = [Cu_2S] + (FeO)$$

式中，［ ］表示锍相，（ ）表示渣相。在熔炼温度为 1573K 时，平衡常数为 9604，这样高的值表示着反应向右进行的可能性大，从而以 Cu$_2$O 形式进入炉渣的量相当小。该反应所表示的是理论上的情况，在生产实践中，影响反应进行的条件是较复杂的，Cu$_2$O 的硫化还原反应可能会推迟。

（3）继续氧化反应。在高强度氧化熔炼生产高品位锍时，反应塔会产生过氧化，液滴落入熔池后还会发生硫化物的继续氧化反应。

3.2.3 杂质元素的行为与分布

闪速熔炼时，精矿中的 Pb、Zn、As、Sb 和 Bi 等杂质元素的行为与分布是一个值得重视的问题。杂质元素在闪速熔炼过程中的行为也是相当复杂的。它们的分布与元素本身的性质以及元素之间的相互作用，氧势、温度和锍成分等熔炼条件有关，也与精矿中含量有关。表 3 - 2 列出了不同研究者和不同锍品位时的元素分布。

表 3 - 2 不同研究者和不同锍品位时元素分布

研究者或作者	锍品位 /%	在锍中/%			在渣中/%			在烟气中/%		
		As	Sb	Bi	As	Sb	Bi	As	Sb	Bi
H. Y. Sohn	40				10	25	1	86	62	79
Steinhauser	55	10	30	15	10	30	5	80	40	80
袁则平	55	39.16	64.09	83.71	14.58	32.11	6.09	46.18	3.35	10.08
冈田	57				20	46	15	57	27	58
袁则平	62	41.34	59.32	75.64	23.99	35.28	9.6	32.7	3.82	11.88

注：空格中数字原资料未给出，应该是 100 -（渣中 + 烟气中）之差。

3.3 奥托昆普闪速熔炼

奥托昆普闪速炉由反应塔、沉淀池和上升烟道组成。干燥的铜精矿（水分小于 0.3%）、石英熔剂、返料（烟尘、渣精矿等）同富氧（预热）空气一起经过反应塔顶的精矿喷嘴喷入反应塔高温反应空间内（烟气温度达 1350 ~ 1450℃），在反应塔中于悬浮状态下完成冶金反应过程；生成的炉渣、铜锍在沉淀池中澄清分离；夹带烟尘的高 SO$_2$ 浓度、高温烟气经上升烟道进入冷却、收尘系统，净化后生产硫酸；含铜 1% ~ 3% 的炉渣经电炉贫化后产出弃渣，或者经缓冷后磨浮选矿，产出渣精矿返回闪速炉；铜锍送往吹炼炉吹炼。奥托昆普闪速熔炼典型工艺流程如图 3 - 1 所示。

3.3.1 奥托昆普闪速熔炼的原料、熔剂、送风制度和辅助燃料

奥托昆普闪速炼铜的主要原料为浮选铜精矿；烟尘、渣精矿、湿法沉淀物等也返回闪速炉处理，以回收其中的铜。

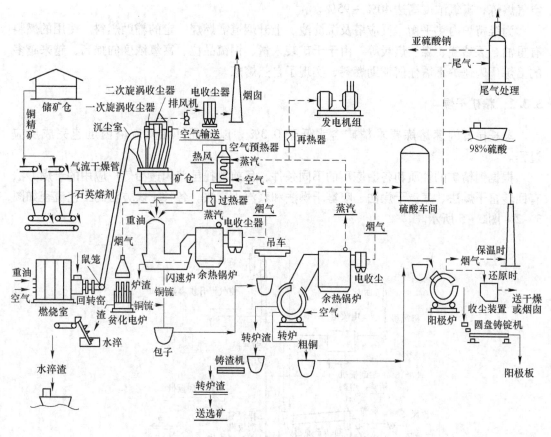

图3-1 奥托昆普闪速熔炼生产流程

由于富氧的应用，奥托昆普闪速熔炼对铜精矿的适应性大大增强。目前世界闪速炼铜厂处理的铜精矿成分范围见表3-3。

表3-3 闪速炼铜精矿成分范围

成 分	最 低	平 均	最 高
Cu/%	12.2	24.7	56.0
S/%	8.5	31.0	40.5
Cu/Fe	0.3	1.2	8.0
铜锍品位/%	45.0	57.0	78.0

闪速炉渣为硅酸铁渣型。为了控制炉渣成分（Fe/SiO_2），配料中一般按一定比例配入石英砂或磨细的石英石，一般要求含 SiO_2 80%以上，含 Fe 3%以下，As、F 等尽可能低。为了在电解精炼厂多回收 Au、Ag 以提高经济效益，也有冶炼厂（如日本东予冶炼厂）使用含 Au、Ag 的硅质物料作熔剂。

最初设计的奥托昆普闪速熔炼采用预热空气熔炼，一般分为800℃以上的高温鼓风（如日本佐贺关1000℃的鼓风）、400℃左右的中温鼓风（如贵溪冶炼厂的420℃鼓风）和低温鼓风（200℃以下）。而随着工艺风氧浓度的提高，越来越多的闪速炉采用常温富氧空气熔炼，富氧浓度高达 40% ~ 95%。

为维持炉内热平衡，反应塔及沉淀池、上升烟道需燃烧一定的辅助燃料。使用的燃料有重油、天然气、煤、焦炭等。由于干矿装入量、铜锍品位、富氧浓度的提高，越来越多的冶炼厂闪速炉不需任何辅助燃料，实现了自热熔炼。

3.3.2 精矿干燥

奥托昆普闪速熔炼要求精矿含水低于 0.3%，以保证其在反应塔内迅速完成反应过程。

根据铜精矿的性质和各冶炼厂的不同条件，目前奥托昆普闪速冶炼厂应用的干燥方法有回转窑干燥法、气流干燥法、喷雾干燥法和蒸汽干燥法。各种干燥方法的工艺流程如图 3 - 2 ~ 图 3 - 5 所示。

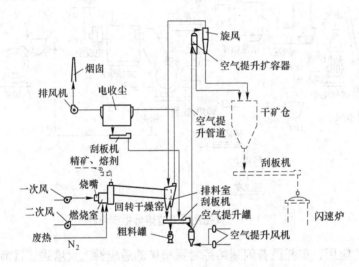

图 3 - 2　回转窑干燥设备流程

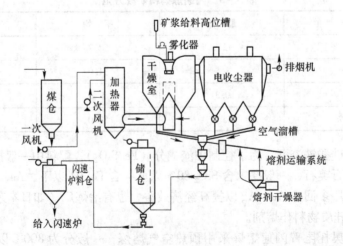

图 3 - 3　喷雾干燥系统图

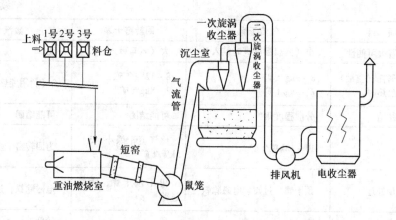

图3-4　气流干燥系统图

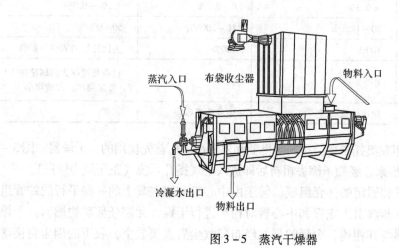

图3-5　蒸汽干燥器

主要干燥方法比较见表3-4。

表3-4　精矿干燥主要方法比较

序号	项　目	气流干燥	回转窑干燥	蒸汽干燥
1	温度控制	由于干燥时间很短，物料分散得好，因而很容易控制	比气流干燥难	自动控制蒸汽流量，容易保持出口温度
2	作业时间	短	几分钟至两小时	—
3	受物料水分变化的影响	通过温度调控，很容易调整操作，保证干矿水分	调节操作较困难	通过控制蒸汽量，很容易调整操作，保证干矿水分
4	烟气温度	低	高	低
	入口温度	400~650℃	600~1000℃	0.5~2.0MPa 饱和蒸汽，通过蒸汽管与精矿换热
	排烟温度	70~90℃	85~125℃	120~130℃（干矿温度）
5	烟气量（标态）	大，700~1200m³/t料	小，300~700m³/t料	小，100~200m³/t料

序号	项 目	气流干燥	回转窑干燥	蒸汽干燥
6	精矿着火可能性	小（入口温度高时鼓入 N_2）	大（入口鼓入 N_2）	无
7	燃料消耗（重油） 利用余热时	8～9kg/t 矿 2～5kg/t 矿	8～12kg/t 矿 2～8kg/t 矿	0（利用废热锅炉蒸汽）
8	干矿黏结	分散程度很好	可能结团	可能结团
9	电耗	10～12kW/t 矿	比气流干燥小，3～5kW/t 矿	为回转窑干燥法的 40%
10	物料预处理	预干燥，过筛、电磁除铁	可不预干燥，无需过筛	电磁除铁，过筛
11	作业率	高	高	较低
12	湿料水分	<10%	4%～20%	<10%
13	干矿水分	<0.3%	0～0.3%	0.1%～0.3%
14	能力范围	30～180t/h	10～200t/h	50～90t/h
15	投资	100%	130%	为回转窑的 70%～80%
16	占地面积	小	大	设备长度仅为回转窑的 1/3，收尘简单，占地很小
17	收尘设备	电收尘或布袋	电收尘或布袋	布袋

　　蒸汽干燥是 1995 年在奥托昆普公司的哈里亚瓦尔塔冶炼厂首先使用的，干燥器如图 3 - 5 所示。干矿由干燥器出来，经筛子筛去粗料后即进入空气提升系统（正压风力输送）。

　　蒸汽干燥器由转子和固定的外壳组成。转子由中心管和绕在其上的一些平行的蛇管组成。将废热锅炉产出的蒸汽引入蛇管和中心管对精矿进行干燥，无需任何矿物燃料。干燥器上方设一布袋收尘器与其相连，少量的烟气经布袋收尘后直接放空，收下的烟尘直接落入干燥器。由于干燥温度低，不会发生精矿着火。

3.3.3　奥托昆普闪速熔炼的精矿喷嘴

　　精矿和（富氧）空气通过精矿喷嘴进入反应塔的反应空间，并由喷嘴分散，使其均衡地完成冶金反应。精矿喷嘴的性能直接影响熔炼指标（烟尘率、温度、渣含 Fe_3O_4、Cu 等）和炉寿命，甚至决定熔炼过程是否能顺利进行，因而它是奥托昆普闪速炉最关键的工艺设备。

　　按工作原理不同，精矿喷嘴有两类：文丘里型和中央喷射扩散型（CJD 型）。文丘里喷嘴适合于低氧浓富氧预热空气熔炼，而 CJD 喷嘴则适合于高氧浓富氧空气熔炼，两种喷嘴的比较见表 3 - 5。

表 3 - 5　文丘里型和中央喷射扩散型精矿喷嘴的比较

项 目	文 丘 里 型	CJD 型
喷嘴个数/个	3～4	一般设 1 个，最初设 4 个
油烧嘴个数/个	3～4	2～4

续表 3-5

项　目	文丘里型	CJD 型
油烧嘴的设置	安装在喷嘴内	与喷嘴分开，也可安装在喷嘴内
精矿分散原理	（1）出口的高速气流 （2）分散锥	（1）出口的高速气流 （2）分散锥 （3）径向分布空气
轴向气流速度/m·s^{-1}	120 以上，最高达 250	80～120
径向气流速度/m·s^{-1}	—	120～180
干矿处理能力/t·(h·只)$^{-1}$	<20	~200
工艺空气富氧浓度/%	<45	~95
对炉衬的作用	炉衬易被侵蚀，局部易损坏	对炉衬作用小
装料控制	难	易

　　20 世纪 80 年代以前应用的主要是文丘里喷嘴。由于喷嘴的重要性，各冶炼厂不断改进文丘里喷嘴的结构，形成了各种风格的喷嘴，有代表性的文丘里喷嘴的结构如图 3-6 和图 3-7 所示。

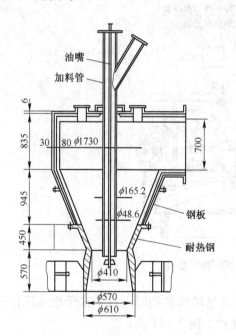

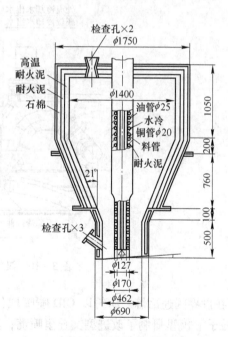

　　　图 3-6　贵冶文丘里精矿喷嘴结构　　　　图 3-7　佐贺关文丘里精矿喷嘴结构

　　中央喷射扩散型精矿喷嘴是 20 世纪 70 年代后期开始研究应用的，经过不断改进已经成为标准化设计的一部分。有代表性的喷嘴结构如图 3-8（金隆公司）、图 3-9（玉野）、图 3-10（汉堡）所示。

　　由于高浓度富氧的使用和产量的提高，新建闪速冶炼厂（如我国金隆公司、智利查格里斯、印度的比里拉等）纷纷采用 CJD 精矿喷嘴，而一些主要闪速冶炼厂（如玉野、佐贺关、贵冶、巴萨等）为扩大能力，也纷纷采用 CJD 喷嘴取代文丘里喷嘴。

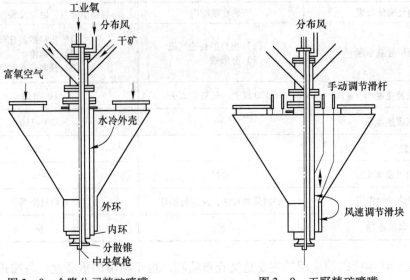

图 3 - 8　金隆公司精矿喷嘴　　　　　　　图 3 - 9　玉野精矿喷嘴

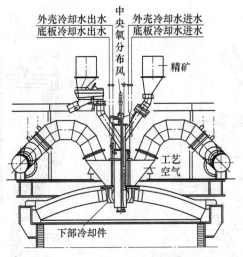

图 3 - 10　汉堡冶炼厂精矿喷嘴

在世界闪速冶炼厂纷纷以 CJD 喷嘴取代文丘里喷嘴的同时，日本东予冶炼厂根据其"两粒子"模型研制了改进型文丘里喷嘴，其结构如图 3 - 11 所示。

这种喷嘴也适合于中高浓度富氧空气熔炼，单个喷嘴精矿处理能力可达 2000t/d。通过调风锥使工艺空气出口速度达 200 ~ 250m/s。这种喷嘴突出特点是对反应塔的侵蚀很小，烟尘发生率可降至 5% 以下。

3.3.4　奥托昆普闪速炉的炉体结构

奥托昆普闪速炉由反应塔、沉淀池和上升烟道三部分组成，内衬耐火材料。最初的闪

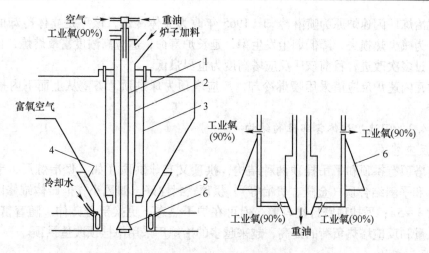

图3-11 东予文丘里型精矿喷嘴结构示意图

1—氧油喷嘴；2—精矿溜槽；3—速度调节器；4—内侧喷射孔；5—水套外侧喷射孔；6—分散锥

速炉耐火材料没有冷却装置，其寿命仅8周左右。随着水冷的应用，闪速炉炉期已达10年左右。

3.3.4.1 闪速炉的外形结构尺寸

几种典型的奥托昆普闪速炉的外形结构如图3-12、图3-13所示。

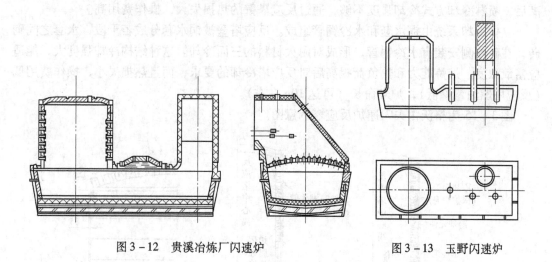

图3-12 贵溪冶炼厂闪速炉   图3-13 玉野闪速炉

贵冶闪速炉的主要结构特点：反应塔顶为平斜结合拱顶，沉淀池为吊挂拱顶，上升烟道为吊挂顶，由平顶和斜顶组成；反应塔壁立体冷却，反应塔与沉淀池的连接部为直筒形。我国金隆公司闪速炉结构同贵冶闪速炉相似。

玉野闪速炉沉淀池中插有3根电极，无贫化电炉，由闪速炉直接产出弃渣；上升烟道为圆筒形，下部为水套结构，用以预热废热锅炉的给水，上部为锅炉管，产生蒸汽（4.7MPa）；反应塔立体冷却，与沉淀池的连接部为喇叭形（1994年改为直筒形）。

巴亚马雷闪速炉反应塔上部采用喷淋冷却，下部为4层铜水套；沉淀池端墙远离反应塔3.2m；沉淀池气流区设垂直水套冷却；反应塔及沉淀池顶均为平吊挂结构。

足尾冶炼厂闪速炉原为喷淋冷却，1965 年改为立体冷却，该厂是立体冷却的最先应用厂家。为减少热损失，降低烟尘发生率，延长炉寿命，适应高浓度富氧熔炼，该厂对反应塔进行过多次改进，目前该厂反应塔高度为世界最低。

韦尔瓦闪速炉反应塔采用喷淋冷却，反应塔顶为球拱顶，塔壁从上而下内衬 250mm 的铬镁砖。

3.3.4.2　闪速炉炉体各部位的结构

A　反应塔顶

反应塔顶有拱顶和平吊挂顶两种结构，拱顶又有球拱顶（如汉堡冶炼厂、韦尔瓦冶炼厂等）和平斜结合顶（金隆、贵冶等）。拱顶密封性好、漏风小，但砖体维修困难，一般寿命为 3～5a；吊挂顶密封性较差，但可在炉子热态下更换部分砖体。随着富氧浓度、干矿装入量和反应塔热负荷的提高，越来越多的冶炼厂采用吊挂顶改造拱顶。

B　反应塔壁

反应塔壁经受带尘高温烟气和高温熔体的冲刷，几乎没有任何耐火材料能够承受反应塔内的苛刻条件。为提高炉寿命，各冶炼厂不断地改进反应塔的结构，使用优质耐火材料，并采用水冷却系统，冷却强度不断提高，形成各自不同的反应塔结构特征。

反应塔冷却装置有喷淋冷却和立体冷却两种，如图 3-14 所示。

喷淋冷却结构简单，它通过外壁淋水冷却和内侧挂磁铁渣使炉衬得到保护而不被继续腐蚀。这种结构便于反应塔检修，炉寿命可达 8a 左右。但是，干矿装入量和富氧浓度提高后，喷淋冷却方式冷却强度不够，通过反应塔壁的热损失大，操作费用高。

立体冷却系统由铜水套和水冷铜管组成。反应塔壁被铜水套分成若干段，水套之间砌砖，在砖外侧安装有水冷铜管，形成对耐火材料的三面冷却。这种结构冷却强度大，能适应富氧浓度、熔炼能力和热负荷提高后对反应塔冷却的要求，而且热损失小，操作费用低（反应塔燃油量降低），炉寿命长（可达 10a 左右）。

图 3-15 为格沃古夫闪速炉反应塔示意图。

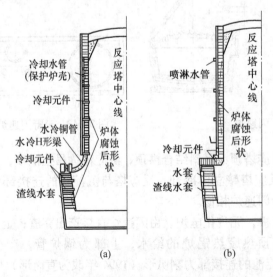

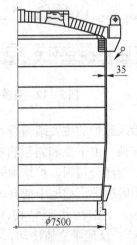

图 3-14　闪速炉炉体的立体冷却与喷淋冷却　　　图 3-15　格沃古夫闪速炉
　　　　（a）立体冷却；（b）喷淋冷却　　　　　　　　　喷淋冷却结构

格沃古夫闪速炉反应塔钢壳内无砌砖，钢壳内侧仅由一层 5cm 厚的特殊陶瓷混合物保护，钢壳外壁喷水冷却。钢壳内表面还有一层氧化锆基涂层保护，避免铜渗透，并使之适应于高温操作条件。反应塔下部与沉淀池连接处有 36 块铜金属陶瓷水套，在反应塔外壳上安装有测温装置和水流量检测装置。

希达尔哥闪速炉反应塔上部喷淋冷却，下部有 5 层铜水套；反应塔内壁焊抓钉，喷涂厚度仅 125mm 的镁铬质耐火料作为内衬，可使用 8a 左右。

立体冷却反应塔结构如图 3-16~图 3-17 所示。

贵冶闪速炉反应塔壁分为 7 段，第一、二段之间无水套，第二段以下共有 6 层水平铜水套，每层间距 775mm 均匀分布。每段于砖外侧钢壳之内有 2 圈带翅片的铜管，内衬为 290mm 的电铸砖。

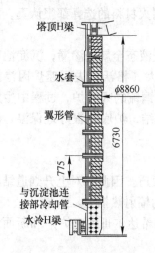

图 3-16　贵冶闪速炉反应塔
冷却结构示意图
（1998 年前）

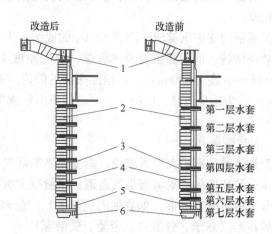

图 3-17　东予闪速炉反应塔冷却示意图
1—反应塔顶；2—塔壁耐火砖；3—铜水套；
4—带翅片的铜管；5—H 形梁；6—连接部

图 3-17 为东予冶炼厂 1990 年大修前后的反应塔壁冷却结构。这次改造中，反应塔内衬由电铸砖改为半再结合镁铬砖，水套由 7 层增加至 9 层；根据反应塔内温度的分布和塔壁腐蚀状况重新布置水套，水套间距不等，上疏下密。

C　沉淀池

铜锍和炉渣在沉淀池中储存并澄清分离；夹带烟尘的高温烟气（达 1420℃左右）经沉淀池进入上升烟道，因此沉淀池的结构必须能够防止熔体渗漏，同时有利于保护炉衬。

沉淀池顶一般为吊挂结构，有平吊挂顶和拱吊挂顶。沉淀池顶的冷却有 H 梁冷却和垂直水套冷却。日本足尾冶炼厂沉淀池顶的 H 梁冷却结构如图 3-18 所示。H 梁安设在砌体中，耐火砖被圈定而不致发生变形，能防止耐火砖的脱落。为防止漏水，H 梁中的铜管必须是整根，不得用数根短管焊接起来。

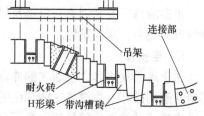

图 3-18　沉淀池顶冷却结构示意图

沉淀池位于反应塔正下方部位的侧墙，可以看作是反应塔的延长。这一部位热负荷较高，而且沿着砖的表面往下流的高温熔体量很大。因此，这一部位很容易被侵蚀。目前，一般在砖体内插入水平铜水套冷却，有的冶炼厂则水套与铜管并用，构成立体冷却（如金隆、贵冶等），而且水平水套的层数越来越多。

沉淀池渣线区域易被熔体侵蚀，受熔体冲刷较大。这一区域沿沉淀池一周设垂直铜水套或倾斜水套冷却。1983 年佐贺关冶炼厂为了适应高富氧熔炼，防止由于沉淀池拐角处耐火砖熔损和炉体膨胀变形而引起熔体泄漏，在沉淀池拐角处的耐火砖里安设了 L 形水套，强化了以渣线为中心，高度方向约 600mm 范围内的耐火砖的冷却。

另外，含渣、尘的烟气在流向上升烟道时对渣口侧端墙的冲击使该墙受到机械损耗，因此，工厂也不断增设水套，加强对该部位砌体的冷却。

为了防止沉淀池底漏铜、减少散热，对沉淀池底部的耐火材料的选择都很认真，而且都筑得很厚。

直接炼铜闪速炉沉淀池中没有 Fe_3O_4 的底结，为了防止液态金属铜渗漏，沉淀池底部需用优质镁铬砖，但不必用轻质砖保温，炉底厚度不需太大（格沃古夫闪速炉因渗漏将炉底由 1435mm 改为 800mm），以增加底部的散热。而熔炼铜锍的闪速炉，过程中生成大量的 Fe_3O_4，为减少散热，以减少 Fe_3O_4 的析出形成的炉底结，炉底要很好地保温，而且砌得很厚。

D　上升烟道

上升烟道是闪速炉夹带着渣粒、烟尘的高温烟气排出通道。因此，对上升烟道结构上的要求是：防止熔体黏附堵塞烟气通道；尽量减少沉淀池的辐射热损失。

上升烟道有垂直圆形（如犹他闪速炉等）、椭圆形（如希达尔哥闪速炉）和断面为长方形的倾斜形（东予、佐贺关、金隆、贵冶等）。

上升烟道壁一般不设冷却，但也有冶炼厂（如奥林匹克·达姆）在上升烟道砖衬中也插入铜水套，希达尔哥则采用喷淋冷却，以延长内衬寿命。

倾斜形上升烟道内衬镁铬砖，侧墙是较高的垂直墙，为避免因膨胀而倒塌，在侧墙上每隔 500mm 设一钢托板，留出膨胀缝，并将整个侧墙分成几段，各段之间留出间隙，使各段钢板可向下部膨胀，钢板接缝进行密封。

上升烟道的倾斜顶及平顶都采用吊挂结构，平顶设 H 梁冷却。

上升烟道出口与废热锅炉相连。锅炉入口受高温烟气冲刷，易发生泄漏，且该部位环境差，空间狭小，从外部很难靠近维修。奥托昆普最新设计的结构是：将连接部的锅炉管用连铸铜水套替代，这些水套固定在钢架上，以便在不必进入锅炉的情况下从外部更换水套。

很多冶炼厂上升烟道开口部及斜端墙黏结严重，为保证生产的进行，一般在上升烟道设置重油烧嘴，减少黏结。

E　连接部

由于高温火焰和含尘烟气的冲刷，闪速炉反应塔与沉淀池及沉淀池与上升烟道的连接部最易遭到破坏。为提高这些部位的寿命，必须提高其冷却强度。

连接部的结构比较复杂，各厂也不尽相同，主要结构有在不定形耐火材料中埋设水冷铜管、L 形水套结构、T 形水套结构、倒 F 水套结构等。

3.3.5 奥托昆普闪速熔炼炉的操作技术

奥托昆普闪速熔炼工艺一般存在烟尘率高、烟尘黏结、炉底上升、渣含铜高、炉衬腐蚀严重等问题，但由于各冶炼厂不断地改进设备和操作，操作水平提高很快，已成为一项成熟可靠的技术。由于富氧的应用和炉体冷却的强化，单炉年产量已超过30万吨矿铜，高干矿装入量、高铜锍品位、高热负荷和高富氧浓度已成为该技术的主要发展趋势。

闪速炉渣含铜较高（一般1%～3%），大多需经过电炉贫化或选矿处理。但日本玉野冶炼厂由闪速炉直接产出含铜0.7%左右的弃渣，其技术具有代表性。最初，该闪速炉在沉淀池上安装有3根自焙电极（2000～2500kW），为维持炉内的还原气氛，同时节省重油，1979年开始在反应塔加焦粉，并逐步用焦粉替代全部重油，而且于1987年完全停止了电极运行。1981年10月开始，在反应塔出口安装了一个红外线CO分析仪，根据CO浓度分析值（0.2%～0.3%）调整焦粉的装入量，即所谓的CO控制技术。应用该技术后，在铜锍品位63%时，仍能由闪速炉直接产出含铜0.7%～0.8%的弃渣。

3.3.6 奥托昆普闪速炉熔炼烟气的降温除尘及烟尘的处理

含尘（标态）（一般50～120g/m³）、高温（1300～1350℃）、高SO_2浓度（一般10%～20%，高时达40%）的闪速炉烟气经上升烟道进入废热锅炉冷却、收尘，回收烟气余热产生蒸汽，并经收尘系统收尘后送酸厂生产硫酸或元素硫；烟尘返回闪速炉或开路处理。卡里达德冶炼厂闪速炉排烟系统各段烟气条件见表3-7。

3.3.6.1 废热锅炉

废热锅炉在工艺中的作用包括：（1）冷却烟气，即将烟气由1300～1350℃冷却至350～400℃。（2）收尘。烟气中的烟尘大约有一半在锅炉中沉降。（3）回收烟气余热发电或产出蒸汽供工厂利用。

烟气的冷却能力通常是冶炼厂操作的一个限制因素，因而很多冶炼厂在生产能力扩大后都不得不改造锅炉，增大受热面以提高冷却能力。而锅炉故障所造成的停产通常是影响闪速炉作业率的一个决定性因素，如巴萨冶炼厂闪速炉16%停料时间是由锅炉故障引起的。因此废热锅炉是闪速冶炼厂最关键的工艺设备之一。世界主要闪速熔炼厂主要作业参数和技术指标见表3-6。

闪速炉锅炉出现的主要问题可以归结为三类：（1）由多种原因造成的压力部件的泄漏。（2）锅炉各处的积灰。（3）因锅炉表面积灰，或流场的变化，造成烟气冷却效果不佳，出口烟气温度高。

闪速炉锅炉是一种特殊的热工设备，为适应温度高、含尘量大、SO_2浓度高的烟气条件，设计上必须采取一些有效措施，以解决锅炉的粘灰、堵塞、磨损及腐蚀的问题。采取的措施有：

（1）采用直通烟道式，锅炉受热面一字形布置，使烟尘与管壁黏结性减弱，烟尘黏结量减少。

表 3-6 世界主要闪速熔炼厂主要作业参数和技术指标

冶炼厂	精矿装入量 /t·h⁻¹	富氧浓度 /%	送风温度 /℃	铜锍品位 /%	铜锍温度 /℃	炉渣温度 /℃	炉渣成分				弃渣含铜	贫化方法	烟尘率 /%	燃料
							SiO_2	Fe	Fe/SiO_2	Fe_3O_4				
玉野	90	42.8	360		1170	1180	31~33	—	1.18	6	0.7~0.8	CO浓度控制，由闪速炉直接产出弃渣	7.4	焦炭
圣玛纽尔	163.4	45~75	常温	63	1220	1250	27	—	1.25	6.0	0.5	浮选	—	自热
卡玛卡里	80~93	50~60	—	63	1230	1330	29	—	1.2	12.6	0.71	电炉	6	重油
韦尔瓦	125	60~65	400	62	1150	1250	29	42	1.4	—	0.9	电炉	6.2	—
汉堡	125	<55	400	64	1200~1210	1220~1230	32	43	1.34	<4	—	电炉	9	重油
佐贺关	158	70~85	常温	65	1200	1230	33	38.2	1.16	7~8	0.8	电炉	4~5	焦粉
奥林匹克·达姆	50~70	60~90	常温	粗铜	1270	1300	15~20	30~35	>2	—	2~8（电炉渣）	电炉-缓冷-选矿	15	重油
卡里达德	100~125	<65	—	63	1200±20	1300±20	—	—	—	10	<1	电炉	5.5	重油
肯尼柯特	180~200	80~85	常温	71		1315	30	—	—	—	—	浮选	—	自热
东予	2012t/d	40~50	450	60~64	1220~1225	1225~1230	—	—	1.06	12	0.7	电炉	4.8~5.4	重油/粉煤
巴萨	85~90	37~48	200~300	58~60		1254	—	—	—	—	0.6	自带电极	—	重油/粉煤
丘基卡马塔	2000~2300t/d	50		60		1325~1350	—	—	—	—	—	浮选	6~8	—
哈里亚瓦尔塔	50~60	45~95	200~220	65~70	1220~1270	1320~1360	27~28	35~45	1.15	20~26	—	浮选	—	自热
金隆公司	56	52~57	常温	54~57	1210	1240	32	—	—	—	<0.6	电炉	5.5	重油
贵冶	2043t/d	46	常温	65	1250	1320	28	—	1.2~1.3	7	<0.8	电炉	—	重油
温山	63	60~70	常温	60.3	1220	1250	—	—	—	—	0.7~0.8	电炉	7	重油
希达尔哥	—	30~45	—	60	1200	1250	30	—	—	—	—	电炉	18	天然气

表 3-7 闪速炉烟气条件实例

精矿成分 /%	精矿装入 量/t·d⁻¹	送风条件	部位	烟气成分/%					烟气温 度/℃	烟气含尘 (标态) /g·m⁻³	烟气量 (标态) /m³·h⁻¹
				SO_2	H_2O	CO_2	O_2	N_2			
Cu：31.7 Fe：21.25 S：30.57 SiO_2：10.4	2250	氧浓：42.6% 温度：200℃	锅炉 入口	25.1	7.0	5.7	1.5	60.7	1350	108.1	50700
			锅炉 出口	18.6	6.0	4.2	6.4	64.8	350	48.1	68305
			电收尘 出口	16.2	5.6	3.7	8.2	66.3	300	0.18	78355

（2）采用大的辐射冷却室，利用辐射吸热将烟气中的烟尘冷却固化沉降下来。

（3）采用整体水冷壁结构，防止炉内 SO_2 逸出或空气漏入，从而防止腐蚀，并保证高烟气 SO_2 浓度和低烟气量。

（4）采用较高的运行压力，使锅炉水温（250℃以下）保持在烟气露点（220℃）以上，防止管壁结露腐蚀。

（5）装设吹灰器和振打器，以清除锅炉水冷壁管的积灰。

（6）采用整体悬吊式，将废热锅炉吊悬起来，有利于振打清灰。

高温烟气中夹带的烟尘中的硫主要为金属硫化物，这种烟尘反应性强，尤其在锅炉内的高温下，对锅炉管壁的黏结性强，造成锅炉冷却能力下降，烟尘堆积堵塞烟道。而硫酸盐的黏结性小，将硫化物转化为硫酸盐可以解决烟尘黏结的问题。因此很多冶炼厂通过提高烟气含氧、降低烟气温度将硫化物氧化为硫酸盐，主要方法有：（1）将空气（或预热空气）、N_2 送入辐射部入口。（2）将锅炉出口或电收尘出口烟气用风机返一部分回辐射部前部。（3）向沉淀池烧嘴送过量的燃烧风等。

3.3.6.2 烟气除尘

烟气中的烟尘约有一半以上在锅炉中沉降，其余在后续的收尘系统中沉降收集。闪速冶炼厂的收尘流程大致有以下4种：

（1）闪速炉→废热锅炉→旋风收尘器→电收尘器→排风机→硫酸厂。

（2）闪速炉→废热锅炉→鹅颈烟道→沉尘室→电收尘器→排风机→硫酸厂。

（3）闪速炉→废热锅炉→鹅颈烟道→电收尘器→排风机→硫酸厂。

（4）闪速炉→废热锅炉→沉尘室→旋风收尘器→电收尘→排风机→硫酸厂。

玉野、足尾、小坂等采用流程（1）；金隆、贵冶、东予等采用流程（2）；比里拉、圣马纽尔等采用流程（3）；萨姆松等采用流程（4）。送往酸厂的烟气含尘一般低于 $0.3g/m^3$ （标态），大多生产硫酸，少数工厂（如希达尔哥、诺列尔斯克等）生产元素硫。

3.3.6.3 烟尘的处理

闪速炉烟尘成分与原料所含易挥发元素 Pb、Zn、As、Sb、Bi、Cd 等有密切关系，同时与返回的转炉及闪速炉烟尘，特别是电收尘器烟尘数量有关。由于杂质元素在熔炼过程中依平衡关系分布于烟尘、炉渣及铜锍中，因此原料杂质成分高，最终会造成阳极铜杂质成分高，给电解造成困难，严重影响电铜质量。烟尘含 Pb、Zn 高时，容易发生废热锅炉烟尘黏结的故障。

大部分冶炼厂因烟尘含杂质元素不高，闪速炉烟尘经风力输送至闪速炉顶的烟尘仓，同精矿一道加入闪速炉，但有些冶炼厂因原料杂质成分高，为保证产品质量，将一部分烟尘开路处理。

3.3.7　奥托昆普闪速熔炼的计算机控制

闪速熔炼由于反应迅速、操作严格，目前国内外工厂的自动化装备水平普遍较高，东予冶炼厂、贵冶、金隆等闪速炉均实现了计算机在线控制铜锍品位、炉渣 Fe/SiO$_2$ 和铜锍温度这三大工艺参数，很多冶炼厂对各系统的操作采用了先进的计算机集散控制系统（DCS），保证了生产的稳定。闪速炉控制系统实例如图 3-19 所示。

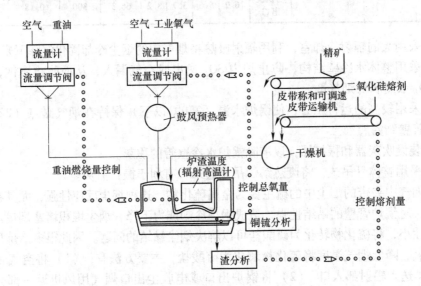

图 3-19　奥托昆普闪速炉控制系统实例

三大工艺参数的控制是通过调节操作变量来实现的，操作变量可以通过计算机在线调节控制，控制方式可以分为前馈和反馈控制，见表 3-8。

表 3-8　三大参数计算机控制功能举例

控制变量	操作变量	控制方法	控制方式	操　作　方　式
炉渣 Fe/SiO$_2$	配料熔剂比率	计算机在线或离线	前馈和反馈控制	设定炉渣 Fe/SiO$_2$
铜锍品位	工艺空气量、氧气量	计算机在线或离线	前馈和反馈控制	设定铜锍品位、铜锍温度，通过：(1) 指定风量调节氧气量；(2) 指定氧气量调节风量；(3) 指定工艺风氧浓度，同时调节空气量和氧气量；(4) 指定重油量，调节风量和氧量（氧浓），四种方式操作
铜锍温度	工艺空气氧浓度、重油量	计算机在线或离线	前馈和反馈控制	

三大参数的控制以干矿装入量的控制为基础，精确的干矿装入量的控制才能保证精确的三大参数的控制。目前应用的干矿计量方法见表 3-9。

表3-9 干矿计量方法

干矿计量方法	配置方法	计量原理	技术特点
体积法	风根秤、核子秤、调节干矿装入刮板或螺旋转速等	测定干矿体积，换算成重量	没有考虑干矿密度和流动特性的影响，计量精度低
重量法	冲击式流量计	将干矿下落的动量换算成重量	计量波动大，维护困难，精度低
	减重法（weight-loss）	配置及计量原理见图3-20	准确、可靠，可达到±1%的精度

减重法干矿计量系统由一个给料阀、安装有称重传感器的计量斗、螺旋运输机、刮板运输机组成。首先给料阀打开由干矿仓向计量斗装料，达到装料高位线后给料阀关闭。螺旋运输机连续地从计量斗排料，使其减重，减重的速度即为干矿装入量，将此装入量与设定装入量进行比较，调节螺旋排料速度以达到控制的目的。当达到装料低位线时，给料阀再次打开，如此往复进行（图3-20）。

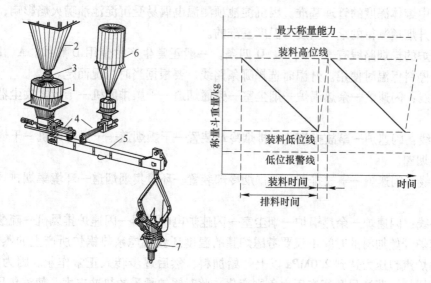

图3-20 减重法干矿计量系统配置及控制原理
1—量斗；2—干矿仓；3—给料阀；4—螺旋运输机；5—刮板运输机；6—烟尘仓；7—精矿喷嘴

这种计量方法成熟可靠，因而在很多冶炼厂得到了应用。

3.4 闪速炉熔炼生产实践

3.4.1 开炉

新建和经过大修的闪速炉需经开炉升温作业再转入正常生产。

新建闪速炉开炉之前必须作好设备的联动负荷试车；所有冷却元件通水；余热锅炉试压完毕并使锅炉水正常循环。

点火之前还需作好如下准备工作：

（1）铺设炉床底料。为防止熔体渗漏，用干燥的铜水淬炉渣和粒度为 20 ~ 30mm 的固体冰铜覆盖整个炉床和炉底角落。用量根据沉淀池大小而定。一般铜水淬渣 5 ~ 10t，固体冰铜 0.5 ~ 1t。

（2）设置沉淀池侧壁电铸砖保护铁板。为防止因油嘴火焰影响造成电铸砖崩落，要用薄铁板遮盖内侧壁电铸砖。

（3）安装临时金属件。为防止升温过程中炉内烟气从精矿喷嘴圆锥部泄漏，要预先在精矿喷嘴圆锥下部用铁丝吊挂较厚（3 ~ 4mm）的铁板密封。这个密封铁板将在反应塔重油喷嘴点火时取掉，落入炉内。为便利密封铁板的安装施工，一般应在反应塔砌砖完毕，卸除脚手架之前安装。为防止烟气沿精矿溜管窜入冲击管式流量计中，要预先在冲击管流量计下的 4 根精矿溜管的法兰部位分别插入盲板（铁板）密封，此盲板在加料之前取出。

（4）在炉体各部位设立测量基准点，准备必要工器具，实施温度测定及膨胀测定。

在沉淀池顶设置检尺基准点，测定炉底水平作为升温时炉底水平变化的研究资料和生产中炉底标高变化的比较依据。平时检测熔体中心检测孔的基准点和冰铜口及渣口的高度作为生产中熔体深度的管理基准。因沉淀池顶测温电偶易受沉淀池油嘴火焰影响，升温时也有以上升烟道测得的烟气温度为温度基准的。

闪速炉的排烟路线有 A、B、C、D 四条。一般正常生产时使用 D 路线。A、B、C 三条路线在停料保温时使用。升温时选择哪条路线，要根据当时情况而定。

A 路线：闪速炉—余热锅炉—烟尘室—旁通烟道—干燥排风机—干燥电收尘器—干燥烟囱。

B 路线：闪速炉—事故排烟孔—排烟冷却装置—干燥烟道—干燥排风机—干燥电收尘器—干燥烟囱。

C 路线：闪速炉—事故排烟孔—排烟冷却装置—环境集烟烟道—环境集烟排风机—环集烟囱。

D 路线：闪速炉—余热锅炉—烟尘室—闪速炉电收尘器—闪速炉排风机—硫酸车间。

闪速炉开始加料的时间不仅要考虑炉膛的温度还要考虑余热锅炉所产生的蒸汽压力。一般在锅炉汽包压力达到 2.0MPa 以上开始加料，然后逐步转入正常作业。因为加料后，热量迅速增加，蒸汽量和蒸汽压力急剧变化，此时锅炉承受的热冲击大，使汽包压力升至足够高的程度再加料可缓和冲击。

3.4.2　正常生产操作

3.4.2.1　炉料配备

仓式配料因配比准确，易于自动控制而被广泛采用。仓式配料要求精矿含水分在 10% 以下，以使下料连续稳定不堵塞。若含水分过高，要预先进行干燥处理。贵溪冶炼厂采用仓式配料，有 11 座配料仓，精矿进仓前进行预干燥处理。仓上段为普通钢板围成的圆柱体，在直筒部和倾斜部内壁分别衬有聚乙烯板和不锈钢板，防止料的黏结，耐腐蚀，下段为长方体，安设有振动器，可独立振动，防止堵塞。

不同品种的铜精矿、石英熔剂分别装入备料仓中，将它们按一定的比率由可无级调速的给出皮带从各自的料仓中排出，经计量皮带上的皮带电子称称量并输送至运输皮带上。

皮带电子称的称量信号反馈到给出皮带的调速器中，调整给出皮带转速，即调整给出料量。各给出皮带和计量皮带的开停可在中央仪表室远控。各配料仓精矿的比率由中央仪表室的仪表设定并将信号输入各配料仓下给出皮带的调速器中，作为给出皮带的前馈信号。熔剂的比率由渣中 Fe/SiO_2 比的目标值，经电子计算机计算并自动将信号输入熔剂给出皮带的调速器中。由此配好的炉料由运输皮带输送并混合，经电磁铁除去铁质物，振动筛筛去块料杂物，然后送入干燥窑。运输皮带等设备的开停亦可在中央仪表室远控。设备电气上的连锁可在运输皮带等设备发生故障时供给出皮带自动停止。

每个配料仓的料位通过料位计自动检测，在现场和中央仪表室均有料位显示仪表，可随时进行监视。每个配料仓下部安设的振动器可在料仓堵塞时自动启动，下料正常后又自动停止。

3.4.2.2 气流干燥

气流干燥的热源在开炉时全由热风炉重油燃烧供给，在正常生产时，除热风炉重油燃烧外，还利用蒸汽过热器和再热器排出的废烟气及阳极炉的废烟气的废热作干燥的热源。

为了生产安全稳妥，干燥系统设有电气连锁，当沿气流方向的前面设备出故障时，后面的设备自动停止；热风炉停止燃烧。废烟气停止送入。当干燥设备出故障时，配料系统即停止运行。

3.4.2.3 加料

干矿仓中的干炉料由无级调速的干矿刮板运输机分别连续稳定地加入精矿喷嘴。贵溪冶炼厂设有两台干矿刮板运输机供应 4 个精矿喷嘴的炉料。每台刮板机为同侧的两精矿喷嘴供料。每台刮板机的最大容量为 60t/h。

干矿仓顶设有 3 台料位检测器可自动检测料位，检测结果可随时在中央仪表室表上读取。为防止炉料黏结，干矿仓侧壁设有 6 台振动器，可自动启动和停止。

3.4.2.4 反应塔的供风、供油

前已叙及，反应塔用热风由蒸汽式空气加热至所需温度，然后导入各精矿喷嘴。重油由油泵自油罐抽出加压至 1.0MPa 左右，经蒸汽式油加热器加热，然后分送各油喷嘴，一般重油加热温度至 70~100℃ 即可。

在生产中，重油罐中的重油由重油库通过输送管道及时送入。重油在喷嘴内经相同温度和压力的预热空气雾化成雾状喷入反应塔内。鼓入反应塔内的热风量和油量是根据炉料成分、加料量、冰铜品位、冰铜温度、炉渣成分等因素通过热平衡和物料平衡计算的结果设定的。由人工计算非常繁杂，将上述数据输入电子计算机可自动完成。在正常生产时，与加料量相对应的热风量和油量经电子计算机计算结果，分别由中央仪表室的风量和油量调节自动设定并通过各自的执行机构跟踪调节，在计算机发生故障时，可根据经验公式计算出对应于加料量的热风量和油量，并将结果手动设定在调节计上。

3.4.2.5 放铜、放渣

沉淀池澄清下来的冰铜根据转炉吹炼的需要间歇放出。放冰铜口设在沉淀池的一侧，大的闪速炉设有 6 个放冰铜口，由反应塔向上升烟道方向排列，编 1~6 号，每相邻两个铜口合用一个冰铜包子。采用烧氧打眼放铜方式。冰铜口设有水冷装置，为避免生成底结，在排放冰铜前后必须检测冰铜层厚度，保持一定的冰铜面。6 个铜口交替排放，离反

应塔远的铜口多放，以避免熔池死角。

冰铜装入冰铜包内，由桥式吊车倒入转炉。吊车上有电子称可自动将倒入转炉的冰铜和留下的包子壳分别称出重量并用载波电话或现场广播通知闪速炉炉前和中央仪表室以及转炉操作室。

闪速炉炉渣根据熔池总熔体面高度间歇排放。两个渣口交替使用。不排放的渣口要用白泥封住，正在排放的渣口要烧液化石油气保温，以免冻结和冷空气侵入炉内。

炉渣试样的采取与渣温的测定由炉前操作人员完成。渣成分 X 荧光分析的结果作为调整作业参数的依据。炉渣由辐射高温计测温，测得结果作为作业的参考数据。

3.4.2.6　熔池管理

为了保证沉淀池能完成澄清分离冰铜与炉渣，并能储备足量铜锍的任务，维护熔池有足够的有效容积是必要的，这是熔池管理的目的。

闪速炉熔炼由于反应塔的氧化气氛强，生成的 Fe_3O_4 熔点高、黏度大，密度介于冰铜与炉渣之间，在熔池中往往形成黏渣层。若是对熔池管理不当，大量的 Fe_3O_4 就会沉积于炉底，形成炉结，这样就缩小了熔池的有效容积。

熔池管理的首要工作是维护熔池足够高的温度。根据熔池侧壁黏结情况和熔体表面状态与温度，及时调整沉淀池侧墙烧油喷嘴的数量、位置和油量，清除喷嘴孔周围黏结物，使喷嘴良好燃烧，以维护熔池温度。实行高冰铜面薄渣层的操作是防止黏渣沉底的有效措施。生产中除放铜放渣前后进行熔体面检测外，每小时还需检测一次冰铜、炉渣和黏渣层的厚度。每 4d 对炉底标高检测一遍，若有上涨，要在检测孔中投入生铁块处理。放铜时冰铜口交替使用，远离反应塔的铜口多放，可避免熔池死角，避免底结形成。在处理炉结时，经常采用提高冰铜温度和降低冰铜品位的办法。

3.4.2.7　炉体管理

炉体管理的目的是保护好耐火材料，延长炉体寿命，使冶金炉长期稳定运行。

在炉体管理中，严格控制炉内热负荷是重要环节。在闪速炉设计时，热负荷就作为重要参数加以考虑了。在生产中，反应塔的热负荷由电子计算机根据热平衡计算出结果，并随时在 CRT 显示器上显示。

如前所述，整个炉体遍布冷却元件，对耐火材料进行立体冷却。因此对冷却元件中冷却水的管理是一件至关重要的事情。冷却水的管理包括水质的管理与水温的管理。冷却水要求是经净化处理的软水。未经净化的硬水会导致冷却元件中结垢，影响冷却效果，堵塞管道。进水温度不应低于 25℃，排水温度不应高于 60℃，进出水温差 8～10℃。进水温度过低，有可能达到 SO_2 的露点以下，引起硫酸结露的腐蚀。进水温度过高达不到冷却效果，排水温度过高，产生的水蒸气可能引起冷却水补给的中断，烧坏冷却元件。在生产中，除确保连续稳定地供水外，在各排水点还设有测温热电偶，由中央仪表室的仪表自动循环显示各点温度，任一点温度达到 60℃ 以上时即有声光报警，告诉操作人员到现场检查处理。另外，每个班的操作人员至少在现场对所有进入水管和排水点全面检查两遍，确认无异常。冷却水的压力一般为 200～300kPa，依靠高位水槽稳压。

耐火材料的保护还依赖于炉内壁的挂渣。炉内壁挂渣情况在停料进行炉内点检时观察，根据挂渣颜色、厚度、表面状态以及操作人员的经验判断来调整反应塔热风量、各喷嘴油量和料量；调整的目标是要使得炉内温度均匀，炉内壁挂渣均匀，厚度适当。在进行炉内点检时还要观察炉内是否有冷却元件漏水现象。当发现有漏水时要准确判断出漏水水管，关闭该水管进水阀门，避免周围耐火材料受潮损坏。

3.4.2.8 炉内点检

炉内点检是为检查观察炉内情况而安排的。炉内点检时，闪速炉停止加料，反应塔和沉淀池烧油保温。一般每星期进行两次，每次1h左右。炉内点检开始的时间应为转炉造铜期半小时以后，因此时转炉烟气中 SO_2 浓度高且稳定，与闪速炉保温烟气混合后仍能维持硫酸生产。炉内点检的目的主要是操作人员从炉体各个检查孔中直观检查炉内壁挂渣情况；确认冷却元件是否有漏水现象；沉淀池表面是否有生料堆；上升烟道出口黏结情况以及锅炉烟尘黏结状况并对各处黏结进行突击处理。反应塔精矿喷嘴处的黏结在正常生产时可以从喷嘴下部圆锥部检查孔中随时观察并加以清理。若工作量过大，也可借炉内点检的时间进行彻底处理。反应塔内壁状况也是由精矿喷嘴下部圆锥部检查孔检查观察的。正常生产时不能处理的设备问题也借炉内点检停料的机会处理。炉内点检所允许的时间受转炉造铜期约束，一次最长不得超过2h。所以事先应在人力物力上作出周密布置，点检时动作要快，观察要仔细，判断要准确，处理要果断。

通过对炉内点检时检查到的情况加以分析，对闪速炉的作业参数，如干炉量、烟尘量、反应塔重油量和热风量进行必要的修改；对沉淀池油嘴的数量、位置以及烧油量和上升烟道嘴角度与烧油量以及火焰长度进行必要的调整，以维持炉温稳定，高产低耗。

炉内点检前后的加料量按阶梯形逐步减少或增加，相对应的风油也按阶梯形逐步变化。

点检后的增料操作基本是减料操作的逆过程，只是递增的时间间隔为10min。增减料时的上述作业参数可由计算机计算等，并将结果自动设定到各调节计上。

定期地进行炉内点检是闪速炉熔炼所特有的操作，这是维护正常生产和加强炉体管理的一项重要措施。

3.4.2.9 烟气的除尘与烟尘处理

闪速炉烟气通过余热锅炉沉降40%左右的烟尘，其余烟尘随烟气进入鹅颈烟道、烟尘沉降室，再进入电收尘器。进入电收尘器的烟气含尘为出炉烟气含尘量的30%～50%，温度300℃左右。电收尘器出口烟气含尘（标态）0.3～0.5g/m³，由排风机排入烟道，与转炉烟气汇流，送硫酸车间。

电收尘器一般采用 $10 \times 10^4 V$ 的高压电场，500mm 的宽极距形式，收尘效率可达99%以上。

电收尘器的工作情况亦可在中央仪表室进行仪表监视。

收下的烟尘由电收尘器下部的刮板运输机或螺旋运输机排出，与干燥电收尘的烟尘一起混合后集中到烟尘中间仓，然后由气流输送至反应塔顶的烟尘仓中。两种烟尘混合输送可避免含硫高的干燥电收尘烟尘自燃。

余热锅炉所收集的粉状烟尘也用气流输送至反应塔顶烟尘仓中。块烟尘由特制的烟尘罐接收，用叉车运至烟尘处理工序，在那里经破碎筛分，筛下粉尘（3mm以下）也用气流输送至反应塔顶烟尘仓，筛上块尘送转炉作冷料。

三股气流输送至反应塔顶烟尘仓的烟尘由一台无级调速的烟尘刮板运输机排出，经烟尘冲击管式流量计称量后送到两台干矿刮板运输机中与干矿混合一起加入精矿喷嘴。烟尘刮板运输的开停可在中央仪表室远控。烟尘量也在中央仪表室烟尘量调节计上设定，将信号输入烟尘刮板机的调速器中，作为前馈控制。烟尘量的瞬时值可由仪表监视并能自动将流量计的称量信号反馈到烟尘刮板机的调速器中，以修正转速。

3.4.3　生产故障及其处理

闪速炉熔炼的生产故障主要有干矿仓着火、下生料、熔池底结、冷却元件漏水、锅炉烟尘黏结和系统突然停电。熔池底结已在熔池管理内容中叙述，其余分述如下。

3.4.3.1　干矿仓着火

干矿仓着火的原因一般是沉尘室温度过高，引起精矿着火。干矿仓着火时，沉尘室温度超过上限，持续上升。因此严格控制沉尘室温度是防止干矿仓着火的关键。干矿仓着火导致干矿仓内精矿烧结成块，使下料困难，设备烧坏变形。精矿中硫的减少导致反应塔内热量不足，影响冶金过程正常进行，冰铜品位不好控制；同时，烟气中 SO_2 浓度降低，影响硫酸产量。发现干矿仓着火要迅速进行处理，处理办法是尽快把干矿仓的旧料排空换成新料。具体步骤是暂停干燥系统或减少干燥量，同时增大闪速炉加料量，将干矿仓料位下降至最低位置时，再以最小料量（初始料量）加料（注意不能断料）。此时干燥系统以最大料量生产，待干矿仓满仓后，闪速炉加料量增至最大，这样反复升降料面 2～3 次，一般就可以解决问题。在向闪速炉加料时要注意清除精矿着火后的结块，以免影响冲击管式流量计的正常工作，堵塞下料管。干矿仓着火时，不要打开矿仓顶上的观察孔，防止进入空气助长燃烧，还要防止 SO_2 气体从仓内喷出。

另一个有效手段是采用氮气充入，隔绝空气，但要特别重视使用氮气的安全性。

3.4.3.2　下生料

反应塔下生料严重时，可以在炉内点检时发现塔下熔池面上有生料堆。下生料的主要原因是加料过多。加料过多又往往是由于冲击管式流量计失灵所致。实际料量本来已足够大，但冲击管式流量计反映的值偏小并发出增料信号，使刮板运输机加速，料量增大。因塔内有限的热量不可能将过多的炉料熔化而直接落在熔池面上堆积起来。炉料水分过大也是下生料的重要原因。它的影响有两个方面：一是炉料易黏结于冲击管式流量计的冲击板上，使物料对检测元件产生的冲击力变小，从而导致实际下料量大于测定值。二是水分汽化消耗热量和时间。矿粒中的水分在塔内高温下首先汽化形成的水蒸气膜将矿粒包住，妨碍反应进行，矿粒来不及熔化就落到熔池面上了。炉料粒度过大也能引起生料。当炉料水分大或 S/Cu 比过大时会造成凝固，增粗粒度。精矿喷嘴圆锥部结瘤严重，精矿分散锥磨损或设计不合理都可能造成炉料分散不良而下生料，精矿中 S/Cu 比偏低而辅助燃料不足或重油中杂质较多，油温偏低或雾化空气压力不足，油嘴磨损，使油雾化不好，燃烧不完全，导致塔内热量不足，也会引起下生料。在用粉煤代替重油时，燃烧不完全的现象更易发生，更要防止下生料。炉料中高熔点成分如 MgO、Al_2O_3 等较多或是烟尘加入量偏大、硅酸矿比率偏高等也能引起下生料。下生料直接影响反应塔处理量，严重时生产无法进行。当发生下生料时，要对照上述原因进行分析，采取相应的措施进行处理。对于已落于熔池面上的生料堆的处理办法是，调整沉淀池油嘴，加大油量，对准生料堆烧，直至生料堆全部熔化为止。

3.4.3.3 冷却元件漏水

冷却水管或水套漏水将导致耐火材料的损坏，这是炉体管理中必须及时发现和认真处理的。若炉体某部分温度急剧降低，则有可能是冷却水漏泄所引起。某处漏水时，在炉体外壳可能会看到冒气、渗水、烟尘湿润等现象。在炉内点检时可能会发现内壁某处颜色异常发黑或结瘤严重等。一般用水试验的方法确认漏水点。水压 500kPa，稳压时间 3～5min，操作要迅速准确，在作水压试验时一般要停料保温。

3.4.3.4 锅炉烟尘黏结

余热锅炉烟尘黏结是闪速炉生产中比较常见的故障之一，前面已提到，闪速炉烟气的特点是产生烟尘黏结的基本因素，工艺参数与操作条件的异常会促进烟尘黏结的发生。当烟尘黏结严重时，锅炉不能正常工作，迫使闪速炉停止加料。当用粉煤代油时，锅炉烟尘黏结会更严重。通常，黏结最严重的部位是辐射部入口处和对流部入口凝渣管。局部黏结的烟尘可用通高压空气的铁管进行人工吹扫清理；辐射部大块黏结可用千斤顶清除。黏结严重而机械方法难于清除时可用爆破的方法处理，但必须由有经验的专业人员进行。彻底清理的方法是在冷态锅炉中搭好脚手架，操作人员钻进去用小型风镐等工具清除黏结烟尘。

3.4.3.5 系统突然停电

一般工厂都备有事故电源，有事故柴油发电系统，当正常供电突然中断时，在30s之内即可送上事故电源，保证一部分要害设备的供电。这些要害设备主要有锅炉炉水循环泵、闪速炉冷却水循环泵、事故雾化空气风机、油泵机组、沉淀池送风机、锅炉事故用给水泵以及现场照明。

突然停电后，优先考虑的问题应是锅炉炉水的循环纯水补给和炉体冷却水的供水；接着是重油管道的清洗，更换轻油，恢复燃烧，炉体保温。突然停电后，虽然停止了炉内燃烧，但冶金和锅炉内仍有大量余热，若不及时供给炉体冷却水，那么炉体冷却元件就会很快产生蒸汽，乃至烧干，烧坏冷却元件。锅炉炉水短时间的循环中断有可能烧坏锅炉水管。迅速恢复燃烧，实行炉体保温是保护耐火材料的重要措施。

突然停电时要做到有条不紊地及时处理好各项工作，必须在平时经过严格训练，并且预先分工明确，各负其责。

3.4.4 闪速炉检修

现代闪速炉的年运行率可达93%以上，日本东予冶炼厂每年5月检修一次闪速炉，检修时间23天左右。检修内容主要包括彻底清除锅炉烟尘，由国家安全部门对锅炉汽包与水冷壁管等高压容器和余热发电的汽轮机叶片与轴进行检查鉴定；炉体耐火材料局部挖修；机电设备的年度检修；同时进行有关革新挖潜项目，为下一年度的生产打下坚实的基础。

现代闪速炉炉体寿命长，反应塔体、上升烟道和沉淀池顶等一般在投产10年之内不需要进行检修。炉体每年检修的部位主要是塔下沉淀池侧墙的渣线部分和冰铜口、渣口。冰铜口渣口每年必须挖修，更换冷却水套。侧墙每年仅挖修损失最严重的4～5m长的局部，轮流进行，一个部位4～5a挖修一次。

挖修部位的确定是依赖于平时对炉体耐火材料损耗情况的检查观察和钻孔探测。生产中定期地在反应塔中、下部和沉淀池侧墙易损部位钻孔，用探尺探测耐火砖残留厚度。钻孔位置要准确，要特别注意不损伤冷却元件。

检修时，闪速炉内仍需烧油保温。但此时余热锅炉内部需要清除烟尘，保温烟气不能通向锅炉，而要由上升烟道事故排烟孔经干燥排风机或环集排风机排出，即烟气走 B 或 C 路线。同时要注意烟道闸板的密封，适当降低炉压，防止烟气漏入锅炉。检修时炉压控制应比正常生产时小，一般为 -30 ~ -50Pa。

炉体检修的步骤是先将需检修部位的钢结构外壳割开，再将残留耐火材料细心挖出，不要落入熔池，挖完后，用铁板挡住火焰外冒并减少冷空气漏入，然后砌上新的耐火砖，最后复原钢结构外壳。

当反应塔体损坏严重需进行检修时，必须停炉冷修，检修时间也相应增长。

3.5 闪速炉技术发展

奥托昆普闪速炉反应塔内的反应非常迅速，通过调节氧/料比可以控制精矿的氧化程度，既可以产出任意品位的铜锍，也可以直接生产粗铜。

但用一般的黄铜矿精矿或高 Fe、高 S、低 Cu 的精矿直接生产粗铜，则要受到一些冶金技术方面的限制：（1）熔炼渣量大，渣含铜高，金属铜回收率低（仅30%左右）；（2）直接炼铜除杂质（As、Sb、Bi 等）能力低，粗铜精炼困难、成本高。

直接炼铜仅对一些特殊的铜精矿适用，目前有三家冶炼厂获得了闪速炉直接炼铜的许可证。三家冶炼厂铜精矿的特点见表 3 - 10。

表 3 - 10 直接炼铜的原料特点

冶炼厂名称	化学成分/%							特 点
	Cu	Fe	S	SiO$_2$	CaO	Al$_2$O$_3$	MgO	
格沃古夫（波兰）	18 ~ 27	2 ~ 5	7 ~ 11	17 ~ 22	7 ~ 11	5.5 ~ 6.5	4.5 ~ 5.5	（1）Fe、S 含量低； （2）铜以辉铜矿为主； （3）脉石含量高，约占50%； （4）含有机碳
奥林匹克·达姆（澳大利亚）	55	12	23	25	—	—	—	（1）铜品位很高，以斑铜矿为主； （2）含 Fe、SiO$_2$ 低； （3）其他脉石很少
卢伊卢（扎伊尔）	45 ~ 65	1 ~ 3	16 ~ 20	6 ~ 12	~1	~2	1 ~ 2	铜品位很高，铁很低

格沃古夫闪速炉直接炼铜工艺流程如图 3 - 21 所示。

精矿采用回转窑干燥，干燥后过筛、破碎，气流输送至干矿仓。

有 4 台埋刮板运输机分别由干矿仓向反应塔顶的 4 只精矿喷嘴供料；每台刮板机分别装有独立的调节控制装置。

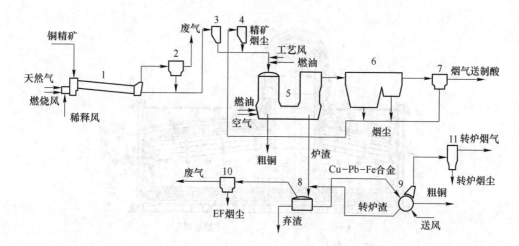

图 3 - 21 格沃古夫直接炼铜工艺流程

1—回转窑干燥机；2—电收尘器；3—干矿仓；4—烟尘仓；5—闪速炉；6—废热锅炉；

7—电收尘器；8—贫化电炉；9—转炉；10—电收尘器；11—湿法收尘系统

闪速炉产出的粗铜用包子运至回转式阳极炉精炼后浇铸成阳极。闪速炉烟气经废热锅炉和电收尘后送酸厂制酸。烟尘气流输送至烟尘仓返回闪速炉。

闪速炉渣流入 18MV·A 的电炉进行贫化，产出弃渣（Cu < 0.6%）和 Cu-Fe-Pb 合金。合金在转炉中吹炼成粗铜。电炉烟气经烧 CO 后放空；转炉烟气也放空。

闪速炉直接炼铜的工艺特点是：

（1）工艺对精矿的化学组成、物理性质和装入量的变化很敏感，因而控制要求很高。

（2）产出的粗铜、炉渣温度高。

（3）采用高浓度富氧。

（4）炉内不会有 Fe_3O_4 的析出。炉渣对炉衬的侵蚀性强。

3.6 因科闪速熔炼

因科闪速熔炼是由加拿大国际镍公司开发的一种熔炼铜精矿的新工艺。它在有色冶金工艺中首次应用氧气进行熔炼。

因科闪速炉通过装于端墙的精矿喷嘴将工业氧气和干燥铜精矿、返料等从水平方向喷入高温炉内，使精矿在水平方向的氧气流中燃烧，生成铜锍、炉渣和烟气。

因科闪速熔炼应用工业氧鼓风、自热熔炼，故又叫氧焰闪速熔炼或氧气自热熔炼；为了区别于奥托昆普闪速炉的直立式反应塔，故又叫卧式闪速炉（图 3-22）。由于国际镍公司的英文是 International Nickel Co., Ltd.，其简写为 INCO，故其开发的闪速熔炼工艺叫 INCO（因科）闪速熔炼。

3.6.1 因科闪速熔炼工艺流程

因科闪速熔炼的工艺流程如图 3-23 所示。

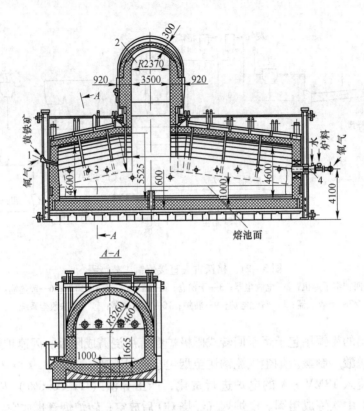

图 3 – 22　加拿大国际镍公司卧式闪速炉（氧焰熔炼炉）简图
1—黄铁矿氧气喷枪；2—上升烟道；3—熔池；4—炉料 – 氧气喷嘴

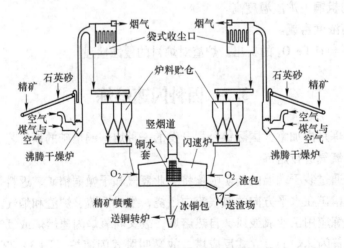

图 3 – 23　因科闪速熔炼工艺流程

　　精矿和熔剂经过深度干燥至含水 0.8% 以下后由螺旋运输机送往炉子。常温工业氧气以大约高于环境压力 1atm 的压力从水平方向鼓入精矿喷嘴，干炉料（精矿、熔剂和烟尘）借助氧气流和重力的作用进入喷嘴，在导流板的作用下，炉料呈悬浮状，以大约 30m/s 的速度喷入炉内。铜精矿中的硫与氧进行燃烧，所产生的热使熔炼过程得以自热连续进行。

　　熔炼产物降落到熔池中分离成炉渣和铜锍。因科炉产出的炉渣含铜较低，仅0.6%~0.8%，可直接废弃，只有美国海登冶炼厂的炉渣先经电炉贫化后才弃去。产出的铜锍含铜45%~55%，由吊车送往转炉吹炼，转炉渣多以液态返回闪速炉。

　　从位于炉子中间的竖烟道（上升烟道）排出的烟气含SO₂浓度极高（70%~80%），通常都经充分除尘降温后制取液态SO_2，然后将其尾气送往硫酸车间生产硫酸。

3.6.2 因科闪速炉结构

　　国际镍公司在半工业性试验取得满意结果后，即进行工业生产炉的设计，并于1952年1月建成一座日处理精矿能力500t的炉子。该炉投产后不久，即扩建为1000t，并于1953年12月建成，炉型结构如图3-24所示。这座炉子的主要优点是具有较大的燃烧空间，减少了熔融颗粒对炉顶和侧墙的冲刷，并改善了铜锍和炉渣的分离。炉子实际能力为日处理铜精矿1200t（炉料1450t），该炉长20.8m，宽7.3m，高5.2m，上升烟道中心线距离出渣端8.2m，宽度和炉宽一样，长3.5m，伸出炉顶以上的高度为6.7m。铜锍口设于距离放渣端约4m的炉侧。炉顶和炉墙采用铬镁砖，炉底为镁砖。

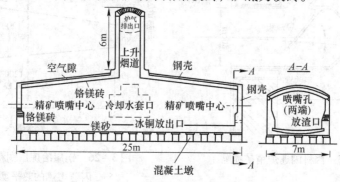

图3-24　改造的因科闪速炉结构

　　1983年及1984年先后在美国西南部建成的两座因科炉，其结构基本上和国际镍公司铜崖厂后期的炉子相同，两端也各设有两个精矿喷嘴，并在侧墙安装铜水套，在耐火砖内衬埋设带翅片的冷却铜管，增设转炉渣返入口和放铜口（转炉渣返入口位于渣口对面的端墙，铜锍口在同一侧墙）。

　　因科闪速炉的精矿喷嘴是水平安装的，其结构如图3-25所示。整个喷嘴用10mm厚的不锈钢板制成，炉料管和氧气管的外径都是100mm。在两管间有一导流板，其作用是产生湍流并使气相与固相均匀混合成悬浮状。喷嘴穿过炉子端墙处，其外围有环形铜水套保护。

　　在炉料管上装有自动控制逆止阀，防止氧气向上吹入精矿仓，避免爆炸。

　　喷嘴安装时稍微伸向炉内（高出渣面）并向下倾斜5°，使火焰射向渣面。

3.6.3 因科闪速炉的热平衡

　　因科闪速炉采用常温工业氧气进行自热熔炼，根据规定的产物温度，而不是根据规定的铜锍品位来确定精矿的氧化程度。

3.6.3.1　热平衡与铜锍品位

因科炉熔炼铜崖冶炼厂的铜精矿生产38% ~50% 品位的铜锍和含 SiO$_2$ 32% 的炉渣，其热平衡关系如图 3 – 26（不考虑返料的影响）所示。此图也给出改变氧对精矿的比值（下称氧/料比）或改变供料速度都可以控制铜锍的品位。产生的总热量和铜锍品位直接随氧/料比增加而增加。炉渣含热量的增加和铜锍含热量的减少反映出氧/料比增大时这两种产物的量的变化。烟气的含热量随铜锍品位的提高而稍有增加，因为硫的氧化增加了。纯有效热随铜锍品位的增加而增加，并完全用于补偿炉子的热损失。

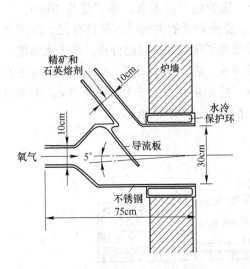

图 3 – 25　因科闪速炉精矿喷嘴

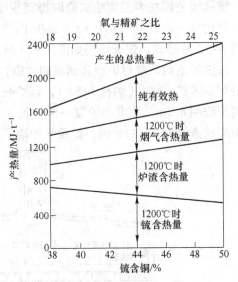

图 3 – 26　铜崖冶炼厂铜精矿氧气闪速熔炼的热平衡

3.6.3.2　返料的影响

加入炉料中的冷返料吸收的热量相当于在熔炼过程中单位精矿所需增加的热量。这就需要有较高的氧/料比，以保持炉子的热平衡。

其他返料（如磨细的铜锍、渣包壳等）也可以用来控制因科炉的铜锍品位。在一定的范围内变更熔剂量也能起同样的作用。

3.6.3.3　返回转炉渣的影响

转炉渣含 SiO$_2$ 低，返回闪速炉后，为了调整渣成分，需往炉子里加入更多的熔剂，熔化熔剂需要额外的热量，因此必须提高铜锍品位，使更多的硫化铁氧化产生更多的热量以维持炉子的热平衡。

3.6.4　因科闪速熔炼的工艺控制

因科闪速熔炼的工艺控制是由炉子的热平衡决定的。根据规定的产物温度，由炉子的热平衡决定了精矿的氧化程度，即铜锍品位。主要的控制参数是氧/料比。

因科闪速熔炼的主要控制内容包括：（1）按规定值设定精矿装入量；（2）调节氧/料

比控制操作温度和铜锍品位；（3）调节炉料中熔剂与精矿的比率，以产出既定成分的炉渣。因科闪速熔炼工艺控制方法见表 3－11。

表 3－11 因科闪速熔炼的工艺控制方法

控制参数	操作参数	辅助操作参数	控制装置与系统
铜锍品位	氧料比	干矿装入量、返转炉渣量、返尘量、冷铜锍量、冷渣量、黄铁矿或煤加入量等	干矿量：可调速螺旋；氧量：流量计和调节阀。配置有计算机自动调节螺旋转速和调节阀开度
炉膛温度	氧料比	干矿装入量、返转炉渣量、返尘量、冷铜锍量、冷渣量、黄铁矿或煤加入量等	辐射高温计，由计算机控制
炉渣 Fe/SiO_2	熔剂装入量		手动或计算机自动调节熔剂给料螺旋的转速

3.6.5 因科闪速炉的主要辅助设备

因科闪速熔炼的主要辅助设备有：（1）炉料干燥设备；（2）制氧站；（3）烟气冷却设备；（4）烟尘回收和返回设备；（5）SO_2 回收设备。

3.6.5.1 炉料干燥设备

干燥采用流态化床干燥炉或快速干燥炉，用重油和天然气为主要热源。经过干燥的炉料（$H_2O < 0.8\%$）由位于干燥炉顶部的沉尘室和旋风收尘器捕集，也可用布袋收尘器收集，进入炉顶的干矿仓。熔剂与精矿一起干燥，或者单独干燥。有一家工厂的熔剂不干燥。

3.6.5.2 烟气冷却除尘及烟尘回收设备

因科炉烟气量很小，带走的热量也小，因此采用废热锅炉以蒸汽形式回收余热就很不经济；另外，因科炉烟气用于制造液态 SO_2，须深度降温除尘，故采用沉尘室→洗涤塔→湿式电收尘器三段净化系统。

含尘烟气进入沉尘室时温度约为 1260℃，烟气所夹带的烟尘有 1/3～1/2 在此沉降；同时温度降到 650℃ 左右，然后进入洗涤塔。洗涤塔的泥浆排入圆锥形沉淀槽（即沉淀锥），沉淀锥的溢流返回洗涤塔，底流泥浆用石灰中和除酸，固体呈滤饼回收。

被水饱和的烟气再通过 3 个串联的文丘里洗涤器，洗水与烟气逆流通过洗涤系统，并在热交换器内冷却。烟气最后在湿式电收尘器内净化以除去 SO_3。

沉尘室烟尘输送至干矿仓返回闪速炉。

3.6.5.3 SO_2 回收设备

净化后烟气用浓硫酸干燥，然后经压缩和冷凝而形成液态 SO_2。液体排入储罐，气体则进一步压缩、冷凝以制取更多的液态 SO_2。

经二次冷凝后，尾气与转炉烟气混合送往硫酸车间生产硫酸。

3.6.6 因科闪速熔炼的生产实践

三家采用因科闪速熔炼工艺的冶炼厂生产作业数据见表 3－12。

表 3 – 12　因科闪速炉作业数据

项　目	单　位	加拿大国际镍公司铜崖冶炼厂		美国熔炼与精炼公司海登冶炼厂	美国奇诺矿业公司赫尔利冶炼厂		
		（Ⅰ）	（Ⅱ）	（Ⅰ）	（Ⅰ）	（Ⅱ）	（Ⅲ）
生产规模	万吨铜/年		13.6			11.5	
设计能力	t 精矿/h		75			80	
精矿处理量	t/d	1100~1600		1500	1300		54 万吨/年
精矿成分：Cu	%	29	29（Ni0.9%）	25~28	20	25	25.1
S	%	34	34		37	35	33.2
Fe	%	32	32		37	30	28.8
SiO_2	%		1.9			5	6.6
熔剂率（占精矿）	%		12			12	
鼓风含氧	%		95~97			98	
鼓风温度	℃	常温	常温	常温	常温	常温	常温
铜锍层厚	m				0.8		
渣层厚	m				0.4		
操作温度	℃		1200~1220			1260	
渣口数	个	1		1	1		
铜锍口数	个	2		4	2		
铜锍产量	t/d	900~1200	1150		800	800	
铜锍品位	%	45~48	45（Ni1.5）	55	45~55	48	58
铜锍温度	℃	1167	1170		1157	1180	
炉渣产量	t/d	260~360	700		1000	1100	
炉渣成分：Cu	%	0.63	0.6（Ni0.06）	0.5	0.7	0.7	1.09
Fe	%		40			44	44
SiO_2	%		33			33	33
CaO	%					<1.0	0.7
Fe/SiO_2		0.88	1.2		0.83	1.3	1.3
炉渣温度	℃	1237	1220		1227	1235	
炉渣处理		不处理	不处理	电炉贫化	不处理	不处理	不处理
转炉渣处理方法		部分返闪速炉	返回镍反射炉	返回闪速炉	返回闪速炉	返回闪速炉	返回闪速炉
烟气量（标态）	m^3/h	13000	13000		17000	14000	
烟气含 SO_2	%	70~80	70~80		70	80	80~85

项 目	单 位	加拿大国际镍公司铜崖冶炼厂		美国熔炼与精炼公司海登冶炼厂	美国奇诺矿业公司赫尔利冶炼厂		
		（Ⅰ）	（Ⅱ）	（Ⅰ）	（Ⅰ）	（Ⅱ）	（Ⅲ）
烟气温度	℃		1260			1260	
冷却方式			文丘里洗涤器			空气烟气交换	湿式
入口温度	℃		800			1260	
出口温度	℃		37			45	
固定烟气 SO$_2$ 方法			先产液态 SO$_2$ 后制硫酸			生产硫酸	
炉龄	年		3			2	每年大修27 天

由于因科炉采用工业纯氧进行熔炼，铜锍品位受热平衡的限制，不能像奥托昆普闪速炉那样，通过调节送风中的氧浓度的氧量，生产任意品位的铜锍。而且，并不是任何成分的精矿都适合采用因科闪速熔炼，当熔炼硫铜比较高的精矿时，只能生产低品位的铜锍；而含硫太低（低于 20%）的精矿也不适于在因科炉中处理，否则就要补充燃料。

因科炉内的氧势很低，为氧化烟气中少量的元素硫，通常在上升烟道鼓入少量的氧气。

因科炉内很容易建立铜锍与炉渣之间的平衡，即使在返回吹炼渣的情况下。

由于这两个特点，炉内不含有 Fe$_3$O$_4$ 的析出。如铜崖冶炼厂生产 50% ~ 55% 品位的铜锍，含 SiO$_2$ 30% ~ 32% 的炉渣含 Fe$_3$O$_4$ 仅 11% ~ 12%，远低于饱和浓度。该厂几十年的作业中都未出现炉底结的问题。

因科闪速熔炼采用高硅渣型，渣中 Fe/SiO$_2$ 控制在 0.8 ~ 0.9,渣含铜通常低于 0.8%，不需处理即可废弃(只有海登冶炼厂增设了电炉，将渣贫化后才弃去)。当返回转炉渣时，弃渣 Fe/SiO$_2$ 升高，如赫尔利冶炼厂返 CF 渣后,Fe/SiO$_2$ 达 1.3,渣含铜达 1.09%。

因科炉烟气量很小，烟气冷却净化设备较小，可节省大量投资。但因科炉采用工业氧鼓风，烟气中 SO$_3$ 含量很高，腐蚀性很大，因此净化烟气的设施以及全部工作管道均用不锈钢制成，大大增加了投资。奥托昆普闪速熔炼通过提高鼓风氧浓度，使工厂生产大型化，因科炉的投资已无优势，如美国玛格马采用奥托昆普闪速炉工艺的投资为600 万美元/万吨铜，而海登冶炼厂的投资为 754 万美元/万吨铜。

两种闪速熔炼能耗对比见表 3-13。

表 3-13 两种闪速熔炼能耗对比

项 目	Outokumpu闪速熔炼	INCO闪速熔炼
铜锍品位	60	45
总净能耗/GJ·t^{-1}	3.97	4.51

由于种种原因，因科闪速熔炼发展缓慢。

 思考题

3-1　闪速熔炼的特点有哪些？

3-2　闪速熔炼的原理是什么？

3-3　闪速炉体冷却有哪些方式？

3-4　精矿干燥有哪些方法？

3-5　闪速炉炉体结构今后有哪些发展趋势？

3-6　闪速炉直接炼铜的工艺特点有哪些？

3-7　闪速生产故障有哪些？

4 诺兰达熔炼

4.1 熔池熔炼及诺兰达法的概述

熔池熔炼的炉型大多在熔池炉型或转炉炉型的基础上改造而成。鼓入富氧空气是现代熔池熔炼的共同特点,而鼓风的部位和方式各有不同。如果把熔池熔炼炉分为转动式和固定式炉型,属于转动式的有诺兰达炉、特尼恩特炉和水口山炉;属于固定式的有澳斯麦特/艾萨炉、三菱炉、瓦纽柯夫炉和白银炉等。如果把熔池熔炼按鼓风部位或风口形式划分,可分为浸没侧吹式、浸没顶吹式、直立吊吹式和底吹式4种。属于浸没侧吹式的有诺兰达炉、特尼恩特炉、白银炉、瓦纽柯夫炉等,澳斯麦特/艾萨法属于浸没顶吹式喷吹熔炼;三菱炉、卡尔多炉和氧气顶吹炉使用的是直立吊吹式喷枪;属于底吹式的有水口山炉。

对于侧吹和底吹式风口,如诺兰达炉和水口山炉,鼓风一般是进入铜锍层,只有瓦纽柯夫炉不同,鼓风口在比较厚的渣层中。澳斯麦特/艾萨炉的喷枪口距渣面的距离不高。

诺兰达熔炼工艺由加拿大诺兰达矿业公司发明。反应炉类似于常规吹炼铜锍的转炉,其结构如图4-1所示。将铜精矿、石英石、燃料、返料等按冶金计算出的比例混合,通过抛料机从炉头抛入炉内,富氧空气从炉子一侧靠加料端的一排浸没风眼鼓入,使熔体维持强烈搅动状态。熔体中的硫与铁元素在鼓风吹炼区与鼓入的气氛发生强烈的氧化反应,产生的反应热为熔炼热收入的主要来源。热能不足的部分由随炉料加入的燃料及炉头燃烧器补充。该炉子沿长度方向分成熔炼区(或称反应区)和沉淀区。在熔炼区产生的铜锍与炉渣的熔体流到沉淀区澄清分离。铜锍口设在与风眼同一侧的沉淀区,高品位(65%~73%或更高)的铜锍从铜锍放出口放进铜锍包,再倒入转炉吹炼。含Cu约5%的熔炼炉渣从炉尾一端放出或用包子装运到缓冷场缓冷,经破碎、磨浮选矿,回收渣中铜和铁,或直接进入电炉将渣进行贫化。烟气从反应炉炉口排出,经水冷密封烟罩、余热锅炉(或

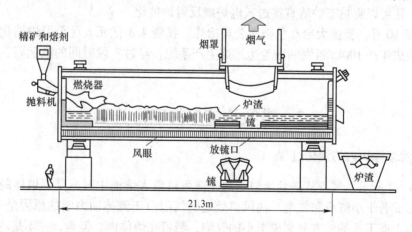

图4-1 诺兰达炉结构示意图

喷雾冷却烟道）、电收尘器送往硫酸系统制酸。

诺兰达熔炼作为熔池熔炼中的一种典型方法，有以下主要优点。

（1）能有效地进行富氧强化熔炼，热损失小，自热程度高，其综合能耗约为17585kJ/t 铜，仅为传统工艺的一半，与闪速熔炼相当，属先进水平。

（2）反应炉出口烟气中 SO_2 浓度可达 16% 甚至更高，经漏风，到制酸系统转化器进口尚在 7% 以上，有利于制酸，制酸尾气排放可满足环保要求，不存在低浓度 SO_2 污染的问题。硫的利用率可达96% 。

（3）对原料有较好的适应性，可以处理粉矿，也可处理块料及废杂铜等。

（4）流程简单，不需要复杂的备料过程，炉料不必尝试干燥，含水在7% 左右即可直接入炉，生产中烟尘率低，熔炼产物是高品位铜锍（而且其品位可灵活调节），炉渣为高铁渣，渣量小，熔剂消耗少。

（5）燃料率低，仅3% 左右，而且辅助燃料的种类选择性大。

（6）单台炉子生产能力大，Horne 厂的炉子每天可处理 3000t 炉料，因此适合大型工厂采用。

（7）操作较为简单，容易掌握，而且生产负荷可在较大范围内调节，停风开风也很灵活，便于适应各种外部条件的变化。

（8）在采用本法对传统工艺改造时，原有的设施、设备尤其是备料系统可以利用得较多，转炉仍然可以使用，因此改造工程量较小，投资较少；新系统施工和原有系统的正常生产互相干扰小；新系统建成投产时，整个冶炼系统仅有少数人员需经特殊培训，大部分人员可顺利转产。

长期以来，诺兰达熔炼法未获广泛推广的主要原因是其炉寿低和渣含铜高。经过 30 多年的探索和实践，这两个问题已基本得到解决，即：

（1）通过严格控制炉温（低于1250℃，并使用先进的风口高温计监测）、稳定炉渣成分和铜锍品位、造高铁渣，已使诺兰达反应炉寿命大幅度提高，基本可超过 300d，最长达 498d，可实现一年检修一次的目标。

（2）经过贫化过程来降低渣含铜。较好的方法是炉渣经缓冷后送去选矿，回收其中的铜、铁等。选矿所得尾矿含铜在 0.35% 以下，比一般熔炼所得弃渣的含铜低得多，能耗也较低。还可以将热态炉渣直接送入电炉或反射炉贫化。

1997 年 10 月，我国大冶有色金属公司冶炼厂投资 4.8 亿元人民币引进消化诺兰达熔炼工艺，建成年产 100kt 粗铜的诺兰达熔炼生产系统，经过一段时间的试运行，获得了圆满成功。

4.2　诺兰达熔炼的理论基础

4.2.1　熔池熔炼炉内的强化过程

如图 4 - 2 所示，气流从诺兰达炉子的一侧风口鼓入熔池中时，受到熔体的阻碍被击散，立即形成若干小流股和气泡。在风口处这些气泡由于流体动力学的原因是不稳定的，它们在风口上面不远的地方分裂成更小的气泡，滞留在熔体内。但是，并不是均匀地分布在熔体中使整个熔池表面膨胀，而是随着流体的运动形成羽状卷流或穿面流股。这是因为除了气泡夹带熔体上浮外，更主要的是由于喷口区的负压与其他区域的正压造成的压力差，使流体向与流股界面垂直的方向流动。滞留气体在熔池面上形成的这种穿面喷流或羽状卷流是熔池熔炼的基本条件。羽状卷流的好坏决定了熔池内炉料的熔化、氧化和造渣过程的速度，直接影响炉子耐火砖的寿命和烟尘率的多少。包括诺兰达炉在内的熔池熔炼的基础原理就是羽状流的形成量。对比闪速炉反应塔中的熔炼过程，熔池熔炼也是一个悬浮颗粒与周围介质的热和质的传递过程。所不同的是，悬浮粒子是处在一个强烈的液－气介质中，受液体流动、气体流动、两种液体间的作用以及动量交换等的影响。因此，在很大程度上，熔池熔炼的流体动力学问题要比闪速炉复杂得多。三相共存的复杂体系更增加了研究工作的难度。

图 4－2 诺兰达炉内流体运动示意图

4.2.2 诺兰达熔炼时杂质元素的行为和分配

杂质元素在熔炼过程中的行为与分配不仅取决于本身的热力学性质，而且还受工艺条件以及冶金炉内的固体－熔渣－炉气之间的传热与传质控制。

表4－1、表4－2分别为生产粗铜和造锍熔炼时杂质元素分配。

表4－1 诺兰达法生产粗铜时杂质元素的分配

元 素	在熔炼产物中的分配					
	烟 尘 中		炉 渣 中		金属相中	
	30%富氧	空气	30%富氧	空气	30%富氧	空气
Cd	0.95	0.955	0.045	0.04	0.005	0.005
Se	0.60	0.78	0.21	0.07	0.19	0.15
Bi	0.43	0.52	0.42	0.3	0.15	0.18
As	0.39	0.19	0.14	0.27	0.47	0.54
Pb	0.21	0.24	0.77	0.74	0.02	0.02
Sb	0.18	0.29	0.52	0.36	0.3	0.35
Zn	0.14	0.21	0.858	0.789	0.002	0.001

注：①试验条件：铜精矿含 Cu 24.6%，Fe 28.8%，S 32.5%；炉渣中 Fe/SiO_2 1.5；
②分配率＝熔炼产物中某元素的数量（t）/炉料中某元素的数量（t）。

表4－2 诺兰达法造锍熔炼时杂质元素在熔炼产物中的分配

元 素	在熔炼产物中的分配					
	烟 尘 中		炉 渣 中		铜 锍	
	锍品位70%	锍品位72%	锍品位70%	锍品位72%	锍品位70%	锍品位72%
Pb	0.74	0.68	0.13	0.11	0.13	0.22
Zn	0.27	0.46	0.68	0.45	0.06	0.09

元 素	在熔炼产物中的分配					
	烟 尘 中		炉 渣 中		铜 锍	
	锍品位 70%	锍品位 72%	锍品位 70%	锍品位 72%	锍品位 70%	锍品位 72%
As	0.85	0.83	0.07	0.05	0.08	0.12
Sb	0.57	0.53	0.29	0.10	0.15	0.37
Bi	0.70	0.69	0.21	0.19	0.09	0.13

4.3　诺兰达反应炉的结构

4.3.1　反应炉炉体

诺兰达反应炉的物料处理量大，按精矿量为 9 ~ 10t/(m³·d)，热强度高，约为 970 ~ 1100MJ/(m³·h)，炉体能够转动，灵活便捷，是熔池熔炼炉中颇具特点的炉型。

诺兰达反应炉（以下简称诺兰达炉或反应炉）是一个卧式圆筒形可转动的炉子，在 50mm 或 70mm 厚的钢板卷成的钢壳内衬镁铬质高级耐火材料。炉体支承在托轮上，驱动装置使炉体可在一定范围内正反向转动。整个炉子沿炉长分为反应区（或吹炼区）和沉淀区。反应区一侧装设一排风眼。加料口（又称抛料口）设在炉头端墙上，并设有气封装置，此墙上还安装有燃烧器。沉淀区设有铜锍放出口、排烟用的炉口和熔体液面测量口。渣口开设在炉尾端墙上，此处一般还装有备用的渣端燃烧器。另外，在炉子外壁某些部位，如炉口、放渣口等处装有局部冷却设施，一般均采用外部送风冷却。反应炉炉体基本结构如图 4 - 3 所示。

（1）炉体总容积。炉子的总容积与设定的生产能力、精矿及炉料成分、铜锍品位、渣成分、风量及鼓风含氧浓度、燃料种类及数量等多种因素有关。在一般情况下，可先由处理量确定基础参数，再根据各种因素调节。

（2）反应炉直径。确定反应炉的直径，除了要考虑熔炼及鼓风量的要求外，同时还要考虑以下因素：

1）为入炉料提供足够大的熔池容积。风眼区域的炉子直径对熔池容积的影响更大。

2）提供足够的熔池面积和熔池上方空间（体积和高度），以使烟气中悬浮的颗粒在进入炉口前能大部分沉降下来，并使熔炼过程产生的烟气能够顺畅地排出，保持炉内正常负压，避免引起烟气外逸及其他不良后果。

3）能及时为后续转炉提供足够量的铜锍，满足转炉进料要求，放出锍后不会使反应炉内熔体面有过大的波动。

4）当反应炉处于停风状态时，熔体面与风眼之间应有适当的距离，这一距离还受反应炉（从鼓风吹炼位置到停风待料位置的）转动角度的影响。

现在已建成的几台诺兰达炉直径在 4.5 ~ 5.1m 之间。

（3）反应炉长度。反应炉长度在满足炉子总容积的前提下，还要考虑在炉子各部位合理布置加料口、燃烧器、风眼、炉口、放出口和熔体面测量口等的需要以及工艺操作、抛料机与燃烧器、捅风眼机与泥炮等在安装诸方面的要求。目前现已建成的诺兰达炉，长

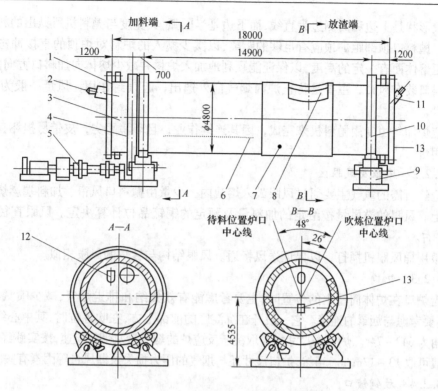

图 4 - 3　大冶冶炼厂诺兰达炉结构

1—端盖；2—加料端燃烧器；3—炉壳；4—齿圈；5—传动装置；6—风口装置；7—放铜口；8—炉口；
9—托轮装置；10—滚圈；11—放渣端燃烧器；12—加料口；13—放渣口

度在 17.50 ~ 21.34m 之间。

（4）为了稳定生产，熔池内铜锍和炉渣层的高度均应在一定的合理范围内。为了充分利用鼓入的氧气，铜锍面应在风眼之上，并一直高于某个下限，这样可以确保空气完全鼓入铜锍层中，防止其突然鼓入炉渣层。但铜锍面高度也有个上限，超过这个上限，过量的铜锍易从放渣口随炉渣排出。大冶反应炉的铜锍面控制在 970 ~ 1300mm 之间。

炉渣面在最低时应能保证有足够厚的渣层，以便顺利放渣。当锍层最高时，即使在铜锍面也处于高位的情况下，也能保证风眼在炉子转至或接近于停风位置时处于熔体面之上。渣层厚度一般控制在 200 ~ 350mm 之间。

（5）炉子耐火材料。结合 Horne 厂的经验，大冶反应炉渣线区和放渣端端墙全部采用再结合镁铬砖砌筑，其余部分用直接结合镁铬砖砌筑，仅在铜锍放出口采用了 3 块特制熔铸镁铬砖。内衬砖厚度一般为 381mm，少数部位加厚，如风口线和放渣端端墙厚度为 457mm。炉底高铝砖与钢壳之间不留间隙。风口区直接结合镁铬砖与钢壳间填有 9.2mm 厚的碳化硅泥浆。两端砌体与钢壳间亦填充碳化硅干粉。使用碳化硅材料的目的是加强炉子砌体的向外传热。

4.3.2　反应炉装置与结构

4.3.2.1　抛料口和风帘

抛料口开设在炉体加料端端墙的上半部，而且往往开在偏风眼一边，另一边布置燃烧器。一般形状是上边和两侧边为直线,而下边是半圆弧,其宽度与抛料机所抛出的料流宽度相适应。抛料口顶部距炉顶应有足够的距离,以减少抛入的炉料对炉顶的直接冲击。抛料口下沿距熔体面有一定的高度,以保证能顺利地加入炉料并减少熔体向加料口方向的喷溅。

抛料口装有风帘,主要是防止炉内烟气向外逸出,起气封作用,风量一般为5000~8500m³/h。

反应炉加料由专用抛料机来完成,因其连续作业,且环境恶劣,皮带易损坏,因此需设置备用台。

4.3.2.2　风眼及风眼区

反应炉所需的氧气主要通过风眼鼓入熔池内,少量由抛料口风帘、加料端燃烧器送到熔池面上。风眼的鼓风量按给定的加料量及预定的铜锍品位计算决定。风眼直径一般在55mm左右。

风眼用捅风眼机捅打,以保证送风畅通。风眼结构与转炉的风眼相似。

4.3.2.3　炉口

决定炉口在炉体筒壁上的位置时,主要考虑能有效集纳和排走烟气,减少喷溅与黏结。此外,还要考虑与烟罩的连接。它一般开在沉淀区的前部上方,在吹炼位时,其中心线与水平面的夹角为64°~74°。炉口的尺寸主要取决于反应炉的烟气量及烟气流速,按实践经验,烟气流速一般可取13~17m/s。当然,炉口尺寸还与烟气的压力损失及漏风量等因素有关。

4.3.2.4　放铜锍口

大冶厂的放锍口的位置在距最后一个风眼1.814m处,直径为76.2mm。此处采用熔铸镁铬砖砌筑,以保证有较长的寿命。放铜锍口与最后一个风眼之间应有足够长的距离,以便熔体从风眼区流到铜锍口有一定时间的分离、澄清。此外,捅风眼机和堵口泥炮都需要足够的空间进行操作、清理和检修。

最后一个风眼中心到铜锍放出口中心之间的距离至少应为1m,Horne厂是2.845m,这个距离恰好使放锍口处在炉口中心线上;而大冶厂的炉口距离却延长了0.789m,为3.634m,即铜锍放出口处在风口与炉口之间。这一改进可减少在清理炉口黏结时落下的大块黏结物堵死铜锍放出口的机会;另一方面,该距离的加长,延长了烟气在炉内停留的时间,有利于降低烟尘率和减少炉口黏结。

放铜锍时用氧气将该口烧开,放铜锍结束时,用泥炮机将口堵住。

4.3.2.5　放渣口

放渣口开设在炉尾端墙上,它应满足熔体面在正常波动范围内放渣的要求。大冶反应炉内,铜锍面波动范围为970~1300mm,渣层厚度为200~350mm,因此放渣口中心离炉底为1318mm。放渣口为一风冷铜套,放渣口宽为300mm,高为600mm。

4.3.2.6　燃烧器

诺兰达炉一般安装两台型号不同的燃烧器,在加料端与渣端各安装一台,加料端燃烧器与抛料也分别布置在加料端板中心垂线两侧,各偏0.4mm左右,高度大致相同。此燃烧器与水平线的夹角为2°~8°。

4.3.2.7　熔体面测量口

及时准确地测量炉内熔体深度(铜渣和炉渣)是掌握炉况、稳定操作的重要手段之一。熔体面测量口开设在炉顶脊线上。大冶炉的测量口直径为90mm,以炉口中心线为中心，前后 3.30m 各一个，经常使用的是靠放渣端的一个。

4.3.2.8 炉体支承及驱动机构

反应炉炉体及炉内熔体的重量全部通过托圈支承在四对托轮上。

炉子的正常位置是吹炼位置，此时炉口纵向中心线与垂直线的夹角是 26°，而停风待料时，炉体需转动 48°，因此设有驱动装置，Horne 厂的炉体是采用液压缸驱动。大冶反应炉改为电动机 - 减速机 - 小齿轮 - 大齿轮传动。采用蓄电池组作为备用电源，一旦突然停电时，备用电源可将炉子立即旋转 48°，使风口露出熔体表面，防止发生熔体灌入风口的事故。

4.3.2.9 密封烟罩

密封烟罩系组装水套构成。

4.3.3 诺兰达炉附属设备

（1）捅风眼机。捅风眼机安装于炉体风口区外侧平台上，一般采用 Gaspe 型。主要由 5 个部分组成：机架、行走结构、捅打机构、钢钎冷却及电器部分。

（2）泥炮。用于诺兰达反应炉铜锍放出口堵口的泥炮是一种悬挂式设备。它由机架、液压马达、油箱、油缸、油泵、蓄能器、泥管及驾驶室等组成。其工作原理是液压缸驱动机架移动至铜锍口位置，将出泥口中心对准铜锍口中心并使泥管完成压炮、吐泥动作，从而堵住铜锍口，阻止铜锍流出，并设有紧急后退装置。

4.4 诺兰达熔炼工艺

4.4.1 诺兰达熔炼工艺流程

大冶冶炼厂采用的诺兰达熔炼工艺流程如图 4 - 4 所示。

对来源不同的各种铜精矿按种类在精矿仓分格储存。反应炉电收尘器收集的头两个电场的烟尘用气流输送到精矿仓，余热锅炉及转炉系统粗烟尘用车运到精矿仓，反应炉炉渣浮选所得渣精矿也运入矿仓存放。用抓斗将上述各种精矿和烟尘抓入配料仓进行初步配料。其中，烟尘、渣精矿和部分铜精矿配成低硫混合精矿，另一部分含硫高的精矿则配成高硫精矿。这些料用带式输送机分别送往干燥窑干燥至含水 7% 左右，干燥合格的物料分别送往反应炉炉前配料仓。干燥窑以粉煤作燃料。从窑出来的烟气经旋涡收尘器、湿式除尘器后排入大气。

在反应炉前设有多个料仓和精细配料系统，以保证入炉的混合炉料能满足反应炉顺利生产的要求。为了补充熔炼过程热量的不足，在炉料中加入了少量的固体燃料。各种物料经各自的电子配料秤计量后，用带式输送机送往抛料机，由抛料机从炉头加料口抛往炉内熔池的反应区。熔炼所需要的空气和氧气分别由鼓风机和制氧机供给，并按设定的富氧浓度将空气和氧气在混氧器中预先混合均匀后，由风眼鼓入熔锍层。同时，从加料端输入部分空气，一方面作为加料口气封的"风帘"，并适当增加熔体上方烟气中氧气使之与翻腾到熔池面上的熔体、炉料反应；另一方面使炉料补充的炭质燃料及未完全燃烧的一氧化碳能充分燃烧。高品位铜锍从铜锍放出口放出，送往转炉。熔炼炉渣在炉内沉淀区初步沉淀后，从炉尾端排入渣包，用火车送往渣缓冷场冷却、破碎，再运往选厂选出铜精矿（即渣精矿）和铁精矿，缓冷渣包底部铜锍及渣精矿返回熔炼系统。

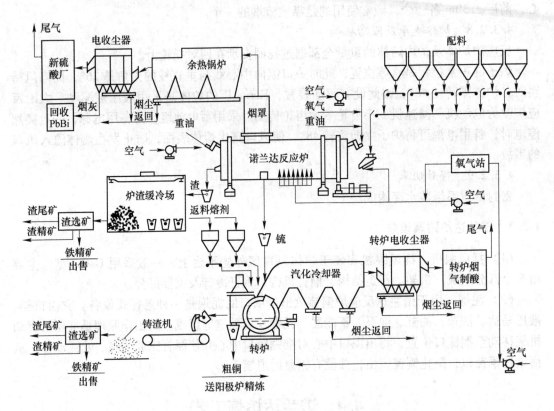

图 4 - 4　大冶冶炼厂诺兰达熔炼工艺流程

反应炉的烟气由反应炉炉口排出，经烟罩进入锅炉冷却，回收其中的余热；锅炉所产蒸汽用于本厂其他系统（如电解）供热。降温后的烟气进入静电除尘器除尘，净化后的烟气送硫酸系统生产硫酸。为了防止烟尘中的有害元素形成闭路循环，不断富集，影响阴极铜质量、恶化劳动条件，也为了在可能的条件下回收有价元素，电收尘器后两个电场收集的烟尘送综合回收系统回收铅、铋、锌等，其余烟尘返回精矿仓。

4.4.2　炉料和燃料

4.4.2.1　炉料的粒度和水分

诺兰达熔炼对物料粒度和含水要求不严，精矿不必深度干燥，与闪速熔炼相比，这是包括诺兰达法在内的熔池熔炼的两大优点。

对粒度和水分的要求首先取决于熔炼过程的特性，也由配料、储存、输送和给料等系统能稳定地正常运行决定。Horne 厂控制块矿、杂铜料和返料的粒度小于 100mm，而熔剂粒度不大于 20mm，固体燃料一般为 6～50mm。

大冶冶炼厂的精矿水分的设计值为 7%，比 Horne 厂的（控制值 15% 以下）要低。实际运行中，由于来料含水偏高，干燥设备能力跟不上，入炉精矿含水一般为 7%～9%。

4.4.2.2　原料

诺兰达炉处理的原料除铜精矿外，还可以有废杂铜、各种返回料、渣精矿和其他含铜料。

大冶冶炼厂铜精矿的主要物相组成是黄铜矿（$CuFeS_2$），在精矿中的含量为 31.13%，

其次是斑铜矿 Cu_2FeS_4，含量为 9.79%。铁的主要组成是黄铁矿 FeS_2，在精矿中的含量为 13.56%，Fe_2O_3 分别为 5.72% 和 2.58%，含 As 为 0.1%。

诺兰达熔炼的脱硫率高，且易于控制，对精矿适应性较广，当然也是有一定的限度，除主金属 Cu 应达到一定的品位，且与 S 含量之比值保持在 1 以下外，Fe 和 S 的总量应占精矿总量的 50% 以上，以便有足够的化学反应热产生。精矿中 $Fe/SiO_2 \geqslant 2.0$。另外对其他杂质元素也要有一定限制：

(1) 熔炼过程中，Pb 和 Zn 将大部分挥发进入烟气，含量过高会使烟尘易黏结于烟道壁。

(2) 若原料含 As 太高，随烟气到达制酸转化器时将引起触媒中毒。

(3) 原料含 As、Sb、Bi 高时会影响阴极铜的质量，同时增加电解液净化系统的负担。当锍品位达 70% 以上时熔炼和吹炼过程脱除 As、Sb、Bi 的能力下降，亦即它们进入粗铜中的比例会增大，在火法精炼时不能有效脱除，从而影响电解生产。

为此，对入炉的混合精矿的杂质含量作出要求，对精矿中杂质含量的设定值如下：Bi 0.07%，As 0.10%，Sb 0.02%，Se 0.005%，Cd 0.02%，F 0.06%。

4.4.2.3　熔剂

为了获得合理渣型，熔炼时还应加入适量熔剂，一般都以石英石沙、石灰石作为熔剂。霍恩厂使用了别的工厂的副产品单质硅作部分熔剂，它同时起到了燃料的作用，但因为不稳定、易燃烧，在运输保管中应十分小心。

4.4.2.4　燃料

诺兰达炉的燃料选择范围很广。燃烧器可用气体燃料或液态燃料，如天然气、柴油、重油。补加的固体燃料可以是块状或粉状的烟煤、无烟煤、焦粉或石油焦。燃料的选择主要是由地区供应条件和价格来决定。

Horne 厂的燃烧器早先使用的是天然气，随后即改成烧重油，大冶的燃烧器主要使用重油，偶然情况下使用柴油应急。用于补充热量的固体燃料和炉料一起加入炉内。Horne 厂使用过几种煤和焦。因为诺兰达炉的烟气用于生产硫酸，因此燃料中的硫无妨害。大冶选择了石化厂难以出售的副产品高硫石油焦作为补充燃料。这种廉价的石油焦的发热值为 41.29MJ/kg，含 C 85.135%、H 12.03%、S 1.14%、灰分 0.04%，密度为 0.95kg/L，在 80℃下的黏度为 25.5°E。

4.4.3　熔炼产物

4.4.3.1　铜锍

在诺兰达熔炼时，改变鼓入的风量或风/料比，可以产出任何品位的铜锍，直至粗铜。诺兰达熔炼的锍品位一般都比较高，控制在 65% ~73% 范围。

提高铜锍品位可以提高反应炉的脱硫率，得到更多的化学反应热，降低反应炉的燃料消耗，甚至可以实现完全自热熔炼，从而大大减轻吹炼工序的压力。以富氧提高铜锍品位时，烟气体积减少，烟气处理的费用下降。

铜锍品位变化，铜锍产率、渣率和熔剂率相应变化，如图 4-5 所示。当加料量不变时，铜锍品位降低，锍量增加，渣量和熔剂加入减少。

低品位锍操作比高品位锍操作时精矿中 S、Fe 的氧化要少，反应热要小，因而炉子燃料消耗要高一些。

通过计算还可以确定锍品位、用氧量和加料量的关系。当锍品位降低时，反应所需的氧较少，反应热减少，补充燃料量增加，使燃料燃烧所需的氧量增加。因此在空气鼓风量和氧量一定时，锍品位降低引起的精矿处理量增加实际上是很少的。

从脱除 Pb、Zn 等杂质的角度而言，提高锍品位对提高氧分压是有利的，在生产较低品位的铜锍时，也有利于除去 As、Bi、Sb 等杂质。随着锍品位的上升，锍中 As、Sb、Bi 的含量逐渐增加，当接近白铜锍时，它们在铜锍中的含量急剧上升。这也就是工厂一般将铜锍品位控制在 73% 以下的主要原因之一。

锍品位对锍产率、渣率和熔剂率的影响如图 4-5 所示，锍品位、富氧浓度与燃料消耗间的关系如图 4-6 所示。

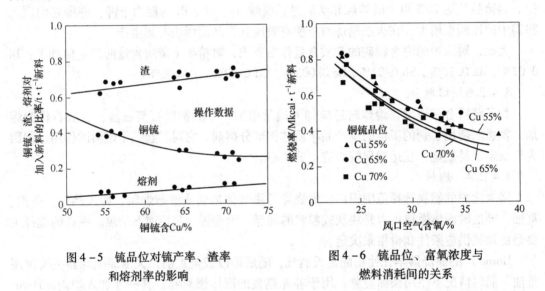

图 4-5　锍品位对锍产率、渣率　　　　　图 4-6　锍品位、富氧浓度与
和熔剂率的影响　　　　　　　　　　　燃料消耗间的关系

总之，对于熔炼锍品位的选择，除了考虑熔炼过程的技术经济指标外，还需要考虑后续精炼过程中杂质的允许限度。Horne 厂的经验指出，为保证阳极铜的杂质含量不超过允许极限，应控制锍中 Bi 含量不大于 0.015% 、Sb 含量不大于 0.05% 、Pb 含量不大于 3% 。

熔炼黄铜矿型精矿时生产含 Cu 70% 的铜锍，炉渣中铁硅比（Fe/SiO_2）为 1.6。采用空气鼓风时，杂质的分配见表 4-2。

4.4.3.2　炉渣

诺兰达炉炉渣的特点是渣含铁高，渣中铁硅比（Fe/SiO_2）最高达 2.0，一般为 1.60 ~ 1.80；而且由于锍品位高，因此渣中磁性氧化铁含量也高。以 Fe_3O_4 形态存在的 Fe 量占渣中总 Fe 量的 30% ~ 40%。虽然 Fe_3O_4 的含量高，但由于熔池内搅动激烈，炉温较均匀，正常熔炼过程中未发现 Fe_3O_4 难熔物在炉底沉结或产生隔层现象。当炉况不正常时，炉结严重，甚至影响到熔体面的准确测量。

4.4.3.3　烟气与烟尘

诺兰达熔炼对原料的适应性广，各种不同原料熔炼得到不同品位铜锍时，需氧量差异很大；一般采用富氧空气鼓风，富氧浓度可以在较宽范围内变化，也可以直接采用空气鼓风；炉料中配入的固体燃料的种类、数量也有较大的选择范围；此外，还有熔炼的处理量等，这些因素都影响烟气的成分和数量。烟气出炉以后，各厂采用的烟罩、余热利用、收尘设备状况不一，漏风多少不同，因此烟道系统的各点烟气参数更是不一致。

诺兰达炉的烟尘率随炉料成分、水分、粒度和炉膛压力的不同而波动，一般为干炉料量的2.3%~4.8%。与闪速炉相比，诺兰达炉的烟尘率要低，这是它的一大优点。

烟尘一般直接返回备料系统。大冶将电收尘器的后两个电场的烟尘开路送往综合回收车间，提取有价金属，而头两个电场烟尘和锅炉烟尘一起返回精矿仓。

4.4.4 余热回收

烟气冷却设备的运行可靠性直接影响熔炼生产，是整个工艺的关键设备之一。

烟气冷却设备通常有两种：喷雾蒸发器和余热锅炉。Horne 厂及其他一些厂采用的是喷雾冷却器，其结构简单，投资较少，但是人工清灰工作条件差，喷嘴需要经常更换，烟气余热得不到回收利用，造成浪费。大冶采用的是余热锅炉，不仅可回收烟气余热生产蒸汽，而且排烟温度较稳定，漏风少，积灰易于清理。

大冶诺兰达炉的饱和蒸汽余热锅炉为卧式直通道、强制循环全膜式水冷壁形式。有效传热面积为 $2094m^2$。余热锅炉入口与反应炉的密封烟罩相接，高温烟气经烟罩进入辐射冷却室。在辐射室中，烟气温度降到700℃左右，再进入对流区，依次通过凝渣管束和对流管束，降温到350℃左右后由余热锅炉排出，进入收尘系统。

锅炉实际产汽量为22t/h，有时可超过设计值，正常漏风率10%。烟气出炉时的温度为350℃，在锅炉中可将30%~40%烟尘收下。

4.4.5 收尘

进入电收尘器的烟气量为 90000~95000m^3/h，烟气温度为350℃，进口含尘浓度为 16~19g/m^3。

诺兰达熔炼的烟尘颗粒较细，而且往往含有较多 Pb、Zn，是一种难回收的高比电阻粉尘，因此在电收尘器结构上作了如下特点的设计：

（1）宽极距。同极距从通常采用的 300mm 提高到 400mm，改善了电场内的电气性能，加大了粉尘的驱进速度，延缓或遏制了反电晕的产生，减缓了电晕闭锁现象的形成，能有效地减少粉尘的二次飞扬，大大提高收尘效率，特别是对高比电阻和微细粒粉尘，宽极距有显著的优点。同时，宽极距也使收尘器的重量减轻，可减少投资，安装和维修也更方便。

（2）合理的板－线极配形式。放电极为"RS"芒刺线，积尘极为 Z 形板，这种特点最适用于粉尘浓度大、比电阻又高的粉尘的回收，是目前有色冶金工厂中电收尘器的首选线型。

（3）密封好，漏风率小于5%，气流分布均匀。收尘效果良好，出口含尘均在 70mg/m^3 以下，优于国家规定的标准。

4.4.6 熔炼炉渣的贫化

从诺兰达炉产出的熔炼炉渣含铜高，必须贫化后才能弃去。大冶厂虽然有原来的反射炉可以利用作为贫化炉，但是，仍然新设计并建立了缓冷—磨矿—浮选车间来回收熔炼渣中的 Cu 以及部分以磁铁矿形式存在的 Fe。选矿方法贫化熔炼渣在回收率和能耗上要比电炉或反射炉好。

4.5 诺兰达熔炼过程作业及控制

4.5.1 固体物料的给料与计量

（1）物料的计量。各种物料均采用各自的自动称量系统进行计量。在反应炉前的各储料仓下料口都装有定量给料机。物料的计量由重力式皮带秤完成。

（2）物料的供给。对物理性质较好的物料，料仓下料口的开启度通常是按物料粒度、日运送量和系统运行的工作制设置。在大多数情况下，下料口开启度的调整是通过手动来完成，因此选取皮带速度为物料流量的控制参数。这样，就可以采用较简单的由调速控制器和电磁调速电机组成的常规定量给料机进行给料作业。

铜精矿之类的物料粒度小、黏结性强、湿度大，易形成堵料或冲料，难以保证物料畅通。若采用常规的定量给料机，即使设备的计量精度很高也做不到准确给料。为使物料能够连续、均匀地传送，提高运行的可靠性和精度，需选用带预给料的定量给料机，妥善地把问题解决在预给料阶段。

（3）炉前给料。输送到炉前的炉料被抛料机抛入炉内，有一部分料会从抛料口漏出，堆积在炉头端，需要运输设备将其回加料皮带。霍恩厂使用的是手推小车，大冶采用的是大倾角皮带运输机。

炉前精矿料仓有时会发生堵料现象，可用仓壁振打器将其震动落下，这种设备振动大、噪声大，还会造成仓壁变形。大冶采用的压缩风（0.4MPa）空气炮的效果比振打器更好。

大冶炉前精矿仓内壁使用的是高分子聚乙烯板内衬，避免了用钢板或铸铁板时炉料易黏结的情况。除了要控制炉料适当的含水外，抛料口气封用压缩空气含水分太高时，也容易导致抛料口黏结。

4.5.2 供风与供氧

诺兰达反应炉有 3 个供风（氧）点：风眼、燃烧器和抛料口气封。炉料反应所需的氧气主要通过风眼送入熔池内，少部分则通过抛料口气封装置送到熔池面上。

（1）风眼。风眼中鼓入的气体除了参加与炉料的化学反应外，还要起到搅动熔池的作用。因而供风的风压要能够克服在风眼以上的熔体静压力以后还留有足够的动压。实践上风压为 100kPa 以上。风眼的鼓风量一经确定，操作时就应该尽量保持恒定。风眼会因结瘤而孔径缩小，使供风量下降，必须经常使用捅风眼机进行清理。

（2）燃烧器供风（氧）。开炉时的烤炉和升温以及炉子停风时的保温都使用炉头加料端的燃烧器。当处理的炉料含 Fe 和 S 较低时，熔炼过程不能完全自热进行，需要由该烧嘴给炉子补充热量。烧嘴的供风量依燃料种类、数量和燃烧器特性确定。

（3）抛料口气封和空气枪用风。气封送出两股风，一股同源于风眼供风，设计送风量一般为 5000~8000m³/h，目前实际风量为 3000m³/h，也可采用低浓度富氧；另一股为 0.4~0.6MPa 的压缩风。

在放渣时，有时渣流动性不好，因此设有专用压缩风空气枪，必要时将其插入渣层中搅动，加速渣的流动。

（4）供氧和富氧系统。制氧机产出的氧气经氧压机加压后由输氧管送往反应炉。在反应炉附近输氧管与高压鼓风机风管在混氧器中混合。混合时氧气的压力应该略大于高压风的压力。为了防止在高压鼓风机因故突然停风时纯氧直接鼓入反应炉内或进入高压供风系统而造成事故，必须在混氧器之间设置高压风机停风时的氧气自动放空阀。

4.5.3 铜锍与炉渣的排放

4.5.3.1 铜锍排放周期的设定

对铜锍与炉渣排放周期的设定，需要考虑以下的因素：反应炉的尺寸，锍面与渣面允许波动的合理范围，铜锍包和渣包的容积，吹炼转炉的容积及其吹炼周期，锍和渣的排放速度等。

大冶反应炉中锍面波动范围为 970~1300mm，渣层厚度波动范围为 200~350mm；反应炉内直径约为 3839mm，内长为 17060mm。在此尺寸下的锍积蓄量在 213t（液面高 970mm）到 290t（液面 1300mm）之间。在某一时刻，当忽略熔炼新生成的铜锍时，可从炉内一次放出的最多锍量为 77t（当锍积蓄量在 290~213t 时）；相应的炉渣积蓄量波动在 50~90t 范围内，最多可以放出 40t。

若铜锍包和渣包的公称容积为 6.0m³，有效容积为 5.5m³，则可盛铜锍 22t、渣 20t。转炉第一次进产需要 2 包（含 Cu 73% 的）铜锍才能开风吹炼，第二次进料再加一包铜锍，吹炼周期为 4~5h。放满一包锍平均需要 15min。

由以上条件可以推算出合理的铜锍排放周期。从某一时刻开始，第一次放锍是在第 200min 时，连放 2 包，约 45t。第二次在第一次放完后第 100min 放一包，如此循环。这样，既满足铜锍面在上下限之间波动，又能为转炉提供足量的锍量。应该注意到，在第一次和第二次放锍间隔内，应保持反应炉继续正常熔炼，以便为转炉积累第三包铜锍。

4.5.3.2 放渣周期

放渣周期为每 30min 放一包，需要时可连续放 2 包。这样，就能控制渣层厚度在 200~350mm 之间波动。每放一包炉渣（公称容积为 6.0m³）大约需要 15~20min。

4.5.4 诺兰达熔炼工艺的参数控制

4.5.4.1 主要控制参数

诺兰达反应炉熔炼过程主要控制 4 个工艺参数，即铜锍品位、炉渣 Fe/SiO_2 比值、炉温和熔体面，其他参数为次要因素。

4.5.4.2 铜锍品位的控制

铜锍品位是诺兰达炉生产过程控制的中心，它是通过调节工艺需氧量来实现的。熔炼过程的控制与调整基本上围绕着需氧量进行。

A 精矿需氧量

输入熔炼炉的氧量，首先是要满足精矿中铁和硫氧化的需要，亦即脱硫反应按化学计量的氧量。需要指出,与通常的冶金计算不同,诺兰达法生产控制时的工艺需氧量中没有考虑铅、锌和镍等杂质的氧化,而且假设炉料中的铜全部转变成锍,物料平衡只有铜锍、炉渣和炉气,进入烟尘和其他损失的量不计。这样的简化处理虽然不够准确,但事实上,这些假设引起的误差不大,对从宏观上控制一个大的工业熔炼炉的需要而言,其精度已足够了。

精矿需氧量按如下方法计算:

以 100t 精矿为基础计算,设氧气含 O_2 为 100%。铜锍量包含了渣中夹带的铜锍。已知条件是给定精矿、产出锍与炉渣中的 Cu、S 和 Fe 成分(%),分别表示为:精矿中的{Cu}、{S}、{Fe};锍中的[Cu]、[S]、[Fe];渣中的(Cu)、(S)、(Fe);气相中的 S_g。

由 S 和 Fe 的平衡得:

$$\{S\} \longrightarrow [S] + (S) + S_g$$
$$\{Fe\} \longrightarrow [Fe] + (Fe)$$

求出被氧化的硫量,亦即进入炉气中的硫量 S_g 以及铁量 (Fe)。

按生成的 SO_2 量,求得 S_g 需要的氧量 $\{O_2\}_{SO_2}$。对于铁,根据 Horne 厂的实践,炉渣总 (Fe) 量中有 60% 氧化生成 FeO,其余 40% 氧化成 Fe_3O_4,总 (Fe) 的需氧量 $\{O\}_{Fe}$ 为这两部分需氧量之和。于是,精矿的需氧量为 $\{O_2\}_{C_i} + \{O_2\}_{Fe}$(t/t 精矿或 m^3/t 精矿)。

上述结果是在单一精矿情况下计算出的需氧量,在实际生产中,往往是两三种精矿混合在一起加入反应炉内。因此,混合精矿的需氧量应该是加入炉中的各种精矿各自需氧量的加权平均值,即:

$$\{O_2\}_{Comp} = \sum \{O_2\}_{C_i} \cdot C_i / 100 (m^3/t \ 精矿)$$

式中,$\{O_2\}_{Comp}$ 为混合精矿的需氧量,m^3/t 精矿;$\{O_2\}_{C_i}$ 为 i 种精矿的需氧量,m^3/t 精矿;C_i 为 i 种精矿在混合矿中的百分含量。

B 熔池特性

在诺兰达炉的生产控制中,除了精矿的需氧量外,还要考虑在打破炉内原有(人为或非人为)的平衡时,引起锍品位升高或降低的需氧量。在过程控制上,"需氧量"有着特定的含义,它是反映熔池内锍品位变化时的需氧量或供氧量的变化。一方面,这种变化在输入氧量保持定值的情况下,可以通过增加或减少精矿量来调控铁与硫的氧化数量,实现锍品位的控制;另一方面,锍品位变化时,需氧量或供氧量的变化是受着熔池的体积容量影响的。因此,将这种变化关系称为熔池特性。下面以具体的例子进行说明。

在没有新炉料加入炉内,且炉内所积蓄的锍中的含 Cu 数量不变的情况下,此时若铜锍品位变化,将会使需氧量(或正或负)变化,并与炉内积蓄的铜锍量有关。

C 锍品位的控制

锍品位的控制实际上就是氧平衡控制。任何一种控制调节只要与氧平衡有关,就必须重新进行一次氧平衡计算。氧平衡式表达为:

鼓入的总氧量×氧利用系数

=加入精矿量×精矿需氧量+燃料量×燃料需氧量+铜锍品位变化的需氧量

对于一台正在连续熔炼作业的诺兰达反应炉,在实际分析的锍品位与设定标准值之间出现偏差时,可以认为是由于炉料需氧量的变化(或操作者对需氧量的变化估算有偏差)所引起。当这种偏差出现时,可根据对铜锍取样分析观测到的品位变化来计算出新的需氧量，并按其结果进行调控操作，使锍品位回归到标定值，如此完成锍品位的控制。

在一般情况下，应保持风口氧量、风量、固体燃料量和熔剂量等参数的稳定，仅调节加料速度（必要时适当改变各种物料配比）来控制铜锍品位。只有在比较特殊的情况下，才采用多因素同时调整的方法。

正常情况下每 0.5h 一次，特殊时 15min 一次，从风眼或放铜锍口取铜锍（不放铜锍时以风眼钎样为准，放铜锍时以铜口样为主）送炉前 X 荧光分析仪快速测定 Cu、Fe、S、SiO_2 及有关杂质元素，根据结果判定炉况。发现偏差时，计算机会提出新的加料速度或新配料比的建议，经操作者确认后输入计算机执行。

锍品位的控制分三种情况作业：正常、异常和锍样被污染。

（1）铜锍品位正常时，在控制范围内，如设定锍含 Cu 为 70%，品位每升（降）0.1%，加料速度应增（减）3t/h 左右。计算加料量时应考虑漏料、炉料水分等因素。

（2）变化异常时，若品位波动大于 2%，且实际品位达 71% ~73% 时，将高硫精矿的比例增加 10%，低硫矿减少 10%，总加料量增加 10%。

若品位高于 73%，增加取样分析频率为 15min/次，全部采用高硫矿，并将总料量增加 10%。

若品位高于 74%，将风口风量降低 10%，氧浓度不变，取样分析 15min/次，全部采用高硫矿，并将加料量增加 10%。

若品位高于 75%，风量不变，氧浓度降到 35% 左右（正常为 39% 左右），取样 15min/次，全部采用高硫矿，总加料量增 10%。

在以上几种情况发生时，因加料量增加较多，风与氧浓度会减少，容易引起炉子温度的很快变化，要密切注意观察。

若品位达 76% 甚至更高，只有停炉处理（有低品位锍来源时，可将其加入来调节诺兰达炉的铜锍品位，但需谨慎操作）。

（3）铜锍样被污染时，铜锍样品中会有少量的机械夹杂渣。样品分析时，含 SiO_2 量不大于 0.3%，这是正常值（Horne 厂正常值为 SiO_2 含量 ≤0.1%）。

如果样品中 SiO_2 含量不小于 0.3%，即认为铜锍样被夹带的渣所污染；出现这种情况往往是炉况不正常，如铜锍品位低和渣流动性过好、铜锍面低等，此时，必须对分析结果进行判定并校正，将校正后的结果应用于炉子操作控制。

校正公式为：

$$[Cu\%]_{Cor} = [Cu\%]_{Sp} \div \{1 - [(SiO_2\%)_{Sp}/(SiO_2\%)_{Si}]\}$$

式中：$[Cu\%]_{Cor}$ 为校正后的锍品位；$[Cu\%]_{Sp}$ 为锍样的品位；$(SiO_2\%)_{Sp}$ 为锍样的 SiO_2 含量；$(SiO_2\%)_{Si}$ 为当时炉渣中的 SiO_2 含量。

例如，某铜锍样含 Cu 60%，SiO_2 2%，此时渣含 SiO_2 为 22%，校正后的铜锍品位为（%）：

$$[Cu\%]_{Cox} = 63 \div [1 - (2/22)] = 69.31$$

由上例可见，锍样被污染后，误差很大，操作中必须注意锍样是否被污染。此外，校正后的锍品位可能正好是设定标准值，但仍要注意，发生污染的情况可能说明炉况有问题，要谨慎作业。

在铜锍样被污染时，要根据锍样中的 $(SiO_2)_{Sp}$ 多少来进行控制作业。

若锍样中 0.3 < $(SiO_2\%)_{Sp}$ ≤ 1.0 时，应采用校正后的锍品位来作业。

若 $(SiO_2\%)_{Sp}$ > 1.0 时，重新取样，最好从放锍口取样（该口接近炉子底部，又不在风口区，可采集到纯净的锍样）。若锍口样仍然是 $(SiO_2\%)_{Sp}$ > 1.0 时，首先要检查分析结果、检查取样制样工具。若均无问题，则要针对具体情况采取相应的工艺措施。若锍面低，应多加产锍率高的物料；若锍品位偏高，渣很黏，则可适当减氧；若是炉温低导致渣锍分离不好，应提高炉温，在整个处理过程中，要勤测量锍面高度，增加取样分析频率；勤放渣，压低渣层厚度。

4.5.4.3　炉温的控制

反应炉炉温是诺兰达熔炼生产控制的最重要参数之一。炉温过高，耐火材料本身的强度下降，熔体对炉衬的冲刷、侵蚀加重，并增加能耗。炉温过低，渣的黏度增加，流动性差，难以排放，操作困难，而且炉料入炉反应不完全，往往随渣排出；更严重的是可能造成死炉。在保持操作稳定和渣能顺利排放的情况下，通常维持低温运行，一般控制在 1220 ~ 1230℃。

炉温通过安装在特定风眼的风口高温计（或 FK - A 熔体测温仪）适时测量，并直接传送到 DCS 控制系统，显示在操作计算机屏幕上。风口高温计（或 FK - A 熔体测温仪）定时用快速热电偶进行校正，防止偏差。

采取如下的措施调控炉温：冷料（返料）率随炉温升高（降低）而增加（减少）；高硫精矿比例随炉温升高（降低）而减少（增加），当增加高硫精矿比率时，氧浓度相应上调；石油焦加入量随炉温升高（降低）而减少（增加），同时调整氧量；氧浓度随炉温升高（降低）而减少（增加）；加料端燃油供应量随炉温升高（降低）而减少（增加），同时调整供风、供氧。这些措施中，以调节冷料（返料）最为简单、快速、有效。后几种调控应该尽量少用。在调节顺序上，因各厂的操作经验不尽相同而不同。

4.5.4.4　渣型控制

渣型的控制与调整主要是通过熔剂的需要量来进行的。

炉渣的产量由铜与铁的平衡方程计算。如之前精矿需氧量的计算中所假设的那样，对于烟尘及损失予以忽略，以使方程简化。

设精矿量为 G，所产铜锍量为 M，所产炉渣量为 S，则有：

$$G\{Cu\%\} = M[Cu\%] + S(Cu\%)$$
$$G\{Fe\%\} = M[Fe\%] + S(Fe\%)$$

式中，{ }、[ ] 及 ( ) 分别为精矿、锍和炉渣中的元素含量。根据给定的精矿、锍与渣的成分，解方程组，就得出渣量、渣中的 Fe 与 SiO_2 数量。最后，按设定的 Fe/SiO_2 及石英石中的 SiO_2 含量可求出加入的石英熔剂量。

某些地方使用的熔剂本身含有一定量的铁，计算时应考虑熔剂效率。求混合精矿的熔剂需要量可以采用与混合精矿的需氧量相同的加权平均法计算。

根据大冶厂生产实践，铁硅比每升（降）0.1，熔剂量相应增（减）1%。

4.5.4.5　熔体液面控制

控制锍面最低值是为了防止风眼鼓入的风直接鼓入渣层，从而引发喷炉事故；控制最高锍面是为了防止铜锍从渣口中放出。总熔体液面控制得好，一方面可以保证炉内熔体－炉料间有充分的传质传热空间，铜锍能很好沉淀，渣能顺利放出；另一方面，还可以在突发事故时反应炉风眼转出液面，有足够的空间处理问题，不会造成风眼堵死的事故。

大冶厂控制铜锍面为 970~1300mm，总液面小于 1650mm；Horne 厂控制铜锍面为 970~1170mm，总液面小于 1500mm。

液面是通过在反应炉炉口附近、炉子脊线上设置的液位测量孔来测量的，定时或根据需要由人工用钢钎插入测量。

铜锍面控制分以下两种情况：

（1）锍面小于 970mm 时，立即停止放锍；改变配料比，在保持锍品位和炉温波动不大的前提下减少高需氧量的物料，增加低需氧量或含铜高的物料比例；特殊情况下，增大含铜高的高需氧量物料，适当降低锍品位，增加炉内锍积蓄量。

（2）当铜锍面大于 1300mm 时，立即放锍；降低加料量，控制锍量的增加；如遇转炉暂不需要锍等特殊情况，则炉子转到待料位置，保温等待。

总熔体面的控制：总液面不能超过 1650mm，当超过 1600mm 时，必须马上放渣。视放渣速度采取措施控制炉内液面上涨；当总液面已达到或超过 1650mm，且 15min 内由于外因无法放渣时则转出，停炉等待。

4.5.4.6 其他参数控制

除上述 4 个最重要的参数需严格控制外，反应炉熔炼还有总风量、鼓风含氧浓度、烟气温度、烟罩内压力及铜锍质量等参数需要控制。

（1）鼓氧量改变时的控制。对某一特定的精矿或混合精矿而言熔炼时氧矿比率是固定的。因此，当实际的鼓氧量改变时，需要调整进料率。调整时，要注意从总输入氧量中减去固体燃料所消耗的氧量。

（2）铜锍杂质的控制。铜锍杂质的控制主要是控制铜锍中有害杂质的含量。高品位铜锍中有些杂质含量超过一定值后，经过转炉吹炼和火法精炼后仍难以达到电解精炼规定的上限，影响阴极铜的质量。据 Horne 厂的经验，为保证阴极铜中若干杂质含量不超过允许极限，反应炉产出的铜锍中，Bi 含量应控制在不大于 0.015%，Sb 应控制在不大于 0.05%，而 Pb 则控制在不大于 3%。

要控制铜锍杂质，主要是对熔炼原料的杂质含量进行控制。

（3）其他。烟气温度由烟罩出口处的烟气温度来控制。大冶反应炉一般控制在 600~800℃。影响烟气温度的主要因素是烟罩漏风情况及燃烧器燃烧状况。

反应炉炉压指烟罩内压力，一般控制其为微负压，即 -10~-20Pa，通过调节设于电收尘器与排风机间的蝶阀的开启度和排风机的转速进行控制。

4.6 诺兰达熔炼工厂实践及其生产技术指标

4.6.1 熔炼过程事故和故障

诺兰达熔炼过程中，可能发生的重大事故有喷炉、死炉、炉体局部烧穿及炉子误转等，主要故障有抛料口结瘤、炉口结廇等。

4.6.1.1 喷炉

喷炉是诺兰达反应炉最严重的事故。诺兰达矿业公司在早期试验炉（加料端直径为 2.13m，炉砌体内长 9.9m）上生产时，发生了一次喷炉。炉内熔体从炉口、抛料口喷出，引起火灾。大冶厂反应炉在刚投产时也发生过一次喷炉事故，高温熔体从炉口、抛料口喷出，烧毁了 2 台抛料机、2 台皮带运输机、5 台冷却炉体的轴流风机和加料端燃烧的控制系统，熔体流满地面，烧毁了供料系统的部分电缆。事故造成停产 165h。

造成喷炉事故的原因如下：

(1) 锍面过低。工艺操作制度规定，炉内锍面高度不得低于 970mm。在事故发生前相隔约 8h 两次测得锍面高度都只有 500mm 左右。当时因缺乏经验，误认为是铜锍面没有测准，继续正常操作程序，导致在渣层内鼓风，使大量 FeO 氧化成 Fe_3O_4，炉渣黏度增大，为熔体喷发准备了最重要的条件。

(2) 炉温过高。工艺制度规定炉温应控制在 1220 ~ 1230℃。炉温高于 1315℃ 或低于 1150℃ 都易发生喷炉。该次喷炉前，风口鼓风压力一直很低，这种现象表明熔体温度较高，铜锍黏度变小，鼓风阻力减少，风口过于畅通。当风压低于 0.06MPa 的最低允许值时，炉体保护联锁系统启动，反应炉自动转出鼓风状态。但操作工很快又使其转回，进入鼓风状态，导致熔体温度持续升高，从 1270℃ 升高到 1330℃。在此情况下，往往是供氧量增加，使锍品位升高，相应地铜锍体积减小，铜锍面下降，造成渣层内鼓风更加剧烈。

(3) 炉渣过吹。往渣层内鼓风，使本应在铜锍层中消耗掉的那部分氧气与渣中 FeO 反应，Fe_3O_4 以比正常时大得多的速率生成，炉渣变黏，放渣困难，渣层因此越积越厚；同时，渣内储存的反应气体和产出烟气越来越多，待这些气泡积累到一定程度时，瞬间释放出来，就发生了喷炉。

从上述原因看来，最根本的一点是熔体过吹产生大量 Fe_3O_4。在高温下 Fe_3O_4 和 FeS 及 SiO_2 迅速反应，即 $3Fe_3O_4 + FeS + 5SiO_2 = 5(2FeO \cdot SiO_2) + SO_2$，产生大量 SO_2 气体，同时熔体黏度增大，表面张力下降，SO_2 气体从熔体逸出时产生喷炉。

虽然喷炉事故发生得十分迅猛，似乎也很偶然，实际上它有较明显的先兆和较长的酝酿过程。只要及时采取适当的措施，严格控制炉温、铜锍面高度和渣层厚度，控制好炉渣铁硅比，不使炉渣发黏，注意铜锍品位的变化，认真执行工艺操作制度，喷炉事故是完全可以避免的。

4.6.1.2　死炉

炉渣发黏很难放出，甚至放不出，而总液面持续上涨时，将导致铜锍从渣口流出，最终引起死炉事故的发生。

造成死炉的原因较多，主要有两种。一是炉渣黏度大，停滞流不动，渣表面形成糊状层。这可能是炉温过低或炉渣中铁硅比失控；或炉料内 Al_2O_3、MgO 或 ZnS 等成分较多所致。二是炉保温时间过长，炉温下降过多，炉渣结壳放不出来，或者是渣口被渣块堵死而造成死炉。

当反应炉出现种种濒临死炉的征兆时，可以采用以下急救措施将其"救活"，转入正常生产。

(1) 炉子不得停风，在加料量减少的情况下，继续鼓入适量的风，以保持熔体的搅动。

(2) 提高炉温，只加入高硫精矿，适当增加石油焦量，开启渣端燃烧器。

(3) 调节炉渣的铁硅比，使之保持在 1.7 ~ 1.8 之间。

(4) 开启最靠近渣端的几个风眼（平常一般关闭），使其搅动放渣端熔体。

（5）来回转动反应炉。

（6）组织人员放渣。

以下各条操作实践是防止死炉事故的措施：

（1）严格控制炉温。炉温偏低时，减少或停止加入冷料，增加高硫精矿比例，同时相应提高供氧量，让炉温慢慢升高。

（2）严格控制一次配料。难熔物较多的铜精矿或烟灰，要均匀配入，避免集中处理，同时要保证炉前料仓储存有一定量的高硫精矿，供二次配料调整炉况时使用。

（3）严格控制渣型，使铁硅比在规定范围内波动，并增加石油焦量，改善渣性，均衡控制铜锍面和总熔体面高度，防止大起大落。

（4）有计划地停炉保温前，要先将渣型调整好，并保留有一定厚度的渣层，在料面中适当多加一些石油焦，加大烧嘴的供油供风量。有条件时，每隔 2~3d 将反应炉转到鼓风位置，鼓几个小时的风，同时加入适量高硫矿，使炉内熔体得到搅动，让炉内温度均衡和补充一些热量。视情况放些炉渣后，再将炉子转出。在另有熔炼炉（如有反射炉在生产）的工厂，保温后再开炉时，可以谨慎地向反应炉加入适量的低品位熔锍，然后转入鼓风状态，能使炉温迅速恢复正常。

4.6.1.3 炉体局部烧穿

炉体局部烧穿多发生在作业尾期，烧穿部位一般在炉底和风口区。由于炉结存在，炉底砖厚度温测量不准，易造成炉底局部烧穿。或者生产过程中，有时锍品位太高，产出粗铜，加剧耐火砖的蚀损，也易引起局部炉底烧穿。风口区是反应中心区域，是受高温冲击、机械冲刷最严重的部位，该部位耐火砖蚀损严重，到后期，残砖易脱落，钢壳易被烧穿。

为了避免炉体烧穿，可采取如下措施：

（1）在日常生产中，严格控制好锍品位和炉温。

（2）严格按规定测量和记录炉体钢壳外壁各点温度，风口区钢壳外壁温度不高于 230℃，其余部位温度不高于 300℃；严格按照规定测量和记录炉底砖和风口砖厚度，以便及时了解残砖状况。

（3）反应炉风口区的耐火砖一般每炉期更换一次，炉底砖每二炉期更换一次。

此外，诺兰达反应炉在生产中还会发生渣口跑渣、跑锍或锍口跑锍等事故，遇到这种情况，只要将炉子转出，在降低熔体压力的情况下漏洞容易堵上。

4.6.1.4 抛料口结瘤

抛料口结瘤是诺兰达反应炉生产中常见的故障。大冶试生产阶段，因抛料口结瘤严重而导致的停炉时间占总停炉时间的 3.19%。诺兰达熔炼工艺要求炉料能均匀地抛撒在吹炼区熔体面上，所以抛料口应畅通无阻。

造成抛料口结瘤的主要原因是精矿水分过大，压缩空气中的水未能及时排出随空气喷入炉内，熔池温度偏低，炉头端 1、2 号风眼处熔体喷溅。

抛料口结瘤较轻时，可以在生产进行中处理，严重时必须转出停风处理。

要减轻抛料口结瘤的危害，主要还是严格执行各工序操作规程。备料系统要保证炉料含水小于8%；供风系统压缩空气水分离器要按时排水；炉子上要控制炉温，防止炉温过低，减少漏风和尽量不开或少开炉头端的风眼。此外，要定时巡检，观察抛料口状况，出现结瘤及时处理，防止结瘤长大。

4.6.1.5 炉口结瘤

反应炉炉体是可转动的，炉体与烟罩间密封较差，漏风率高达50%～100%。温度约为1240℃的炉口烟气携带着大量熔融状态的烟尘在炉口及烟罩处与大量冷空气相遇，急骤冷却到约900℃。因而，部分熔融烟尘和直接从熔池中喷溅上来的熔体会在炉口上凝结、堆积，形成炉口结瘤。结瘤主要发生在炉口加料端一侧和烟罩后壁一侧，其他两侧结瘤一般较少。

炉口结瘤后，通道面积减少，影响烟气外排，使炉压增大，反应炉四处冒烟，恶化操作环境，而且往往导致炉料抛不远，易形成堆料，使炉况变坏。

炉口结瘤严重时，一般需将炉子转出清理。清理时要注意保护炉口周围衬砖，不宜清得太干净。同时还要防止大块结瘤落入炉内，堵塞铜锍放出口。

为了减少炉口结瘤危害，减少停风时间，应使炉况稳定，炉口烟罩内压力保持在 -10～-20Pa 微负压状态，避免大风作业、低温作业。返回烟尘制粒后再加入炉内是防止炉口结瘤的有效措施。没有制粒的烟尘应与铜精矿混合均匀后再加入炉内，干烟尘直接抛入炉内是最有害的。煤或石油焦及熔剂的粒度不能太细，+1mm 的粒级要达到95%以上，以减少飞扬；但也不能太粗（ -50mm），以利于燃烧顺利进行。此外，烟罩活动小车应该到位，加强炉口部位的不锈钢丝增强陶瓷纤维纺织布的密封。

4.6.1.6 误转炉子

反应炉设有两个工作位置。一个为正常作业位置，风口中心线与水平面夹角为0°，风口在铜锍面以下进行鼓风作业。由此位置向炉前转动大约48°到第二位置，即停风待料位置。此时，风口在熔体面之上，停止吹炼和进行加料作业。若发生误操作，在炉体转回时没有及时开风，或者风口还没有转出熔体面就停风，都会使炉内熔体灌入风眼，造成停炉事故。为了避免此类事故发生，必须严格按操作程序进行炉体的转动、开风、停风。

4.6.2　诺兰达炉的耐火材料和烘炉

（1）诺兰达使用的耐火材料。由于高温熔体的冲刷和侵蚀，诺兰达反应炉的耐火砖寿命较低。Horne 厂最初炉寿命一般只有 150～250d。随着熔炼技术的成熟、工艺控制的稳定和合理选用优质的耐火材料，不断完善砌体的结构和砌筑，现在该厂的炉寿命已达到498d。诺兰达反应炉目前主要使用三种耐火砖：直接结合镁铬砖、再结合镁铬砖和熔铸镁铬砖。直接结合镁铬砖具有高温体积稳定性好、热震稳定性和抗渣侵蚀性能好的优点；再结合镁铬砖具有耐压强度高、耐抗侵蚀、高温强度高等优点；熔铸镁铬砖抗拉强度高、抗冲刷性能好、显气孔率低。根据炉内各区不同工作状况，选用不同的耐火砖，能达到延长炉寿命、降低耐火砖费用的目的。

（2）烘炉。烘炉是延长炉子寿命的重要环节。烘炉的升温曲线随耐火材料更换范围的不同而不同。

4.6.3　诺兰达熔炼技术经济指标

（1）床能力。高的床能力是诺兰达工艺的一大特点。在诺兰达炉熔池中，几十个浸没式风口不断地向熔体内喷射压缩空气，犹如几十个高速运转的混合搅拌器，不停地将炉料和空气迅速搅入由铜锍、炉渣和气体形成的高温乳状液中，传质、传热极为迅速，物理化学变化非常剧烈，水分蒸发、硫化物离解与氧化以及造渣瞬间完成使得该工艺在床能力上有相当大的灵活性和潜力。

（2）铜锍品位。诺兰达反应炉可以直接产出粗铜，但同时存在着两个主要问题：一是炉寿命大大缩短，产粗铜时的耐火材料消耗为 1.55kg/t 精矿，比生产高品位铜锍时高出 1kg/t 精矿，即使在近 3 年精矿供应不足，多次停炉的情况下，生产高品位锍的耐火材料单耗也仅为 0.64kg/t 精矿；二是粗铜杂质含量较高，除含 S 高外，As、Sb、Bi 等元素含量也较高，影响了阴极铜质量。鉴于此，诺兰达熔炼一般控制铜锍品位为 65% ~ 73%。若铜锍品位降低到 55%，熔炼生产也能顺利进行；但燃料消耗量大，烟气量和铜锍量增加，经济效益不佳。

（3）炉渣含铜。锍品位高、高铁渣型、渣中 Fe_3O_4 的含量高以及反应炉结构决定了诺兰达熔炼的炉渣含铜高，当锍品位在 65% ~ 73% 时，渣含铜一般为 5% ~ 7%，需进行贫化处理。

（4）风口鼓风中氧浓度。风口氧浓度升高有利于减少风量、降低燃烧消耗和提高烟气二氧化硫浓度。目前诺兰达工艺各厂家风口氧浓度一般都在 40% 以下运行。进一步提高氧浓度，对炉寿命有无影响需要进一步考察。提高用氧量对经济效益的影响也需研究。

（5）脱硫率。诺兰达工艺脱硫率一般都在 70% 以上。深度脱硫主要带来三点好处：1）铜锍量减少，转炉吹炼时间大大缩短；2）熔炼炉产出含 SO_2 浓度高的烟气，烟气量小，烟量稳定，有利于采用两转两吸制配工艺，制酸指标好，排出尾气易达标；3）节省了大量能源，由于深度脱硫，充分利用了硫化物氧化放出的热能，易于实现自热熔炼。就一般熔炼情况而论，深度脱硫时，氧势高，生成大量磁性氧化铁，造成炉结沉积严重，危害正常作业；但是，在诺兰达熔池强烈搅动的条件下，炉结难以大量沉积，即使在高品位锍的情况下作业仍能顺畅进行，这也是熔池熔炼的一大特点。

（6）鼓风时率。大冶反应炉鼓风时率达到 82% ~ 87%，工艺作业率低，炉寿命短，造成炉子处理量降低，尤其是氧气浪费大。与闪速熔炼炉作业率 95% 相比，这是诺兰达炉的缺点和需要改进之处。

（7）铜的直收率和回收率。影响诺兰达炉的铜回收率高低的主要因素是炉渣贫化方式。采用选矿法，虽然一次投资高，占地面积较大，但铜的回收率可达到 98.5%；采用电炉或反射炉贫化，弃渣含铜比较高些，铜的回收率要低一些。

诺兰达的铜直收率一般不到 80%，主要原因是炉渣带走较多铜。铜的直收率较低是该工艺的另一个缺点。白银炉直收率可达 96.42%，熔炼反射炉直收率达到 96%。

 思 考 题

4-1 叙述诺兰达炉熔炼的原理。
4-2 诺兰达炉控制参数有哪些？
4-3 铜锍品位如何控制？
4-4 温度如何控制？
4-5 渣含铜如何控制？
4-6 生产中如何控制铜的直收率和回收率？

5 铜精矿的顶吹熔炼

5.1 概　述

澳斯麦特熔炼法与艾萨熔炼法的基础都是"赛洛"喷枪浸没熔炼工艺，两者具有共同的起源。拥有喷枪技术的澳斯麦特公司和芒特艾萨公司按各自的优势和方向延伸并提高了该项技术，形成了各具特点的澳斯麦特熔炼法与艾萨熔炼法。

澳斯麦特熔炼法与艾萨熔炼法在冶金中具有较广泛的应用，包括锡精矿熔炼，硫化铅精矿、铜精矿熔炼，炉渣烟化，阳极炉熔炼，铅锌渣、镍浸出渣的处理，炼铁以至垃圾焚烧等方面。目前采用澳斯麦特熔炼法的冶炼厂已达 20 多家，分布在荷兰、津巴布韦、韩国、日本、印度、法国、秘鲁等，我国分别有山西华铜铜业公司（原中条山有色金属公司）侯马冶炼厂、铜陵有色金属公司金昌冶炼厂、大冶有色金属公司引进了铜精矿澳斯麦特熔炼技术；云锡公司引进了锡精矿熔炼技术；金川公司与吉恩镍业公司引进了镍精矿的澳斯麦特熔炼技术。1992 年美国 Crprus Miami 冶炼厂用艾萨熔炼炉替代了矿热电炉；2002 年云南铜业引进艾萨熔炼炉用于铜精矿熔炼，之后又建立了铅冶炼厂。

澳斯麦特熔炼法与艾萨熔炼法与其他熔池熔炼工艺一样，都是在熔池内熔体－炉料－气体之间造成的强烈搅拌与混合，大大强化热量传递、质量传递和化学反应的速度，以便在燃料需求和生产能力方面产生较高的经济效益。澳斯麦特熔炼法与艾萨熔炼法的喷枪是竖直浸没在熔渣层内，喷枪结构较为特殊，炉子尺寸比较紧凑，整体设备简单，工艺流程和操作不复杂，投资与操作费用相对低。

澳斯麦特炉与艾萨炉分别如图 5-1 与图 5-2 所示。

这两种方法在备料上具有共同点，原料均不需经过特别的准备。含水小于 10% 的精矿或精矿混捏后直接入炉。精矿水分过大会使能耗上升，通过制粒或混捏可大大降低烟尘发生率。混合物料通过炉加料口加入到炉内，炉料自由下落到熔池表面，在气流搅动卷起的熔体作用下，进入熔池融化。

澳斯麦特熔炼法与艾萨熔炼法的优点如下：

（1）熔炼速度快，生产率高。艾萨炉用铜精矿熔炼，床能力最高已达到 238t/(m² · d)，一般达到 190.8 t/(m² · d)。这种炉子在仅提高富氧浓度的条件下，生产能力可以大大提

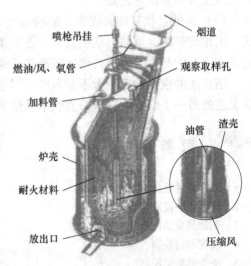

图 5-1　澳斯麦特炉体结构

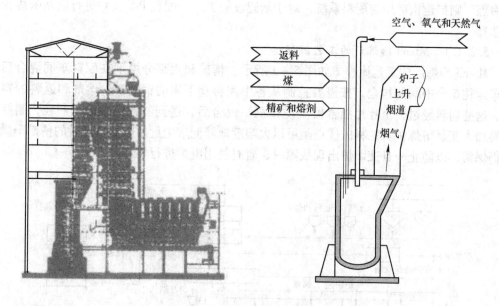

图 5-2 艾萨炉配置与炉体结构

高。产能 10 万吨/年与 20 万吨/年的工厂，熔炼炉体的规格尺寸相似，仅喷枪富氧浓度有较大区别。

（2）建设投资少，生产费用低。由于炉体结构简单，因此建设速度快、投资少。

（3）原料的适应性强。澳斯麦特/艾萨工艺对处理的原料有较强的适应性，不仅可处理品质好的精矿，也能处理杂质含量高的精矿，甚至用于处理工业废弃物与电子垃圾等。

（4）与已有设备的配套灵活、方便。澳斯麦特/艾萨炉的占地面积小，建设周期短，可与其他的熔炼工艺设备配套使用。特别适合用于老厂改造与工艺技术更新升级等。

（5）操作简便，自动化程度高。

（6）燃料适用范围广。喷枪可以使用粉煤、碳粉、油和天然气等燃料。

（7）良好的劳动卫生条件。

澳斯麦特/艾萨工艺存在的不足为：

（1）炉寿命较短，最好水平达到了 28 个月（艾萨炉）。

（2）喷枪定期更换，影响生产连续运行。

（3）生产运行指标的稳定控制尚需进一步提高。

5.2 澳斯麦特/艾萨熔炼的生产工艺

5.2.1 熔炼工艺流程

澳斯麦特/艾萨熔炼工艺对于老厂的旧工艺改造有很大的灵活性与适应性，因此，各大工厂的改造工艺流程有所区别。一般来说，原来使用矿热电炉的工厂基本上保持了已经有的工序，只在电炉前面加了澳斯麦特炉或艾萨炉作熔炼铜精矿的设备，利用原来的电炉进行炉渣贫化。炉料准备系统亦可以不作改造。Miami 厂与云南冶炼厂属于此类项目。金昌冶炼厂则扩建精矿库与配料系统。对于新建设的工厂，配置 P-S 转炉进行间断吹炼为最佳选择。

5.2.1.1 Miami 冶炼厂的工艺流程

Miami 冶炼厂的工艺流程图如图 5-3 所示。精矿和大部分熔剂在配料车间混合后用铲车运往 5 个中间储料仓，按需要控制从各中间料仓下来的铜精矿、熔剂和返料的料流量。这些物料经过一个叶片混合器（搅拌机）混合后，送到制粒机中进行制粒，制好的粒料加入艾萨熔炼炉。粒料的优点是可以大幅度地降低烟尘量，电炉熔炼时的精矿干燥系统仍保留，以防止一旦艾萨炉出现故障时，暂时使用电炉进行熔炼。

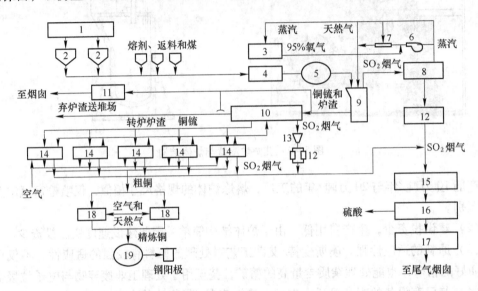

图 5-3　Miami 冶炼厂的工艺流程图

1—配料车间；2—加料仓；3—氧气站；4—浆式混合器；5—制粉机；6—工艺风鼓风机；7—预热器；8—余热锅炉；9—艾萨熔炼炉；10—贫化电炉；11—废气洗涤塔；12—电收尘器；13—旋涡收尘器；14—转炉；15—星型冷却器、烟雾电除尘；16—硫酸车间；17—尾器烟囱洗涤塔；18—回转阳极炉；19—阳极浇铸机

从艾萨炉出来的铜锍和炉渣的混合熔体通过溜槽进入电炉进行沉淀分离。

氧气浓度为 50% 的富氧空气通过喷枪专用通道喷入炉内。内管为天然气通道。喷枪末端有一个旋流器将两者混合。天然气和煤是用来做补充热源的。空气由原转炉的鼓风机房供应，氧气由能力为 12544km³/d 的氧气站供应。

艾萨熔炼炉内，熔池内液面距炉底 1219~2134mm，每半小时将熔体排入电炉一次，每次排放时间约 10min。

从艾萨熔炼炉上部出口出来的烟气经上升烟道的烟罩排出。烟罩由冷凝管构成，从上升烟道过来的烟气通过余热锅炉的辐射部和对流段后进入电收尘器。余热锅炉中收集的粗烟尘破碎后，由气动输送装置送到一台烟尘仓中。电收尘的烟尘则由螺旋输送机送到烟尘仓中。

从艾萨炉流出的铜锍与炉渣的混合熔体，由两条溜槽分周期流入贫化电炉进行贫化。贫化电炉面积为 51m²，配有 6 根电极。必要时可向贫化电炉加入熔剂与铁块进行渣型调整。电炉的一侧设有烟道，烟道出口安装有喷水和辐射冷却器来冷却烟气。烟气中的粉尘经烟道下部的集尘灰斗收集后返回电炉。电炉渣用渣包运送至渣场弃去。铜锍送转炉进行吹炼。

除尘后熔炼炉烟气与转炉烟气混合在一起，SO_2 浓度为 7.5%，送往鲁奇式双接触法制酸车间制酸。制酸尾气烟囱安装了一台二次苏打灰洗涤器，以确保尾气中 SO_2 浓度达到环境排放标准。

5.2.1.2 侯马冶炼厂工艺流程

侯马冶炼厂是典型的澳斯麦特工艺新建工厂，熔炼与吹炼工艺均采用澳斯麦特炉。是世界上首家采用澳斯麦特炉进行铜熔炼与吹炼的工厂。熔炼炉使用的喷枪为 4 层套筒结构，喷枪使用的燃料是粉煤车间制备的粉煤。喷枪富氧浓度为 40%，锅炉出口的烟气中 SO_2 浓度为 9% ~ 10%。炉内熔体由溢流堰流入沉降炉（后改造为贫化电炉）进行沉降分离并完成熔渣贫化。排放炉渣含铜 0.6%，水淬后弃去。铜锍间断地流入吹炼炉进行周期性吹炼。也可以将熔锍水淬后由炉顶加入到吹炼炉当中。烟气通过炉顶烟道、余热锅炉、电收尘器送入制酸车间；并根据烟尘当中铅含量的高低，或开路处理或返回熔炼炉处理。侯马冶炼厂工艺流程如图 5 - 4 所示。

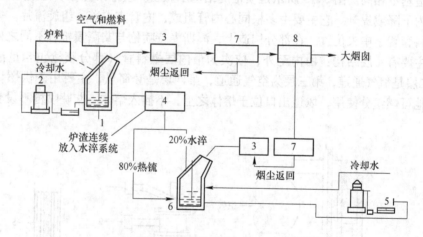

图 5 - 4 侯马冶炼厂工艺流程

1—熔炼炉；2—熔炼炉冷却系统；3—余热锅炉；4—燃油加热沉降炉；5—吹炼炉冷却系统；
6—吹炼炉；7—电收尘器；8—制酸

5.2.2 熔炼过程简介

在正常的熔炼过程中，铜精矿、石英石、石灰石、块煤及返回的烟尘经圆盘制粒机混合后，由炉顶加料皮带加入炉内，混合物料的水分控制在 6% ~ 10%。熔炼所需的空气、氧气、重油(柴油)及不同压力的压缩空气由喷枪系统喷入炉内，喷枪内富氧空气中氧浓度根据要求进行设定。炉内熔池在喷枪的强制作用下呈"沸腾"状态，熔池的温度设计要求控制在 1180℃左右。混合物料在炉内下降过程中受热，进入熔池熔化后完成熔炼过程，生成铜锍与炉渣的混合物，对澳斯麦特炉由溢流堰口连续排出，对艾萨炉则直接由炉体下部排放口直接排放。混合熔体通过溜槽注入贫化炉进行澄清分离，从贫化炉内放出的铜锍品位要求控制在 49% ~ 55% 之间，由贫化炉渣口排出的弃渣要求含铜量在 0.7% 以下。

　　熔炼过程中所需的热量主要来自重油(柴油)与块煤的燃烧、硫化物的氧化反应和造渣反应。块煤与其他物料混合在一起由加料口加入到熔池内,在炉内湍流的熔池内与燃烧气体结合进行燃烧,放出大量的热量来调节炉内热平衡。在湍流的熔池内铜精矿中的高价硫化物进行分解,生成低价硫化物与不稳定的单价硫,在炉富氧的作用下进行氧化,放出大量的热。

　　生成的大量气体离开熔池后,含有一定量的 CO 与 S_2。澳斯麦特炉使用套筒风在炉子内部进一步燃烧,同时,利用炉口漏风进一步调整烟气成分,艾萨炉喷枪一般不设置套筒风,但可以使用备用风管向炉内补充空气。炉内控制在微负压下操作,生成的烟气由余热锅炉上升段进入余热锅炉。余热锅炉产生含铜返料由工程车运走,待进一步处理。烟气进入电收尘后,产生的烟尘由管道送至配料厂房的烟灰料仓,通过配料返回加入熔炼炉内。经过电收尘后烟气进入制酸系统进行制酸。

5.3　澳斯麦特/艾萨炉的喷枪

　　澳斯麦特/艾萨炉的基础是一种直立浸没式喷枪,称为赛洛(Siro)喷枪。两种炉型的喷枪构造基本相同。图 5-5 所示是喷枪的结构示意图。喷枪吊挂在喷枪提升装置架上,便于在炉内下降或提升。它主要由多根同心内管组成,内管支撑着一组旋流片。一根较小的输送燃料管置于中央位置。在部分构造上,澳斯麦特喷枪与艾萨喷枪有不同之处。澳斯麦特喷枪主要有4层结构:由内至外,依次为最内层燃料管(部分喷枪包含重油雾化风管),第二层是氧气通道,第三层为空气通道,第四层是套筒风,主要用于供燃烧烟气中的硫及其他可燃组分使用,风道出口位于熔体之上,不插入熔体。艾萨喷枪不设套筒风管

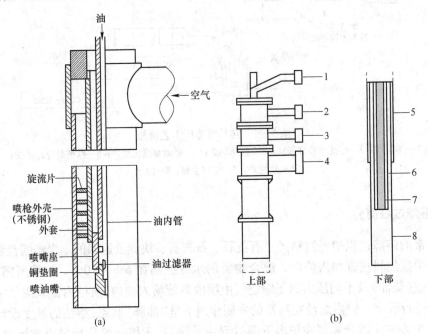

图 5-5　喷枪结构示意图

(a)赛洛喷枪结构;(b)澳斯麦特喷枪四层结构示意

1—燃油管;2—氧气管;3—空气管;4,5—套筒风管;6—空气管;7—氧气管;8—燃油管

结构，喷枪采用两层同心套管，内管为燃料通道（艾萨喷枪燃料多为燃油），外管为富氧空气通道。喷枪前部设置一个旋流器将富氧空气和燃油均匀混合。

赛洛喷枪的头部插入熔渣面以下 200～300mm，熔体在喷枪风的作用下产生剧烈的湍流，同时还产生旋转运动。赛洛喷枪喷出气体压力在 50～250kPa 之间，压力较低，动力消耗较少。

燃料（煤、天然气、或油）通过喷枪中心的管子向下供入熔池，并在浸没于熔池中的喷枪头部燃烧，而空气或氧气则通过外侧的管道输入，将气体喷射与浸没燃烧结合起来。这个过程中，流过环形通道的气体使喷枪保持较低的温度，以使喷枪外壁的熔渣冷却并凝结，在喷枪外壁上形成一层固态凝渣保护层。固态凝渣保护层可防止液态熔体到达喷枪金属表面，使喷枪有效地免受熔池中高温液体的烧损与侵蚀。

基于赛洛喷枪的工作原理，该喷枪系统必须满足两个重要条件才能运行：一是必须使喷枪的外壁始终保持一层固态凝渣保护层以保护喷枪外壁的结构强度；二是喷枪壁必须充分冷却。这两个条件是紧密相连的，因为只有喷枪壁面保持低温才能使其表面形成固态凝渣保护层，使喷枪寿命延长。延长喷枪寿命的方法有改进喷枪头部的材质、在反应空气中加入水或煤粉及控制喷枪传热等。其中，控制喷枪传热，使喷枪壁传给反应空气的热量足够大，以至喷枪枪壁外侧形成一层稳定的固态凝渣保护层是最有效的措施。

5.4 澳斯麦特/艾萨炉炉体结构

5.4.1 澳斯麦特/艾萨炉炉型与结构

5.4.1.1 澳斯麦特/艾萨炉炉型

澳斯麦特/艾萨炉的炉体几何形状不仅对床能力、炉衬寿命和原材料消耗等技术经济指标有重要的影响，还直接关系着冶炼工艺的顺利进行与否，也决定着厂房高度和主要设备尺寸。

澳斯麦特/艾萨炉的炉型结构多为筒球型。炉体为截头斜圆锥型或平顶圆柱型（图5-6、图5-7），炉身为圆柱体，炉底多为球缺型或反拱型。熔池由圆柱体与球缺两部分组成。这种炉型的特点是形状简单，炉壳制造容易，砌砖简便，形状接近于熔体的流动轨迹，有利于反应的进行。

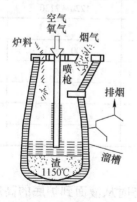

图5-6 球缺型炉体

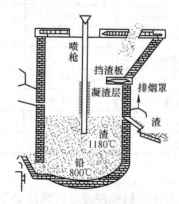

图5-7 反拱型炉体

5.4.1.2 炉型主要参数

A 单位熔炼强度

单位熔炼强度是炉型设计和衡量冶炼工艺技术性能的一个非常重要的参数。它的大小决定了炉子熔炼容积,对操作、喷溅、炉衬寿命等都有比较大的影响。单位熔炼强度太大,即炉膛反应容积小,满足不了冶炼反应所需要的空间,容易造成喷溅和溢流,给冶炼操作带来困难,降低金属直接回收率,并加剧铜锍与炉渣对炉衬的冲刷侵蚀,缩短炉寿命,同时也不利于提高鼓风强度、强化生产,限制了生产能力的提高。如果单位熔炼强度太小,势必增加炉子高度,相应增加厂房的高度。实践指出,炉子高度每增高 1m,厂房高度相应要增高 2m,这样导致厂房的基建费用增加。确定单位熔炼强度时,要注意以下因素:

(1)供氧强度(鼓风强度)。如果采用较大的鼓风强度,则炉内反应激烈,单位时间内从熔池排出的气体和升华硫多,若无足够的炉膛空间,则会导致喷溅增加,因此单位熔炼强度可选小一些;反之,可大些。

(2)铁硅比。选择较低的铁硅比,单位熔炼强度可大一些;较高的铁硅比,容易使 FeO 氧化成 Fe_3O_4,生成泡沫渣,单位熔炼强度可低一些。

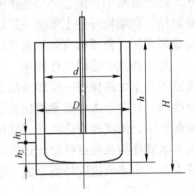

图 5 - 8 炉体主要尺寸示意图

(3)炉容积。小炉子炉膛小,操作困难,单位熔炼强度应小一些;大炉子吹炼平衡容易控制,单位熔炼强度可大一些。澳斯麦特/艾萨熔炼工艺单位熔炼强度差别很大,近来有急剧增加的趋势。图 5 - 8 所示为炉体主要尺寸示意图。表 5 - 1 列出了几个工厂的澳斯麦特/艾萨炉的尺寸。

表 5 - 1 澳斯麦特/艾萨炉的尺寸

项　　目	金　昌	侯　马	Miami	艾　萨
炉子外径 D/mm	5380	5240		
炉子内径 d/mm	4400	4400	3568	3500
圆柱体高度 H/mm	9225	9000	13000	
炉体总高/mm	13100	11965	13716	14000
熔池液面高度 h/mm	1310	1200	1220 ~ 2130	
高径比(H/D)		2.28		
喷枪直径/mm	400	250	500(外)	450
熔体排放形式	连续	连续	间断	间断
炉渣铁硅比	1.2 ~ 1.4	1.1 ~ 1.3		
加料量/t · h^{-1}	53	27		
富氧浓度/%	40	40		

B 熔池尺寸

(1)熔池深度。熔池深度是指熔池处于静止状态时从液面到炉底的高度。它是熔池重要尺寸参数。熔池应该有一个合适的深度,既保证熔体得到激烈而又均匀搅拌,又不会使气流股触及炉底，以达到在提高生产力的同时保护炉衬。如果熔池过浅，高温反应区距炉底近，炉底侵蚀快，寿命低，还容易喷溅。如果熔池过深，则搅拌效果差，熔体中的气泡滞留体少，气体－熔体－固体炉料间的反应界面积小，不利于反应进行。

（2）熔池直径。对于圆柱形的澳斯麦特/艾萨炉，熔池直径等于炉子内径。它也是炉型尺寸中最重要的参数。只有当熔池直径确定以后，其他尺寸才随之确定。熔池直径的确定，一般首先是用经验公式进行计算，再把计算结果与处理能力相同、生产条件相似、技术指标比较先进的炉子参数进行对比，而后做适当调整。有条件时以模拟实验研究结果作为计算基础。

5.4.2 炉体

5.4.2.1 炉衬耐火材料

澳斯麦特炉与艾萨炉在炉衬结构上的思路是完全不同的。从使用效果来看，艾萨炉的寿命比澳斯麦特炉的长。艾萨炉的炉衬构筑又分两种主要形式，一种是 Mount Isa 公司的艾萨炉，另一种是美国 Cyprus Miami 冶炼厂的艾萨炉。

A 艾萨炉炉衬

a Mount Isa 公司的艾萨炉

Mount Isa 公司的艾萨炉的主要构筑特点是除放出口加铜水套进行冷却以保护砖衬外，炉体其余部位不加任何冷却设施。炉身（侧墙）及炉底采用 RADEX（奥镁）公司生产的铬镁砖，底部砌砖型号为 CMS，其余为 DB505。砖厚 450mm，与炉壳钢板之间填充一层保温材料。炉壳为炉子的承重结构。

b Cyprus Miami 冶炼厂的艾萨炉

Miami 冶炼厂的艾萨炉侧墙下部为铜水套与砌砖，在厚度为 450mm 的耐火砖（DB505 - 3）工作层外砌筑铜水套。水冷铜水套的使用效果良好。在炉子运行后期，该砖层的厚度还有 100mm，并一直稳定在此，不再进一步腐蚀。侧墙上部结构为单一的（DB605 - 13）铬镁砖砌筑。炉底为 CMS 铬镁砖砌筑，寿命长达 8 年多。

艾萨炉有两个插入贫化电炉侧墙的放出溜槽，它们基本上是平行的，由行车轨道式直线开孔机开孔。

炉子的上升烟道配有水冷防喷溅夹套，用于减少熔体颗粒进入烟气。炉顶部分最先采用了冷却铜水套，但以后改用了水冷钢水套。生产过程中由于喷溅物从烟道口进入烟道，造成烟道与锅炉黏结。为此，在烟道口设置有阻溅块，初期为铜水套，后来，发现供给二次燃烧及单体硫氧化需要的二次风由炉子侧墙鼓入后会使炉墙内壁产生黏结，故将沿炉壳圆周均匀分布的 4 个二次风喷吹管集中到侧墙原阻溅块的位置吹入，有意地造成喷溅结渣，并且不断长大，形成了由炉结组成阻溅块，取代了铜水套阻溅块，效果良好。

B 澳斯麦特炉炉衬

在炉子内衬的处理上，澳斯麦特炉的思路是让高温熔体黏结在炉壁砖衬上，即用挂渣的方法对炉衬进行保护。要在炉衬壁上留下一层固体渣，就要求炉壁从炉内吸收的热量及时向炉壳外传递出去，使炉衬内表面的温度低于熔体的温度。于是，澳斯麦特炉采用了高导热率的耐火材料砌筑，并且在炉壁和外壳钢板之间捣打厚度为 50mm 左右的高导热性石墨层。早期炉体设计中采取钢板外壳表面并用喷淋水进行冷却。喷淋水冷却部分从第一节斜烟道开始直到炉子下部钢外壳。后期炉体设计方面逐步使用内置铜水套、外设钢水套的结构。

炉底采用 RADEX 公司铬镁砖砌筑成反拱形,向安全口倾斜。砌砖下面用捣打料筑成出约 600～700mm 厚的反拱形状。

5.4.2.2　排放口、堰体与安全口装置

澳斯麦特炉与艾萨炉的炉渣与铜锍一般为混合熔体,混合排入贫化炉中进行贫化及铜锍与炉渣分离。

艾萨炉多用间断排放方式,直接由炉体下部的排放口直接排入溜槽,流入贫化炉。排放过程中,炉内液面不断下降,喷枪随着液面下降维持给炉内熔体加热和成分调整,达到排尽炉内存渣效果。

澳斯麦特炉多采取溢流堰结构,实现连续排放。熔融的混合熔体通过炉上的一个孔连续地流入堰体。溢流堰设计用来使澳斯麦特炉在所有时间维持一个固定的熔池高度(标高),从而实现喷枪在固定液位操作。生产当中,液面与投料量的大小有关。另外,可以通过改变堰体出口高度来调节炉内液面高度。铜锍和渣从堰出口溢流入流槽。使用一个油烧嘴维持熔体的流淌效果,以防熔体在堰内冻结。

在紧急情况下,炉料可以通过固定在炉底的一个紧急排放口排出。该紧急排放口与炉膛水平,并设置在远离溢流堰孔的地方。该排放口也用于计划检修时将炉内熔体排空。

5.5　澳斯麦特/艾萨熔炼工艺实践

5.5.1　炉子操作

空炉的升温和形成起始渣熔池是澳斯麦特/艾萨炉启动的关键步骤。耐火材料升温要求严格执行耐火材料供应商提供的升温曲线。操作者不断监控炉内渣熔池的熔化情况及熔渣的化学成分。

以澳斯麦特炉为例。

(1)开炉基本程序。备用烧嘴升温至 800℃→启动喷枪升温至 1200℃→开始化渣造熔池(350－400mm)→喷枪挂渣→试生产熔炼→正常熔炼。

(2)熔融渣池的形成。一台新炉的开车投料生产或恢复一台排空了的 AUSMELT 炉的生产,至少在炉底生成一个高度为 350mm 渣熔融池。生成这一熔池一般需用 20t 熔炼炉水淬渣。

5.5.2　炉子的保温

炉子的保温是指在工艺/操作恢复之前测量或维修完成时的一个短时间内,由备用烧嘴或喷枪维持炉子和熔池温度的阶段。

如果喷枪或备用烧嘴被用来维持炉温,则最小的渣面(大约 350mm)应保持,以利于快速恢复生产。不提倡大量的物料留在炉子内很长时间,即应避免遗留高于 500mm 的物料在炉内超过 8h。为了获得要求的渣面,需使用紧急排放口进行炉料的排放。

5.5.3 停炉

（1）停炉条件。炉子停车一般由于下列原因：

1）部分耐火材料损坏要求进行重砌；

2）耐火材料总寿命结束；

3）其他关键设备的故障，以致不能继续维持生产。

（2）停炉种类。停车分两种类型：

1）计划（可控）停车；

2）紧急（非控制）停车。

在一些停车情况下，需要排空炉内物料。包括：

1）炉子要冷却至室温，以更换耐火衬；

2）可以推知喷枪和备用烧嘴均不能用来维持炉温；

3）溢流堰严重损坏或完全堵塞，如果继续正常操作将是不安全的。

（3）耐火材料寿命的终止。耐火衬寿命的终止由下列情况表现出来：

1）炉壳上局部过热；

2）炉内物料的泄漏；

3）炉子任何区域的耐火材料的大范围塌陷。

如果这些情况中的任一种出现，炉子就需要停车维修。这种维修应包括全部重砌或部分重砌。

（4）炉子的排空。炉子的排空包括炉内所有熔融炉料的排出。

无论是计划的或紧急情况下，紧急排放口都将用于排空炉子。所有遗留在炉内的熔融物料均应排入紧急流槽，并流入电沉降炉内。

1）停车和排料——计划

一旦操作者认为需排空或以控制方法来冷却炉子，熔炼操作就需停止（即加料立即停止，渣和铜锍混合物的溢流传送也随之停止）并需排空炉子。

紧急排放口将用于排空炉子。所有遗留在炉内的熔融物料将排入紧急流槽，继而转入电沉降炉。

当排空完成时，应在点燃备用烧嘴后提出喷枪，开始控制炉温的冷却过程。

2）停车和排料——紧急

在紧急情况下，诸如烧穿炉体，堰损坏或喷枪和烧嘴完全损坏，就需紧急排空炉子。这个与控制排料基本相似，然而，在这些紧急情况下，操作者没有时间准备。在紧急情况下，紧急排放口将用于排空炉子。所有留在炉内的熔融物料将排入紧急流槽，然后转入贫化炉。

在紧急停车和排料情况下，炉子的温度控制是不可能进行的。炉内熔体将会很快冷却，因此尽快打开排放口是非常重要的。

维持紧急排放操作设施完整与可立即投入使用是安全规程的重要部分，应使排放区域保持安全可靠，以准备在紧急情况下立即使用。

操作者应确保在这些情形下，所有的安全考虑是周到的，否则将不能进行紧急排放。

5.6   生产故障及分析

5.6.1   喷枪浸没端寿命短

喷枪浸没端寿命取决于喷枪风管外壁固态凝渣层保持状况，即挂渣质量，渣能否保持住，可以通过将喷枪提至在静态液面 100~300mm 上，停枪 1~2min，从烧嘴测量口观察枪上挂渣如何，操作中要求做出枪一次挂一次渣。造成挂渣质量不好的因素如下：

(1) 渣层过薄（小于 300mm）；

(2) 挂渣时枪位不当，浸没式挂渣容易烧枪；

(3) 挂渣时间不够；

(4) 熔池温度过高；

(5) 喷枪供风不足，冷却效果差，枪挂不上渣；

(6) 熔池表面结壳，枪挂不上渣；

(7) 渣成分不好，温度低，挂不上渣；

(8) 枪头形成"足球"在作业过程中脱落，将渣带掉；

(9) 枪位升降频繁，枪位在熔炼状态中浸没不适当。

危害：熔池中一侧搅动激烈，一侧搅动不够，造成反应不彻底、不完全，形成生料，温度低。

可以通过以下参数和现象进行判断：

(1) 喷枪风的反压发现变小；

(2) 枪烧坏，在熔池中能听见刺耳的声音；

(3) 从烧嘴口处观察，反应区域小，不剧烈；

(4) SO_2 含量明显下降；

(5) 烟气温度明显升高。

处理：更换一只新的喷枪进行重新挂渣作业，并根据分析的原因进行逐项调整。

5.6.2   耐火材料侵蚀速度快

(1) 造成炉寿命短的主要原因：

1) 耐火材料选择不当；

2) 耐火材料升温质量、保温效果不佳；

3) 炉况与渣型控制不当等。

(2) 采取的主要措施：

1) 耐火材料材质方面。耐火材料的材质选用低气孔率、热震稳定好、耐压强度大且抗磨性能优的铬铝尖晶质耐火材料替代镁铬质耐火材料，具有更好的使用效果。镁铬质耐火材料与铬铝质耐火材料对比见表 5-2。

热力学计算研究表明，AUSMELT 炉内铜熔渣中的 FeO 能与铬铝尖晶石质耐火材料中存在的 Cr_2O_3 和 Al_2O_3 形成尖晶石保护层。FeO 与 Cr_2O_3 能形成熔点高达 2100℃ 的铁铬尖晶石 $FeO \cdot Cr_2O_3$，FeO 与 Al_2O_3 能形成熔点高达 1780℃ 的铁铝尖晶石 $FeO \cdot Al_2O_3$。

表 5 - 2 镁铬质耐火材料与铬铝质耐火材料对比

材 质	耐火度 /℃	显气孔率 /%	体积密度 /g·cm^{-3}	常温耐压强度 /MPa	荷重软化温度 (0.2MPa)/℃
镁铬质	1700	21～23	2.95	55	1730
铬铝尖晶石质	≥1860	≤12	≥3.45	≥136	1700

2）炉内温度控制方面。要求严格执行升温曲线与降温曲线制度进行升温与降温。在更换喷枪的过程中和在出现事故停车时，对炉内耐火材料的保温不充分不均匀，在铜水套冷却水的作用下会使得部分耐火材料急冷；而在启动喷枪进行生产的过程中，耐火材料又要经过一个急热的过程。如此的急热与急冷状况的出现对炉内耐火材料的使用寿命是一个严峻考验。

通过提高喷枪的使用寿命、降低配套设备与设备的故障率等手段可提高澳斯麦特炉的作业率，从而减少澳斯麦特炉的停产保温时间。在保温期间，尽量采用喷枪进行可控保温。仅这一项，年作业率可提高 15% 左右。

保温烧嘴效果也相当重要。

3）炉况与渣型控制方面。实践证明挂渣炉渣控制以 Fe_3O_4 为重点效果较好，炉渣中 Fe_3O_4 高于 10%，导致炉渣的黏度上升，低于 8% 则炉壁挂不上渣。所以在开炉和重新启动喷枪时需进行提高炉渣中 Fe_3O_4 含量的操作，加强炉壁挂渣作业对保护炉衬非常有利。另外，在熔炼过程中应控制炉内氧化气氛，保证炉渣中 Fe_3O_4 的含量在 8%～10% 之间。澳斯麦特炉熔炼过程中希望得到流动性好，即黏度小的炉渣。典型的澳斯麦特炉渣成分为：Fe 34%～39%；SiO_2 28%～32%；CaO 5%～8%。炉渣的熔点位于 1100～1150℃，生产过程中熔炼温度控制 1170～1190℃ 之间。过热度为 40～60℃。真正实现低熔点、低过热度的熔炼控制。

5.6.3 泡沫渣

（1）泡沫渣产生原因：

1）渣型不好，黏度大，气体不能正常从渣中溢出，使渣体积增加，形成泡沫渣，如 SO_2 气体亲和力小，很难形成大气泡，随着气体不断增加，将渣面托起，从炉子加料口、烧嘴口等处溢出；

2）断料或原料成分变化（S、Fe 含量明显降低）而风、氧量又没有相应地减少，就有可能出现过氧化情况，产生泡沫渣；

3）熔池中不同气势分层，在喷枪突然搅动下剧烈反应，产生大量气体，来不及从渣中溢出，产生泡沫渣；

4）喷枪烧坏严重；

5）炉温过低。

（2）确定与判断处理：

1）泡沫渣存在时，与喷枪流量无关，喷枪噪声突然变小；

2）当喷枪头离开渣池时，喷枪声音变化不大，渣子从炉顶溢出；

3）用测量杆测量时，渣面很高，渣样中有气泡；

4）烟气中含 SO$_2$ 突然变化（如加料阻塞时，SO$_2$ 含量降低），一旦形成泡沫渣，泡沫渣要么停留在炉内，要么从炉顶口溢出。操作者必须将枪升到备用位置，让炉内熔体静置，喷枪在渣面上送风有助于渣的沉降，必要时，加入还原煤，并检查喷枪头是否在渣面上；否则进一步提枪，用吸铁石对冷渣样试验，若渣中无磁铁，则是其他原因形成泡沫渣，若是有磁铁，表明渣是过氧化渣，须用块煤还原，不必加入其他料，喷枪应重新浸入深池加热，该操作不会形成泡沫渣。若是操作者没有及时判断炉内已有泡沫渣形成，继续熔炼，泡沫渣就会从炉内溢出，这是很危险的。操作者应按下附近的紧急停车按钮 ESD 系统，其启动时会有报警声，通知炉子附近的人——有紧急事故，赶快撤离事故现场，等泡沫渣停止溢出，外溢的渣子冷却后，操作者才能去炉顶清理操作台，将喷枪提出炉外，检查枪头，必要时换枪，启用保温烧嘴，对炉子进行保温，寻找泡沫渣形成的原因，对工艺和操作条件做出相应调整。

5.7　主要技术经济指标

表 5-3 列出了典型铜精矿熔炼的澳斯麦特/艾萨熔炼法生产厂家的技术经济指标。

表 5-3　典型的澳斯麦特/艾萨熔炼法生产厂家的技术经济指标

项　　目	单　位	Miami	Mount Isa	侯马冶炼厂	铜　陵
工艺流程		艾萨熔炼－贫化电炉－PS 转炉	艾萨熔炼－贫化电炉－PS 转炉	澳斯麦特熔炼－贫化电炉－澳斯麦特吹炼	澳斯麦特熔炼－贫化电炉－PS 吹炼
精矿成分 Cu	%	27.5～29.0	24.5	23～26	22～27
Fe	%	26～28.5	25.7	26～29	26～30
S	%	31.5～33.25	27.6	29～32	27～32
SiO$_2$	%	4～5	16.1	5～13	5～8
水分	%	9.5～10.25		7～12	8～10
燃料率	%		煤 5.5	煤 8.8	煤 5.0
处理精矿量	t/h	平均 76.46，最大 95.46	98（另加返回料 14）		80～100
喷枪供风量	m^3/min	425～566	840	200～260	280～310
喷枪供氧量	m^3/min	283		63	200～225
富氧浓度	%	47～52	42～52	40	40～47
炉子烟气量	m^3/h	76000			100000
熔池温度	℃	1166～1171		1160～1200	1180～1200
炉子作业率	%	>94			>90
炉寿命	月	>15	>18		>12
喷枪头更换周期	d	15		11	15
烟气 SO$_2$ 浓度	%	12.4		6～10	12～14
锍品位	%	56～59	57.8	58～62	48～55

项　目	单 位	Miami	Mount Isa	侯马冶炼厂	铜 陵
炉渣含铜	%	0.5 ~ 0.8	0.59	0.6 ~ 1.5	0.5 ~ 0.7
炉渣含 Fe_3O_4	%	8 ~ 10		5 ~ 7	8 ~ 10
炉渣中 Fe/SiO_2		1.35 ~ 1.45	1.1	1.1 ~ 1.3	1.2 ~ 1.4
炉渣中 SiO_2/CaO		6	5.25	4 ~ 6	4 ~ 6
炉渣中 Fe^{3+}/Fe^{2+}		0.2		0.16	
贫化渣温度	℃	1199 ~ 1206			1190 ~ 1230
喷枪出口压力	kPa	50	50	150	100

澳斯麦特炉发展主要过程及特点：

（1）1992 年开始工业化，1999 年在中条山投产的澳斯麦特熔炼炉和吹炼炉均是世界第一套炼铜澳斯麦特工业熔炼炉和吹炼炉。

（2）2008 年在金川投产的澳斯麦特炉是世界第一台炼镍澳斯麦特炉。

（3）澳斯麦特炉的应用主要在中国、韩国，炼铜的精矿处理量除铜陵金昌、大冶有色外，均小于 50 万吨/年，金昌精矿处理量实际超过 70 万吨/年，大冶有色澳斯麦特炉设计能力为年产粗铜 30 万吨，为世界处理量最高的炼铜澳斯麦特炉。

（4）金川炼镍澳斯麦特炉设计精矿处理量为 100 万吨/年，为世界处理量最大的澳斯麦特炉。

（5）澳斯麦特炉还能够处理浸出渣、铅厂含铜残渣等含铜废料及其他含铜二次物料。

（6）澳斯麦特炉还用于镍精矿、铅精矿、锡精矿、镍铜锍等的冶炼，还用于处理锌浸出渣、铅熔炼渣（QSL 炉渣）、电池糊、城市垃圾等，对原料的适应性很强。

艾萨炉发展主要过程及特点：

（1）艾萨炉最早用于炼铅，1987 年 Mount Isa 建了一座炼铜半工业试验炉，调查该技术炼铜的可行性。1992 年在 Mount Isa 和美国的迈阿密分别投产了 1 座工业炼铜艾萨炉，干精矿处理量分别为 115t/h 和 80t/h。

（2）1999 年单炉精矿处理量首次达到 100 万吨，最新的艾萨炉设计精矿处理量达到了 130 万吨。

（3）目前的业绩主要集中在铜精矿冶炼上，没有锡精矿、镍精矿、铜锍冶炼的应用业绩；铅精矿的冶炼仅有两座炉子，一座已经停产；可用于再生铜、铅、贵金属的生产。

 思考题

5 - 1　顶吹熔炼工艺特点有哪些？

5 - 2　比较澳斯麦特熔炼和艾萨熔炼两种工艺。

5 - 3　分析生产过程中可能出现的故障。

5 - 4　顶吹熔炼的原理是什么？

6 白银炼铜法

6.1 概　述

白银炼铜法是我国 20 世纪 70 年代发明的一种铜熔炼新工艺，因主要发明单位是白银有色金属公司而得名为白银炼铜法。

1980 年 8 月白银有色金属公司建成了一座大型白银炼铜炉（100m²）（简称白银炉，以下同），用它取代了原来的铜精矿沸腾焙烧炉和反射炉（210m²）。1985 年白银有色金属公司又进行了白银炉双室炉型的工业试验，成功解决了单室炉型存在的沉淀池燃烧废气进入熔炼区造成气流紊乱、降低熔炼烟气 SO₂ 浓度，及不利于对熔炼过程等控制的问题。1990年 100m² 白银炉被改造为双室炉型投入生产。1991 年在白银炉上大幅度增加了鼓入炉内的氧气量，进行了富氧（氧浓度为 47.07%）自热熔炼工业试验，并取得了成功。目前白银炉具备了 100kt/a 的生产能力。

表 6-1 列出了白银炉的空气熔炼、富氧自热熔炼以及原反射炉熔炼的技术经济指标比较。

表 6-1　三个熔炼阶段以及与原反射炉熔炼的指标比较

项　　目	单　位	原反射炉熔炼	白　银　炉		
			空气熔炼	富氧熔炼	富氧自热熔炼
熔炼床能力	t/(m²·d)	3.8	13.1	20.73	32.89
鼓风氧浓度	%		21	31.63	47.07
标准燃料率	kg/t	22.21	12.31	8.33	4.33
炉料含铜	%	17.59	16.3	16.99	17.88
炉料含硫	%	33.42	29.23	26.76	26.06
炉料含水	%	6~8	8.0	8.36	7.6
铜锍品位	%	22.94	30.11	35.64	49.87
炉渣含铜	%	0.381	0.43	0.476	0.938
贫化渣含铜	%				0.466
脱硫率	%		55.27	58.64	68.01
烟气含 SO₂	%	2.1	7~8	11.26	单室炉 16.69
烟尘率	%	6	4.67	3.33	3.06

6.2 白银炼铜法的工艺流程及特点

6.2.1 白银炼铜法的工艺流程

白银炼铜法的工艺流程有单室炉和双室炉两种,分别如图6-1(单室炉)和图6-2(双室炉)所示,两者在烟气处理上略有差异。

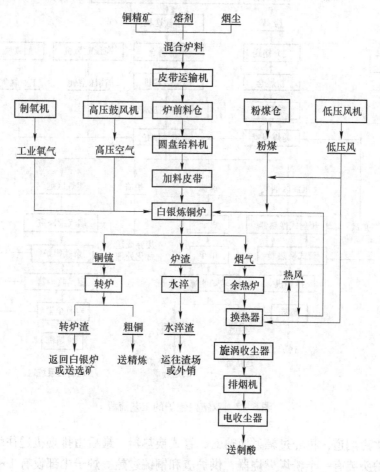

图6-1 单室白银炉的工艺流程

含水分8%左右的硫化铜精矿配以返料、石英石和石灰石等,由圆盘给料机控制给料量,经慢速给料皮带和熔炼区炉顶加料口连续地加入到白银炉熔池中。含氧为21%～50%的鼓风是由压缩空气和工业纯氧(含氧95%～99%)混合而成。富氧空气通过熔炼区侧墙风口鼓入1150℃的熔池。

熔炼区生成的铜锍和炉渣的混合熔体经隔墙下部通道进入沉淀区进行过热和沉降分离,产出铜锍和炉渣。铜锍由虹吸放铜口间断放出供转炉吹炼,炉渣由排渣口排出弃去或经贫化处理。

高SO$_2$浓度的高温烟气由熔炼区尾部直升烟道排出,经余热锅炉、旋涡收尘器、电除尘器后,再经排烟机送往硫酸车间生产工业硫酸。双室型白银炉沉淀区产出的含SO$_2$很少

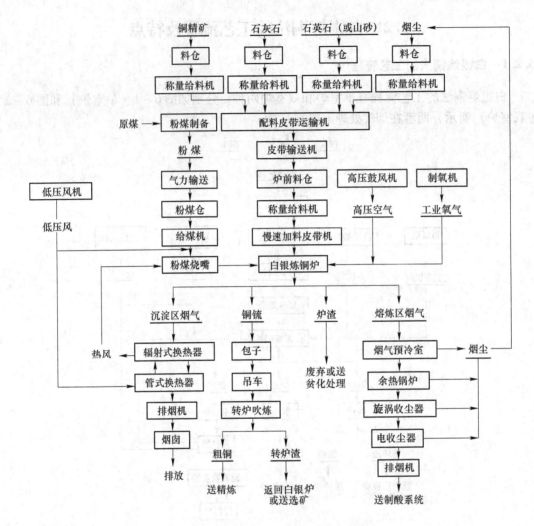

图 6-2　双室白银炉的工艺流程

的烟气先经水冷烟道，再经过辐射换热器、管式换热器，最后由排烟机送往烟囱排空。

白银炉炉头装有一个粉煤燃烧器，供炉渣和铜锍过热。炉子中部设有 1~2 个燃烧器，用于补充熔炼过程热量不够时所需的热。

转炉吹炼产出的转炉渣送选矿处理。也可以返回白银炉内进行贫化。

6.2.2　白银炼铜法的工艺特点

白银炼铜在基本原理上类似于诺兰达法，都属于熔池熔炼的范畴。经过近几十年的研究、发展已日趋完善。"白银炼铜法"主要具有以下特点：

（1）熔炼效率高。

（2）能耗较低。

（3）白银炉熔池中设置了隔墙，将整个炉子分隔成两个区：熔炼区和沉降区。隔墙的设置解决了熔炼区和沉降区动静的矛盾，同时强化了熔炼区及沉降区的作用。

（4）在熔炼区熔池中由于有足够的 FeS 和 SiO_2 存在,在鼓风的强烈搅动下 Fe_3O_4 能与之充分接触。而且,炉料中配有适量的煤,因此炉渣中 Fe_3O_4 含量低,一般为2% ~5% 。

（5）白银炉熔炼是将湿炉料直接加入炉内,随气流带走的粉尘量少;另外熔炼区鼓风搅拌激烈,翻腾飞溅的熔体对炉气夹带的粉尘起了良好的捕集作用,因而熔炼烟尘率相对较低,仅为3%左右。

（6）白银炉熔炼对原料的制备要求简单。

（7）白银炉熔炼的铜硫品位可容易地通过风矿比在较大的范围内进行调整。

（8）白银炼铜法对原料的适应性强,有利于共生复杂矿的综合利用。

（9）白银炉可使用粉煤、重油、天然气等多种燃料,适应性较强。

（10）白银炉在富氧熔炼过程中,炉料中有60% ~70% 的硫进入气相,烟气含 SiO_2 达到10% ~20% ,成分和数量比较稳定,所产烟气适用于两转两吸制酸工艺,硫的总利用率可达93% 。

与其他熔池熔炼炉相比,白银炉的本体结构和配套设备均比较简单,工艺过程稳定,易于被操作人员掌握。白银炼铜法的工艺技术已达到了世界先进水平,但目前的装备仍比较落后,需进一步完善、提高。

6.3　白银炉的结构

白银炉是一个固定式的长方形炉子。熔池被隔墙分为熔炼区和沉淀区两个部分。按炉膛空间的结构不同又可分为双室炉型（图6-3）和单室炉型（图6-4）。白银炉主体结

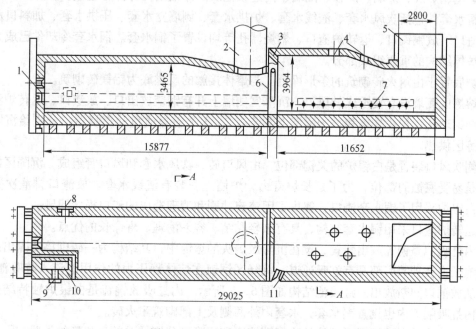

图6-3　双室式白银炉结构示意图

1—燃烧孔；2—沉淀区直升烟道；3—中部燃烧孔；4—加料口；5—熔炼区直升烟道；6—隔墙；

7—风口；8—渣口；9—铜口；10—内吸池；11—转炉渣返入口

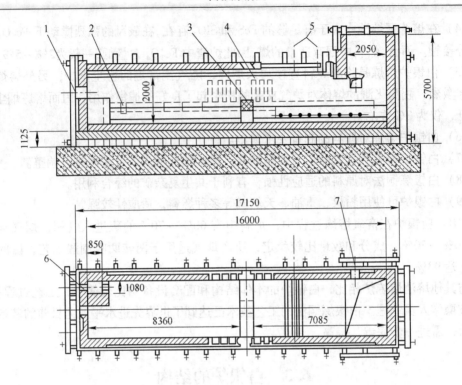

图 6-4　单室式白银炉结构示意图

1—燃烧孔；2—渣口；3—隔墙；4—中部燃烧孔；5—加料口；6—铜锍口；7—转炉渣返入口

构由炉基、炉底、炉墙、炉顶、隔墙、内虹吸池及炉体钢结构等部分组成。炉体上多处设置了铜水套，包括吹风水套、渣线水套、炉拱水套、侧墙立水套、压拱水套、加料口水套等。渣口、放铜锍口、返转炉渣口、燃烧器孔等均设置了铜水套。铜水套冷却件已成为白银炉炉体结构的重要组成部分。

炉底置于由耐火砖砌筑的条形垛上。与熔体接触的反拱底为铝镁砖砌筑。

熔炼区侧墙设有浸没式鼓风口。沉降区侧墙上开有铜锍放出口、放渣口、返转炉渣口以及加钢球孔。炉头端墙和炉中隔墙上共装有 2~3 个粉煤或重油燃烧器，分别给沉降区和熔炼区供热。

侧吹风口装置是白银炉的关键部位，由风口砖、吹风水套和风口管组成。沉降区侧墙渣线是易受腐蚀的部位，为了延长炉寿命，炉墙上安装有渣线水套。放渣口排渣次数频繁，白银炉采用了铜水套渣口，解决了因渣流冲刷和清理造成的渣口损坏问题。

返转炉渣口采用铜水套结构，具有减轻黏结、容易清理、寿命长的优点。

内虹吸池是铜锍放出装置，设在沉降区炉头的熔池中，其结构为一砖砌挡墙隔出的长方形池子，在挡墙底部开有虹吸通道，沉降区铜锍在熔体静压力的作用下流入虹吸池内，铜锍从放铜口间断放出。虹吸池结构如图 6-5 所示。内虹吸放铜锍是白银炉独特结构之一，内虹吸隔墙内也设置铜水套，水套内外两侧及上部砌筑耐火砖。

白银炉内的隔墙设置成功地解决了熔炼区和沉降区分别需要的动和静的矛盾。隔墙横穿炉内，隔墙中部设一通道，供熔体从熔炼区流入沉降区。隔墙为耐火砖材料砌筑，中间有水冷件，如图 6-6 所示。

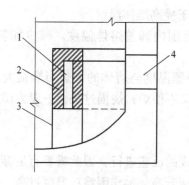
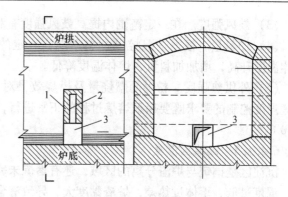

图 6-5　内虹吸池结构图　　　　　　　图 6-6　熔池内隔墙结构
1—虹吸水冷件；2—耐火材料；　　　　1—耐火材料；2—水冷件；3—隔墙通道
3—虹吸通道；4—放铜锍口

　　炉顶受粉尘的高温气流冲刷，是易受蚀损部位。为提高炉顶寿命，高温段采用多道铜水套冷却。沉降区和熔炼区炉顶尾部各设有一道压拱，以增强高温火焰与熔体之间的热传递，同时兼有捕集烟尘的作用。在熔炼区炉顶上安装有铜水套加料管，炉顶直角拐弯处都安装有铜水套冷却件，以减轻气流和粉尘蚀损速度。

　　直升烟道设在熔炼区尾部，风口鼓风造成的熔体喷溅和烟尘中熔融尘易黏结于上，故直升烟道用铜水套冷却件构成，以减轻黏结并便于清理。

6.4　熔炼过程的控制和操作

6.4.1　熔炼过程的技术条件控制

6.4.1.1　入炉原材料

　　白银炉入炉料是由铜精矿、石英石（山砂）、石灰石、金精矿、烟灰等原料按配料要求混合而成。铜精矿物相组成以黄铜矿、黄铁矿、磁黄铁矿为主，三种含量之和为80%左右。

　　对入炉料中的难熔成分要加以限制，（$Al_2O_3 + MgO$）≤3%；水分要适宜；粒度不宜过大，小于30mm。入炉料的成分要求如下：Cu 16%～24%，Fe<30%，S>26%，SiO_2 10%～14%，CaO 3%～6%，Zn<2%，H_2O 5%～8%。

　　要求熔剂石英石（山砂）含 SiO_2>80%，粒度≤2mm，呈散状，水分<7%。石英石中 CaO>50%，SiO_2<2%，（$Fe + MgO + Al_2O_3$）<4%，水分<5%。

　　燃料粉煤的成分和发热量如下：固定碳>58%，灰分<16%，挥发分22%～28%，水分<1%，粒度 -0.077mm 85%，发热值大于 $2.7 \times 10^7 J/kg$。

6.4.1.2　熔炼区温度

　　熔炼区是入炉物料熔炼的区域，主要的物理化学反应在此区域内进行。因此，熔炼区温度的控制对整个熔炼过程起着至关重要的作用。影响熔炼区温度的主要因素如下：

　　（1）炉料成分。炉料中硫、铁高，参与氧化反应放出的热量多，使熔体温度升高；反之，则熔体温度低。

　　（2）入炉空气的氧浓度。采用富氧熔炼，提高富氧空气中氧的浓度，能加速氧化反应进行，减少烟气带走热，有利于提高熔体温度。

（3）鼓风强度。在一定范围内提高鼓风强度有利于提高熔体温度。

（4）加料量。根据炉况控制加料量能在一定的范围内调整熔体温度。减少加料量，熔体温度升高；增加加料量，熔体温度降低。

（5）外供热强度。粉煤的燃烧量及燃烧效果对炉膛温度与熔体的加热影响很大。熔炼区温度控制的要求既要保证熔炼过程的正常进行，又不使炉衬烧损过快，一般为1050～1150℃。

6.4.1.3　沉淀区温度

沉淀区是铜锍与炉渣分离的区域，还有熔炼未完成的反应进行，因此需要有足够的温度。温度过低，熔体过热差，炉渣黏度大，导致渣含铜升高，操作困难；温度过高，炉衬蚀损快，燃料消耗多。一般沉降区炉膛温度应控制在1380～1420℃，熔体温度应控制在1200～1250℃。

6.4.1.4　炉膛压力

白银炉炉膛压力是指沉降区中部炉拱处所测得的压力值。炉膛负压过大，则粉煤燃烧较完全，劳动条件好，炉寿长；但也存在火焰拉长，炉头温度低，漏风量大，烟气中 SO_2 浓度低，热利用率差等缺点和不足。炉膛正压过大，效果刚好相反。为了减少炉体漏风，提高烟气 SO_2 浓度，提高沉降区炉渣过热温度和维持虹吸池正常工作温度，目前白银炉炉膛控制于微正压操作。

6.4.1.5　鼓风压力和鼓风量

鼓风压力和鼓风量是熔炼过程控制的重要技术条件。白银炉熔炼区入炉料的各种物理化学反应，主要靠鼓入炉内高压空气或富氧空气来完成。要提高熔炼的技术指标，必须提高熔池的鼓风强度。鼓风强度与鼓风压力、熔池宽度、风口倾角、风口高度、风口直径、风口开启的个数以及风口畅通程度有关。

白银炉熔炼的主要技术条件见表6-2。

表 6 - 2　白银炉熔炼主要技术条件

序号	名　称	单位	数量	序号	名　称	单位	数量
1	加料量（干）	t/h	40～50	6	沉淀区炉膛温度	℃	1380～1420
2	燃烧粉煤	kg/h	3300		沉淀区熔体温度	℃	1200～1250
	其中：炉头	kg/h	1700		铜锍排放温度	℃	1080～1150
	炉中	kg/h	1600		炉渣排放温度	℃	1200～1250
3	粉煤燃烧二次空气	m³/h	18500	7	出口烟气温度	℃	1150～1200
	其中：炉头	m³/h	9500		余热锅炉出口烟气温度	℃	340～360
	炉中	m³/h	9000		排风机出口烟气温度	℃	300～350
4	吹炼风量	m³/h	13000～16000	8	压力控制		
	其中：加料气封	m³/h	3600		炉膛压力	Pa	0～19.6
	氧气量	m³/h	4300		送粉煤压力	kPa	1.96～3.43
5	吹炼风压力	MPa	0.186～0.206	9	熔池面控制		
6	温度控制	℃			总液面	mm	1000～1150
					铜锍深度	mm	700～800
	熔炼区熔体温度	℃	1050～1150		渣层厚度	mm	200～350

6.4.2 白银炉计算机监测与控制

1995 年，白银有色金属公司引进了美国霍尼韦尔公司的 TDC - 3000 工业控制计算机，用于白银炉的过程控制。其软件由国内开发。计算机监测与控制系统的投入使白银炉自动控制水平有了较大提高。

TDC - 3000 监测对象是白银炉及其燃烧系统、热风制备系统、吹炼风系统、烟气系统、加料系统、冷却水系统等。将白银炉及其辅助设施的各类检测信号（温度、流量压力、重量等）全部引入 TDC - 3000 系统，系统对工艺参数实施检测，并提供报警信息，同时对某些现场信号，如流量的压力补偿、重量累计、氧浓度的瞬时显示及高限报警灯进行处理。炉子加料量可由 TDC - 3000 计算机按设定值控制，保证料量的稳定。

目前，白银炉的计算机监测和控制系统与较为完善的闪速炉和诺兰达等自动控制系统相比，还有较大差距。由于白银炉的很多参数之间的关系不甚明了以及配套设施不尽完善，使白银炉自动控制系统受到了限制。

6.4.3 生产作业故障

白银炉的正常生产作业包括加料、粉煤燃烧、清理风口和熔体放出与返回等。操作比较简单，容易掌握。在熔炼过程中常见的故障及其原因与处理主要有以下几种：

（1）熔炼区与沉降区的熔体发黏。炉温低或加料过多，风口难捅，进风量少，炉料熔点高以及大块物料过多等，都会使熔炼区熔体发黏。提高炉温，严防加料成堆，采用合理渣型是消除该现象的预防措施。

沉降区炉渣发黏除了供热不好、炉温低及熔炼区加料过多和操作上的原因外，还与炉料含锌高有关。炉渣中含 SiO_2 过高，渣发黏；炉渣中的 Fe_3O_4 过多，黏度亦增加。

当炉渣发黏时，如是炉料含 Zn、SiO_2 高所致，则需调整炉料成分；如是生料和炉温降低所致，则应减少或暂停加料，提高炉温，并用风管吹风搅动熔体，促使生料快速熔化；如是炉底积铁，可往炉内加铸铁球洗炉。

（2）风口难清理。熔炼区加料过多，熔体温度低；风压低，风管出口黏结；铜锍面过低，风口处于渣层之中，炉渣受吹入冷空气作用降温快；风管出口有料堆等这些情况都将造成风口难捅现象。此外，风口内壁结渣或风管安装不正确，也使风口难以清理。

（3）加料管难清理。加料管难捅的主要原因是炉料中 SiO_2 不足，导致渣含铁高，这种炉渣喷溅到加料管内难以捅掉；其次是加料气封风量过大、炉温低，熔体喷溅严重，引起加料管内黏结。

（4）直升烟道结瘤。熔炼区尾部风口造成的熔体飞溅和随烟气带走的烟尘容易使直升烟道内壁结尘黏结。清出结瘤的方法是停炉时用炸药爆破或用重油烧化。在直升烟道内壁安装水套以及在直升烟道底部熔池中使用小直径风口送风对减轻直升烟道结瘤有较显著的效果。

6.5　白银炼铜法的经济技术指标

6.5.1 床能力

床能力是衡量冶炼炉冶炼强度的重要指标。白银炉的床能力受各种因素，如熔池鼓风强度、炉料性质及成分、熔炼温度、操作管理水平等的影响。在炉型尺寸及炉料性质不变时，炉子床能力主要取决于最大允许供风量。

炉子床能力随熔池鼓风量、粉煤燃烧空气过剩系数以及鼓风中氧的浓度增加而增加。因此强化白银炉熔炼的主要途径是提高鼓风强度和富氧浓度。

同时，炉料的性质和成分，以及燃烧温度等对床能力的影响也不能忽视。实践证明：在炉料性质和技术操作条件基本相同时，提高熔炼区温度 50~60℃，床能力可提高 8% 左右；熔炼 S/Cu 比高和熔点低的炉料时，床能力可提高 5%~10%。

对于白银炉，床能力分全床能力和吹炼区床能力两种。全床能力的单位面积是指熔炼炉全部炉床净面积，而熔炼区床能力是指熔炼区炉床的净单位面积。以这样的概念来和其他熔池熔炼进行比较，白银炉在富氧熔炼时熔炼区的床能力已经达到了某些高强度熔池熔炼（如瓦纽柯夫炉）的水平。

6.5.2　渣含铜

生产实践表明，白银炉渣中的 $(SiO_2 + CaO)/Fe$ 比值控制在 1.0~1.1 较为合适。当 $(SiO_2 + CaO)/Fe$ 比低于 1.0 时，渣含铜显著升高；比值高于 1.2，渣含铜降低幅度较小，渣量增多、渣含铜的绝对损失量增加。

白银炉的鼓风搅动的搅动特性有利于 Fe_3O_4 的还原。白银炉渣 Fe_3O_4 含量较低，一般为 2%~5%，对渣含铜影响不大。

白银炉的生产实践表明，炉膛温度的高低会影响炉渣黏度和炉渣与铜锍的分离。炉渣排放温度一般应控制在 1200~1250℃，炉膛火焰温度应高于排放温度 150~200℃，达到 1350~1400℃。合适的炉温对降低渣含铜是非常重要的。

白银炉返回转渣的操作对渣含铜有一定影响，但是，采取合理的操作制度能够将这种影响减小。图 6-7 表示了返渣时间与熔炼渣含铜之间的关系。集中返渣或间隔时间较短时，转炉渣在炉内停留的时间缩短，不利于渣含铜降低；停留时间小于 20min，渣含铜急剧升高。转炉渣在炉内停留的时间也不宜过长，超过 60min 渣含铜下降幅度很小；停留时间以 40min 为宜。

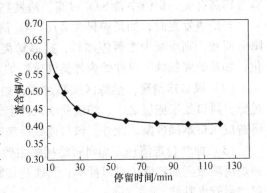

图 6-7　转炉渣在炉内停留
时间与渣含铜的关系

在较高温度下的稳定操作对降低渣含铜非常重要。在一定供风、供热条件下，要控制加料速度与放渣、放锍、返转炉渣的速度相适应。严格控制渣层及厚度，稳定操作，避免较多的"夹生料"由熔炼区进入沉淀区，避免这些"夹生料"还未来得及过热和进一步的反应而随渣放出，是降低渣含铜的重要措施。

6.5.3　白银炼铜法的技术经济指标

从单室炉型到双室炉型，从空气熔炼到富氧熔炼，白银炉在不断改进的发展过程中，各项熔炼指标达到了较高的水平。表 6-3 列出了白银炼铜法的主要技术经济指标；同时，也列出了目前具有代表性的其他熔池熔炼方法，以进行对比。从表6-3可以看出，在白银炉进行自热熔炼生产试验时，熔炼区的床能力已经达到或超过了其他较先进的熔池熔炼方法。在单位粗铜能耗上，白银法还比较高。总体上看，将低的炉子基建费用和操作费用考虑在内，白银炼铜法的制造费用还是比较低的。

表6-3 白银法与世界其他炼铜法的比较

序号	指标名称	单位	诺兰达法	瓦纽柯夫法	三菱法	白银法
1	精矿处理量	t/h	83.5	60~77	40	30~33
2	床能力	t/(d·m²)	30	60~65	25	32.89
3	鼓风中含氧	%	30~40	60~70	50~52	47.07
4	炉料含铜	%	20~25	20.3	25	17.88
5	炉料含硫	%	30~33	28~30	30.6	26.06
6	炉料含水分	%	7~11	6~8	0.3	7.6
7	铜锍品位	%	65~76	47~55	65	49.87
8	渣含铜	%	4~6	0.5~1.5	1.3~1.8	0.5~1.2
9	炉渣贫化方法		选矿	澄清炉	电炉	贫化炉
10	弃渣含铜	%	0.27~0.35	0.4~0.8	0.6	0.466
11	烟气中 SO_2 含量	%	21	25~40	14~15	21
12	烟尘率	%	3~4	0.6~1.5	2	3.06
13	标准燃料总耗	kg/t	38	29.2	18.5	43.3
14	粗铜综合能耗	t/t	0.31~0.43	0.431	0.366	0.657
15	炉寿命	d/炉期	400	420	1090	330

 思考题

6-1 简述白银炉的结构特点。

6-2 白银炉没有推广应用的原因是什么？

6-3 白银炉生产故障有哪些？如何解决？

6-4 如何降低渣含铜？

6-5 白银炉工艺炼铜法工艺特点有哪些？

7 传统熔炼方法

传统熔炼法主要是指鼓风炉熔炼、反射炉熔炼与电炉熔炼，这些造锍熔炼方法历史悠久。

它们虽然在历史上都辉煌过一时，但是随着科学技术的进步，存在的缺点，如熔炼强度低、能耗高、硫的回收率低、环境污染严重、生产成本高等愈加突出；因此自20世纪70年代以后，一些强化熔炼法迅速推广，使传统的熔炼方法逐渐退出历史舞台。

7.1 鼓风炉熔炼

7.1.1 铜精矿密闭鼓风炉熔炼基本原理

铜精矿密闭鼓风炉熔炼是从传统敞开式鼓风炉熔炼发展而来的。

作业原理是：未经烧结的铜精矿及返烟灰等粉料按一定配比混合后加入混捏机，并同时加入适当的水，混捏成具有一定黏度的精矿泥，经炉口料斗加入炉内。此外，还加入转炉渣熔剂等块料及一定比例的焦炭。

上述的混捏料加入炉内，基本保持在炉中心向下移动，而块料、焦炭在离开料斗后，大部分分布在两侧。鼓入炉内的空气及焦炭燃烧所形成的炉气由下向上运动；由于两侧的块料和焦炭多，有良好的透气性，而中心混捏料多透气性很低，故炉气主要沿炉两侧向上运动，如图7-1所示。

炉料与炉气成对流运动，炉料被加热并与气流中的氧发生氧化燃烧及氧化熔炼的物理化学反应。冰铜和炉渣的混合熔体落入炉体底部的本床，经咽喉口（放出口）流入前床进行冰铜、炉渣的澄清分离。随着熔炼产物的连续外排，炉料连续地向下运动，同时混捏料、块料、焦炭可不断地加入。由于炉顶加料斗内的混捏料和各炉料起密闭作用，炉顶漏风很少，上升的炉气不易被稀释，从而保证了有较高的 SO_2 浓度。

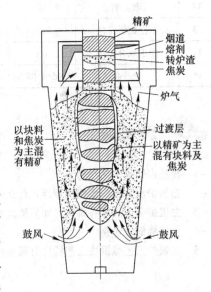

图7-1 铜精矿密闭鼓风炉
作业原理图

铜精矿密闭鼓风炉熔炼产物：炉渣外排、冰铜送转炉吹炼产出粗铜，粗铜再送精炼炉精炼产出精铜（阳极铜）。烟气送酸厂回收其中的 SO_2 制成硫酸，烟灰返回料仓配料。

铜精矿密闭鼓风炉熔炼是半自热熔炼的一种类型，炉气中含有一定的游离氧，属氧化性气氛。熔炼过程所需要的热量由焦炭燃烧和硫化物的放热反应所供给；由于高温位于焦点区（最高温度可达1300℃），排烟温度较低（约550℃左右），所以鼓风炉热利用率高。

密闭鼓风炉对精矿有较为广泛的适应性，但不适于过高熔点的物料，如高镁钙等物料。炉料中配入一定比例的低铜物料，保持一定的造渣比例，对熔炼过程是有利的。

但由于铜精矿密闭鼓风炉有中间精矿料柱存在，其表面反应面积小，脱硫率低、生产率（即床能力）低，故仅适合小型冶炼生产或用于再生铜的熔炼。

对于铜精矿密闭鼓风炉炼铜，采用24%～25%的富氧鼓风，其床能力提高、焦率降低、烟量减少，SO_2浓度提高。

处理团矿能改善密闭鼓风炉炉料的透气性，能提高床能力，但由于团矿质量差、费用高、技术经济效果较差。

7.1.2 炉料在熔炼过程中的主要物理化学变化

炉料进入鼓风炉后，经过干燥、分解、氧化、造渣和形成冰铜等过程，根据炉内温度和物料的分布沿炉子高度把炉内分为三个区域：预备区、焦点区、本床区。各区的温度、物料行为如图7-2所示。必须指出，实际上炉内各区并不存在一个明显的界限，但是这并不影响对熔炼过程实质性的分析。

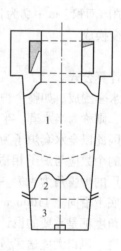

名称	温度区间/℃	主要物理化学变化
预备区1	250～600 1000～1100	(1) 预热、干燥、脱水 (2) 高价硫化物的脱硫 (3) 硫化物的氧化 (4) 石灰石的分解 (5) 精矿的固结和烧结
焦点区2	1250～1300	(1) 炉料的熔化，完成造渣和造冰铜 (2) 熔融硫化物的氧化 (3) 焦炭的燃烧
本床区3	1200～1250	(1) 炉渣与冰铜成分的调整 (2) 少量Cu_2O的再硫化

图7-2 鼓风炉炉内沿高度的过程变化

7.1.3 炉体构造

密闭鼓风炉炉体构造如图7-3所示。

鼓风炉的基础是混凝土浇注的，基础上设若干铸铁支座，支撑一块厚的铸铁板。在铸铁板上砌筑镁砖，构成本床。炉子的侧壁用若干个水套装配而成，水套与水套之间用螺栓连接固定在专门的支架上。炉顶加料斗及砖砌体通过水平钢架支撑在四周的支柱上。侧水套的下部有风口，供鼓入空气之用。前端水套的下端设有熔体放出口（咽喉），冰铜和炉渣均由此放出，经溜槽注入前床。水套的冷却用汽化冷却。

风口区水平以下的部分称为本床，又叫炉缸。风口区的水平面积称为有效面积，又称为炉床面积。炉床面积的选择根据炉子日处理量和床能率用下式计算：

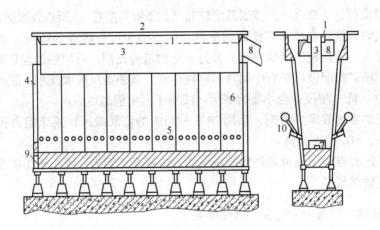

图 7 – 3　密闭鼓风炉简图

1—水套梁；2—顶水套；3—加料斗；4—端水套；5—风口；6—侧水套；

7—山形水箱；8—烟道；9—咽喉；10—风管

$$F = Q/A$$

式中，F 为炉床面积，m^2；Q 为日处理炉料量，t/d；A 为床能率，$t/(m^2 \cdot d)$。

上式可变换成

$$A = Q/F$$

即为床能率计算公式。

炉身由水套围成。如整个炉身都是用水套围成的，称为全水套；如上半截用砖砌，下半截用水套，则称为半水套。半水套炉子省钢材，上部保温好，但易长炉结，炉结形成后不好处理，因此以全水套炉子为多。

侧水套的个数应与炉子相适应。安装时侧水套稍微向外倾斜，倾斜的角度称为炉腹角。目前各厂的炉腹角为 4.7° ~ 8.45°。

侧水套底下沿向上 1100mm 处设有风口，一般每个水套上设 3 个风口。风口直径、风口比和风口角度都是重要的设计参数。风口直径的大小直接影响送风量和空气送进炉内深度。一般来说，风口大些送风量也就大些，但要使空气能送到炉子中心，风口直径不宜过大。风口太小，处理风口故障时操作不便。

风口直径为 82 ~ 110mm，炉子风口的总面积与炉床面积有一定的比例，叫作风口比。端水套不设风口，前端水套下端设有咽喉口，作放出本床内熔体产物炉渣与冰铜混合物之用。

咽喉口用镁砖砌成，砖砌体外侧安放一个用钢板制成的枕水箱，流槽外端安放青铜 U 形水箱，流槽底板是铸铁板。这些水箱内通冷却水，保护砖砌体。为了使鼓风不从咽喉口喷出，需保持熔体在本床内有一定的高度，但流出口却在底部，熔体通过炉内的压力排出。

流槽底面与本床底面的距离，也就是高度差，决定了咽喉液封的高度，液封高度以使本床的熔体不能上涨到风口，炉内气体不能从咽喉口喷出为宜。

密闭鼓风炉的炉口由排烟口、炉顶盖板水套上沿侧墙和加料斗组成。排烟口有设在两侧的，也有设在炉顶后端的。设在两侧的负压均匀，但烟尘率偏高，单体硫不易充分氧化。设在后端的负压分布不均匀，但烟尘率偏低点，单体硫充分燃烧。

前床是鼓风炉连续放出熔体产物不可缺少的附属设备。从炉内连续放出的冰铜和炉渣混合熔体注入前床后澄清分离。前床还起到暂时储存冰铜的作用。

前床有圆形、椭圆形和矩形的三种。前两种散热面小、利于保温，但施工不便。且圆形的熔体入口与出口相距太近。

前床外壳用钢板围成，用支柱及拉杆拉紧，内衬用镁砖砌筑，砌体与外壳之间应垫上石棉板保温。为了防潮，床底应架空。一般采取在前床基础上拉筋空隙之间垫 260 ~ 330mm 耐火砖架空前床。

加料设备：密闭鼓风炉处理的炉料，原来是块料的，如转炉渣，熔剂和焦炭可直接加入炉内；至于粉状物料，如铜精矿和烟尘，则必须经过混捏才能入炉；有的厂家把部分精矿制团，干燥后入炉。

混捏是在混捏机中进行。目前，国内尚无混捏精矿专用的混捏机，多以制砖厂的挤砖机或搅拌机代替，生产能力较低，大多数厂仅使用其中的搅拌部分。

待加进炉内的块状物料，如熔剂、转炉渣、焦炭等分别存于给料机上方的料仓中。混捏精矿则由混捏机随时混捏。这些物料都可以直接卸到加料机上。目前，密闭鼓风炉加料广泛采用移动带式给料机。这种给料机布料均匀，运输可靠，生产能力大，进料速度快。炉料按一定顺序分批通过移动带式给料机投入加料斗漏入炉内，为了密封炉顶不致冒烟，加料斗内应经常留有炉料，不要出现漏空现象。

7.1.4 排烟、排渣系统配置

密闭鼓风炉的排烟系统包括斜坡烟道、积灰斗、水平烟道（兼热风换热器）、高效收尘器排风机。

排渣系统包括水碎溜槽、渣池、扒渣机、沉淀池、吸水池、水泵、高位水槽输水管等。

水碎溜槽为铸铁的 U 形槽，渣池、沉淀池、吸水池、高位水槽依生产能力大小而设计。连接渣池、沉淀池、吸水池的水道依循环水量的大小在保证水的流量前提下设计，一般水道越短越好，这样便于清扫水道。高位水槽以保证冲渣水的压力而确定标高。由于冲渣水温较高，在技术上要求水泵位置低于吸水池液面，这是减少水泵汽阻的有效办法，否则水泵的效率低。

7.1.5 密闭鼓风炉操作实践

7.1.5.1 开炉操作

A 开炉前的设备检查

首先必须作好各种机械设备的检查和连续 8h 以上的试车。其次对于密闭鼓风炉的各种水套和水汽循环系统必须作严密性和灵活性的检查和试压工作。对于水套进水、出水和排污等阀门必须检查其启闭位置是否正确，防止水套断水，烧坏水套或产生爆炸事故。

B 本床和前床的烘烤

新建和大修前床烘烤时间为 4 ~ 7d。中修或补修前床烘烤时间为 3 ~ 4d，新建本床烘烤时间为 3 ~ 4d。本床的烘烤要在正式加木炭或木料烘烤前，提前 2 ~ 3d 从外部蒸汽系统引进蒸汽，通入汽化水套，使炉温升高（工厂称为倒充汽或汽烤）。

　　C　开炉炉料的配备和进程

　　密闭鼓风炉开炉进程为投木柴→加底焦→加渣料→进过渡料→进本料→转入正常生产。

　　加底焦时不可避免地会产生大量易爆炸的煤气。为了尽量减少 CO 的生成，要在木柴投完，木柴燃烧旺盛前后火焰比较均匀时方可加底焦。加第一批底焦以不露木柴或不见火为准，其余各批均见焦炭燃烧火焰布满料面时再加入，必须保证焦炭有充分的氧化和 CO 气体燃烧的时间，否则，在排烟系统的后部容易造成 CO 气体的爆炸事故。

　　最后一批底焦加完，待焦炭火焰再一次布满料面时（此时风口出现挂白灰的焦炭），开始进渣料。加渣料的批量可大一些，但必须待渣料面遍布蓝色火焰方可进下一批渣料，防止进料过急。要保证渣料面具备 CO 等可燃气体的着火温度。

　　在开炉过程中，炉气中含有大量的 CO 和 H_2 等可燃气体，它们和空气中的氧充分接触，点火时易发生爆炸，在正常条件下，炉内 CO 的浓度应低于其爆炸浓度。但当炉料分布不均，在炉内出现死角或滞料，炉内局部地方空气不足或 CO 不能及时排除时，CO 会逐渐积聚而达到其爆炸浓度，发生爆炸。

　　如果料面温度高于着火温度，炉内产生的 CO 会在炉门和烟道继续燃烧，CO 浓度就会降低。这也是在开炉加底焦、加渣料为什么要求必须在料面布满三色火焰方可进下一批焦炭或渣料的原因所在。

　　CO 浓度处于临界值，当炉气到达旋风收尘器时因入口面积减小气流方向急剧改变，也可产生轻微的 CO 爆炸。

　　为了保证开炉料面火焰分布均匀，无死角、不滞料，应注意料面不要提的太快，风压提的不要太快，如果存在上述情况，可通过调整小风闸和用钎子处理个别进风少的风口来解决。禁止风压大幅度回降。因为风压回降幅度大，CO 容易进入风道，特别是开炉过程中突然发生鼓风炉停车，CO 倒流入风管，CO 爆炸会导致整个送风管道炸毁，其危险程度远远大于炉口和烟道的 CO 爆炸。

　　综上所述，预防 CO 爆炸的措施有三条：

　　(1) 密闭鼓风炉开炉应遵守开炉操作注意事项。

　　(2) 开炉时底焦较多和送风量不足是炉气中产生大量 CO 的根源，要消除 CO 的爆炸，首先必须减少 CO 的产生，杜绝 CO 的爆炸根源。因此对开炉底焦用量、送风制度和原料都必须相适应，才能达到目的。

　　(3) 开炉焦炭和渣料块度应均匀，只有块度均匀才能保证风的径向分布，炉料和炉气在炉内均匀分布，炉气中的 CO 才能及时排出去，不能积聚。

　　渣料加完后进过渡料，过渡料的配备很重要，首先，应选择熔点较低、流动性较好的渣型，即 CaO、SiO_2 要低，这样生料减少有益于炉况顺行。其次，配料中的块率应不低于60%，然后逐渐过渡到正常配料块率40% ~ 50%。

　　渣料加完后进本料。

7.1.5.2　进料操作

　　进料顺序按配料计划进料是保证炉况顺行的前提。进料顺序和批量根据炉料物理性能不均匀特性，以满足炉料均匀下降，利于炉料的合理分布，利于炉顶的密封 3 个条件制定。加料顺序也可归结为两种：

第一种是：焦炭—熟料—生料—混捏精矿

焦炭—生料—熟料—混捏精矿

熟料指返渣，包括转炉渣（吹炼渣）、高炉渣、精炼渣。生料指熔剂，包括石灰石、石英石、黄铁矿、铁矿石。

上述进料顺序中，焦炭总是先投，混捏精矿最后投，这是因为焦炭是重要燃料，它的堆角又较小，所以一般是先投焦炭，这样可以更充分地利用它的热。铜精矿最后加入，不仅能充分受热，而且还有密封炉顶的作用。熟料和生料在批料中间有利于造渣，并加快熔化速度。

每批炉料的厚度多在 500~600mm 之间，尤其是精矿的厚度十分接近，约为 310~340mm，这样在 1400mm 高的料斗中最少停留 1~1.5 批料。即在任何时候，在料斗中应存有一层 310~340mm 铜精矿，以保证料斗的良好密封，防止冷风经料斗吸入炉内，冲淡 SO_2 的浓度，降低炉顶温度。

混捏质量是密闭鼓风炉熔炼生产操作的关键一环。精矿水分一般波动在 14%~16%。

经过水分和黏度调节的精矿，在混捏机里进行充分的混捏入炉，在其离开加料斗时能形成较理想的精矿料柱，块料和粉料混杂减少，使炉气沿炉子横截面均匀上升，促进炉气的径向均匀分布。

均匀布料可采用往返布料、凹凸进料、根据风口变化情况适当调整局部块率等方法实现。

7.1.5.3 炉口维护和故障处理

（1）负压。控制炉顶负压，不仅是防止冷风吸入炉内，保证 SO_2 浓度，更重要的是力求使炉膛内压力分布均匀，保证炉内各部气氛均匀合理。为此特别应注意炉膛内不能有炉棚块；如果炉膛内存在炉棚块，烟气通道狭窄，负压增大，压力分布不均匀。

（2）炉结。炉结对整个熔炼过程影响极大，因为炉结改变了炉型。密闭鼓风炉的上部、中部和本床都可能长炉结，但主要是在上部。

炉内生成较大的炉结石，炉料和炉气的正常分布和运动规律会受到破坏。在炉结较严重的地方炉料会发生停滞现象；相反在炉结相对薄的地方，炉气集中通过可能引起穿火、跑风等故障，使整个冶炼制度紊乱，造成烟尘率提高，炉顶上燃，焦点区温度下降，床能力等指标急剧下降。

炉结的生成是由于一些细颗粒的炉料和低熔点组成物在炉内炉料下降时被带到炉子的两侧，软化（半熔化状态）黏结成块。当混捏质量不高、黏度低、布料不均匀、料柱坍塌、风压不稳定，烟尘高、渣型选择不当时，都会促使炉结加速生成。

炉结的控制方法：1）坚持经常的炉口捅打，始终保持炉结与料斗间距离不小于200mm。2）及时处理棚料、穿孔、上燃等故障。3）严格控制合适的混捏料水分。4）均匀布料。5）与风口联系配合操作。6）配以适当的焦率。7）保证一定的块率和熟料率。

（3）棚料。棚料产生原因：1）炉结太大，遇大块料卡住时，引起棚料。2）打掉的炉结未熔化下落，引起搭桥起棚料。3）铜精矿批量大、水分高时易棚料。4）炉子上燃，下料不匀，造成料柱局部烧结搭棚，产生棚料。5）停风几小时后，因风闸关闭不严，少量空气入炉，部分炉料熔化时黏结炉料，开风后易产生棚料。

棚料的危害：1) 风分布不均，下料较慢，降低熔解量。2) 产生跑空风，单位时间产生的熔体越来越少，相应本床熔体减少。达不到液封，造成咽喉口喷出风。进一步因本床熔体少，熔体被风口逆风吹冷发黏堵塞咽喉口，造成风口上渣，堵塞风口，严重时造成死炉。3) 易产生局部料层突然下落，产生下生料，造成渣含铜升高。

棚料的防止及处理方法：1) 及时处理打炉结，炉料粒度不能太大。2) 停风时堵好风口，关好风门。3) 发现上部棚料，可用钎子捅、打；下部棚料提高块率、熟料率、焦率，提高炉温将其熔化开。

(4) 穿洞。穿洞产生的原因：1) 鼓风量超过极限鼓风量时，易产生穿洞。2) 炉料块率小，料柱阻力大，风送不到炉中心，便从料柱与炉结间上冲，易形成跑风穿洞。3) 棚料时，风从棚料处上不来，便从阻力小处集中上升造成穿洞。

穿洞的危害：跑空风，风利用率低，不利于脱硫，床能力、烟尘率、SO_2 等指标都受到影响。

穿洞的防止和处理方法：1) 均匀炉料粒度，做到均匀进料，加强风口操作，及时处理棚料。2) 对于穿洞要及时与风口联系关闭或关小相对应的跑风风口的风闸，与此同时用钢钎将洞破开，并在料斗中相应部位适当增加一些石灰石，因石灰石离开料斗受热分解后会变成发黏的粉状，从破开的部位进入孔道，能把孔道堵死。对于上燃部位必须连续捅打，上燃严重的可以局部返渣料。

7.1.5.4　风口前床操作及故障处理

鼓风炉炉况的变化首先在风口和前床反映出来。风口前床操作的关键是稳定鼓风压力，保证鼓入炉内的风量，并能及时判断炉况变化的原因。要与炉口工联系，相互配合，及时处理。

A　入炉风量与鼓风压力

密闭鼓风炉的鼓风量主要取决于硫化物投入量与焦炭消耗量。此外与炉料的性质，料柱组成、布料情况、炉结生成情况等因素有关。鼓风量很大程度取决于风口操作情况。

对于理论空气量可通过冶金计算确定，对实际鼓风量应考虑 10% ~ 30% 的过剩空气。

密闭鼓风的鼓风压力主要取决于炉内的阻力，而此阻力又与鼓风量、风口面积、料柱高度、炉料的物理性质（块率、孔隙度等）、炉况、焦率等有关，在一定范围内增加风压对熔炼过程有利，但风压太高会增加烟尘率和破坏料层的稳定性，造成穿孔跑空风。密闭鼓风炉的鼓风压力一般应控制在 60 ~ 70mmHg。

B　风口操作

进料操作状况：原料成分、焦率，还有冰铜品位、渣型等都影响风口状况，其中主要是来自炉口方面的因素，也可以说密闭鼓风炉的故障主要来自炉口，而处理这些故障又主要靠风口。进风不畅就无异于停止呼吸，就会死炉。

(1) 风口窜风。同侧两个相邻风口之间间隔物被破坏，风入炉后，向相邻风口横窜的风口叫窜风口。判断窜风口的依据是看是否有从相邻风口横窜过来的蓝火苗，横窜的蓝火苗随风口的开大而变大，但要与风口上渣的前兆分开。

风口发生窜风会破坏送风状况，改变炉内炉气的分布，容易导致跑风穿洞，发生下料慢、棚料等其他故障，对炉况危害极大。

风口窜风的产生原因主要是炉料分布不均匀、透气性差异大（在进料和炉口维护部分中已有叙述）。

风口窜风的处理方法：发生窜风必须及时处理。通道需及时堵塞。若相邻几个风口同时发生窜风现象，须将风口隔一个，堵塞一个，其余的打长钎，将风引至炉中心，烧开后再把堵塞的风口打开，或者采用风口两侧粘黄泥的办法来防止风口窜风。

（2）风口跑风。风口跑风产生的原因如下：

1）炉料物理规格不一，在操作中布料不均，造成料层透气性差异较大，成为跑风的有利条件。

2）配料成分不稳定，或布料不均引起炉子局部成分偏析。如渣中 SiO_2 高，在风口处形成骨架桥，易跑风。料中粉料多，或渣中 SiO_2 低，在风口区形不成骨架时，中心阻力大，不易送风，此时风易顺水套壁跑掉。

3）风压的开动与炉料块率失调最容易造成局部跑风。上部炉结严重，透气性不好，强制送风，容易造成局部跑风。

4）风口跑风的防止及处理方法：

加强原料准备，加强布料操作，提高配料块率，控制好合理渣型，风口设水套帽舌，风口勤打钎子等对处理跑风故障均有成效。

对跑风严重的风口可采取风口内粘黄泥延伸风口长度，也可采取风口闸门拉小或堵黄泥死烧的方法处理。

（3）风口深棚。风口区风道拉长称为风口深，在风口上方形成骨架称为棚。

造成风口深棚的原因如下：

1）渣中 SiO_2 含量高、风口区温度低、在风口区形成的骨架桥易形成深棚。

2）风口处理不当，当风口区骨架大、温度低的情况，钎子打的过勤，可能破坏良好的风道，导致黑空，引起深棚。

风口深棚现象在处理烧结块熔炼时最易出现。铜精矿密闭鼓风炉熔炼炉温偏低时也会出现这种现象。

风口深棚的处理方法如下：

较早发现，在轻微深棚时，往风口斜下方打钢钎，使下部温度返上来，以提高风口区温度，可使深棚转好。若深棚严重，则将该风口堵死或关上小风闸，从对面风口打钎子，将凝固物熔化。但是在采取拉风闸的处理方法时应注意勤检查，因为上部熔化下来的熔体借助对面的风可能流入风口，造成风口堵塞。

（4）风口上渣（或存渣）。当风口下沿出现蓝色火苗跳动时即为风口上渣。当风口下沿出现冒泡的熔体时说明上渣情况严重。当熔体进入风口时（区别风口淌渣而使熔体进入风口）说明上渣情况相当严重。如果表面看风口无上渣迹象，但往风口下部打入钢钎，随钢钎的拔出熔体随着冒出，也说明上渣情况严重。

风口上渣的主要原因：

1）咽喉堵塞，使本床里熔体面升高，或渣中硅酸高、渣体发黏、咽喉处熔体流动性差，使本床熔面升高而从风口溢出。

2）顺水套跑风时，熔体顺水套向下流至风口，由于风口底部有存渣淌不下去，熔体便从风口溢出。

3）风口上方局部大量悬料突然下降，将熔体从风口挤出。

4）砌的咽喉溜标高过高，与风压不相适应，造成风口上渣。

5）本床砖体面倾斜度砌筑的不够，炉子后段容易上渣。

风口上渣的防止和处理：

1）及时排除风口底部存渣，保持底部呈空洞。

2）提高配料块率，风口多打钎子，使风送到炉中心，防止周边熔炼。

3）稳定风压，严防一次降压过低。

4）加强咽喉口的维护，保持畅通无阻。

5）风口上渣灌死，待吹冷后处理。

6）风口温度低，中心黏硬。风口里外均发黑，里面无亮点，有时把风口附近熔解物打掉后才出现暗红色的炉料或表层温度较高，但把长钎打进拔出后，里面有黑洞而且黏硬，严重时拔出的钢钎上有蓝烟（带出铜精矿）。

风口温度低，中心黏硬的原因：精矿柱落入风口区是由于局部焦炭给的太少，块率偏析大，一般这样的风口不是单个出现。

处理方法：

① 稍微关小该风口的小风闸，如有生料，小风闸多关一些。

② 从对面好风口或旁边好风口打钢钎，让高温炉气进入炉中心。

③ 精矿柱长时熔化不掉时可适当加一些空焦，使局部焦点区的焦层增厚。

上述几种风口常见故障的主要原因与均匀进料有直接关系，所以风口操作必须与炉口操作相配合。另外风口提降风压的幅度不宜大于 5mm Hg，以慢提慢降为好，尤其是在鼓风量不足时，要通过打钢钎来提风量，不可单纯通过风闸提风压。

现场工人总结出风口操作必须做到二稳三勤，即稳定负压、稳定风压、勤检查风口、勤处理风口、勤与炉口联系。

C　前床操作

前床操作主要是保证三溜（咽喉溜、渣溜、虹吸溜）畅通和及时掌握矿渣成分，冰铜品位的变化，对全炉操作提供主导性的意见。

咽喉溜的维护及常见故障处理方法：

咽喉溜的维护主要是控制好枕水箱、U形水箱的冷却水流量，作好咽喉溜的保温，观察本床温度变化和熔体流动状态。常见故障主要是咽喉口堵塞和喷风。

咽喉溜的保温，在一般情况下盖上保温砖即可。在刚开炉或熔体温度低时可用木柴、稻草等可燃保温材料。

在咽喉溜上没有可燃保温材料，只有不可燃保温材料的情况下，有蓝烟冒出，说明咽喉畅通。因为从本床流出的熔体温度高并且翻滚着流向前床，所以溜槽内的熔体表面不能结壳，必然有蓝烟冒出。如果只有很淡的蓝烟或无蓝烟冒出，就说明咽喉出现问题，必须及时揭开保温材料查看熔体流动状态，找出原因并处理。

咽喉喷火产生的原因：咽喉喷火主要是由于棚料未得及时处理，继续送风，焦点区温度降低，本床熔体减少，在风压作用下，熔体封不住咽喉口所致；或者咽喉溜高度与风口的压力不匹配，破坏了液封条件。

7.1.5.5　停炉操作

（1）正常停炉操作要求：

1）决定停炉时间长短，凡停炉在 1h 内不必放本床，但要在咽喉口插上钢钎。凡停炉超过 4h，都要投洗炉料，即适当返一些渣料，焦率可偏高一些。用返渣料将炉内料全部洗出，并将本床放净。一般停炉时间长时都要打炉结，为此在返完最后一批渣后要为打下的炉结先进一批底焦。打完炉结后还要再进一批底焦在打下的炉结上。

2）为了保证重新开炉不棚料和送风阻力小，可将料面降到料斗下 1m 左右再停风。

3）为了防止前床凝结或有效容积缩小，要提前停止放冰铜，要将冰铜面控制在 600mm 以上。必要时还可将渣中 SiO_2 提到上限，将渣温升起来。一般是将渣中 SiO_2 提到 36% ~38%。

4）关闭小风闸、大风闸，停止加料，先停鼓风机，后停排风机。

5）本床渣子放净后用黄泥堵塞风口，防止空气进入炉内将炉料熔化，使本床重新灌满熔体。

6）把渣流和咽喉口堵塞好，并作好前床、咽喉口、虹吸口的保温。

7）停风后的开风：若停风时没放本床，要先开排风机，打开咽喉后再开鼓风机。若停风时放净了本床，要先堵好本床安全口、咽喉口，开排风机后再开鼓风机，待风口见渣，打开咽喉。

8）若大修停炉，先停风放本床，然后放前床。

（2）排烟系统出故障、被迫停炉：

1）打开所有操作孔，让烟气直接从炉口外排，继续鼓风并返料渣，直到风口见渣料和焦炭为止。

2）如果停炉前渣温较低，返渣料时待渣料到达风口要把所有低温的黑风口全打开后方可用黄泥堵塞风口。这样做既可减轻新送风打风口的难度，又便于风口迅速进入正常状态，否则再开炉困难大。

3）其他参照一般停炉操作。

（3）进料系统出故障被迫停炉：

1）无法返渣料，可降料面至加料斗以下 1m 左右。

2）如果停炉时间较长，因炉内有铜精矿的存在定会棚料。棚料严重时，开炉要从炉顶操作孔插氧气管（约插进 800mm）烧氧气，促进重新开炉的进程。但不可从风口插氧气管，在风口插管烧氧气容易烧坏水套。

3）其他参照一般停炉方法。

（4）鼓风系统突然出故障被迫停炉。如果在 1h 以内不能送风，必须及时将本床放净，将所有风口门用黄泥堵严，严禁冷风进入。其他步骤参照其他停炉操作机动处理。

7.1.5.6 死炉故障处理

只要没有发生汽化水套爆炸事故，密闭鼓风炉是不能彻底死炉的。所谓死炉是指因炉温低，咽喉口有异物堵塞，熔体不流动或流动很慢，炉内熔体将风口灌死送不进风，必须放本床扒咽喉。即使炉顶水套严重漏水，把炉火熄灭，处理得当依然能将炉子救活。

当发现风口部分灌进熔体，应先处理咽喉，不能降风压，如果咽喉异物清不出来，必须及时用氧气烧开咽喉，然后再处理风口，只要没达到放本床的程度就不能降风压，尽管有几个风口灌死，但由于只有好风口才能首先被灌死，所以没灌死的风口也基本是不进风的风口，或只能进少量风的风口。因此风压虽很高，可实际进风很少，此时必须维持住高风压。

当熔体不流动或流动极慢时必须停风放本床扒咽喉。放本床时必须把炉内熔体及时放净，如果放出的熔体少，说明本床内的熔体中间有凝固层，此时可以用弯钎子伸进本床把凝固层破个洞，本床熔体即能放出。特别需要注意的是，扒咽喉时要从咽喉口把本床内的熔体尽量放净。对严重的死炉应该把咽喉口伸进端水套的砖全部扒开，并尽量把炉料扒出来，然后装进焦炭并用黄泥封好，砌好咽喉口，再从前部几个风口伸进氧气管谨慎地吹氧将装入的焦炭点燃，送小风，并在炉顶相对应的部位垂直插氧气管烧。如果条件允许，还可在炉顶出现热气流的地方投少量小粒焦炭并配以固态冰铜或黄铁矿等块料。局部投入的固体冰铜或黄铁矿在上部熔化，可以很快地将炉前部的温度提起来，然后依此办法及时处理炉顶其他出现热气流的部位，就可很快将死炉救活。

7.2　反射炉熔炼

7.2.1　概述

反射炉的特点最适于处理细散的粉状物料，反射炉熔炼过程是在一个用优质耐火材料作内衬的长方形熔炼室内进行的。现代大型反射炉一般炉长 30～36m，炉膛宽 7.5～10m，炉膛空间高度 3～4m。沿炉长炉膛内大体可划分为燃烧室、熔炼室以及炉尾的澄清分离 3 个区段。沉淀分离室的两侧墙分别设有冰铜口和放渣口，排烟口设在尾部炉顶的上中央。

反射炉熔炼主要优点：

(1) 反射炉熔炼可以处理在物理状态上不适于鼓风炉熔炼的细料。

(2) 反射炉熔炼可以用各种燃料来加热，如粉煤、重油、天然气等，而鼓风炉只能使用资源有限的焦炭。

(3) 反射炉熔炼的单位炉料空气消耗量较鼓风炉要少得多。按化学反应反射炉熔炼比鼓风炉熔炼过程简单，而且可以接近炉子观察炉顶、炉墙各部分的状态，操作易于控制和管理，机械化程度较鼓风炉高。

(4) 反射炉熔炼单位生产能力低于鼓风炉，但单炉的总熔炼能力却比鼓风炉大得多。因此适于大型铜厂采用。

反射炉熔炼的主要缺点：

(1) 熔炼是在中性或弱氧化气氛中进行，因此氧化能力低，氧化放热少；85%～90%的热源靠燃料燃烧供给，因此能源消耗高。

(2) 反射炉熔炼的脱硫率低，一般约在 25%～30%；烟气中的二氧化硫浓度低，不能回收生产硫酸，同时会对大气造成严重污染。由于社会对环境污染的控制越来越严格，给反射炉熔炼的应用和发展带来难以克服的阻碍。

(3) 反射炉的炉料是靠燃料燃烧的热量来加热熔化的，加之炉料自身的导热率很低，而且受热表面十分有限，因此单位生产能力很低。

(4) 反射炉熔炼的主要热源是高温炉气，而高温炉气主要依靠温差，通过对流、传热的方式将热量传递给料坡、熔池面、炉顶、上部炉墙，因此，热效率低，一般只能有25%～30%在炉内利用。

7.2.2　反射炉熔炼的生产过程

粉状炉料（生精矿或焙砂）由炉顶两侧加料孔加入到侧墙下部的料坡上，由燃烧室燃料燃烧产生的高温炉气带入熔炼室，带入的热量以对流传热的方式传递给炉料和熔池表面、炉顶以及上部炉墙。除了在装料时炉气穿过炉料直接与部分炉料颗粒表面短暂接触外，入炉料只能是在料坡的表面与炉气接触受热熔化。因此在反射炉内直接由高温炉气传递热量供炉料熔化的条件是很差的，而主要的是依靠白热的炉顶和上部炉墙以辐射传热的方式传递热量给料坡和熔池表面，使熔炼过程获得足够的热量。这一传热特征就是反射炉这名称的由来。

由于炉料的导热性小，热量从炉料表面向料层深处传导得很慢，只能在料层表面受热被加热到熔点，熔化后沿着料坡流入熔池，下面料层露出表面，又接受高温炉气和炉顶、上部炉墙传递来的热量而熔化流入熔池。当料坡熔化到一定程度后重新加入新的炉料。

随着炉料温度的升高直到熔点，在炉料表面层发生着脱水、离解、形成冰铜、造渣等物理化学变化，生成的冰铜和炉渣在熔池中澄清分离，然后分别从各自的排出口定期排出。

反射炉熔炼过程中，炉料中硫化物的氧化反应是靠燃料燃烧少量的过剩空气的氧和炉内吸入冷空气中的氧进行的。从氧化反应来看，过剩空气量和吸入冷空气量愈多，则氧化反应进行得愈强烈，熔炼脱硫率愈高；但是这会导致炉气温度降低，传递热量减少，热效率降低，炉子的生产能力降低，因此反射炉熔炼过程只能是在中性或弱氧化性气氛中进行，其脱硫能力比鼓风炉熔炼过程要低得多。

7.2.3　炉体结构

反射炉炉体由炉基、炉底、炉墙、炉顶及外围钢结构5个部分组成（图7-4）。

7.2.3.1　炉基

炉基是整个反射炉的基础，要承受巨大的重量（4000~6000t），并且使高温炉底与潮湿地面相隔离，保护炉底不受伤害。炉基下层可用碎石或反射炉渣铺垫，上层用耐热水泥浇灌，四周用钢筋混凝土作成围墙。炉基的深度依土壤的性质、地区的温度条件和地下水深度而定，一般为2~3m。

炉基的上表面可与地面齐平，也可高出地面，主要取决于放渣的方式，采用干式放渣的炉基标高要高一些，采用水淬放渣则可低一点。

炉基的下层留有孔道，以便放底拉杆。炉基里还留有测量炉底温度的热电偶安装孔。为了今后扩建的方便，炉基宽度与长度比炉子的实际尺寸要大一些，为扩建留有余地。

7.2.3.2　炉底

炉底砌筑在炉基上。下层炉底用耐火砖砌3层，第一层用轻质耐火砖，主要起隔热作用，耐火砖的下面还要铺垫一层石棉板与一层石英砂；第二层用黏土耐火砖；第三层用烧结镁砖砌成反拱，反拱的作用是防止炉底烧结层烧穿后耐火砖上浮。每一层耐火砖都要留若干条膨胀缝。炉底的上层用石英砂烧结或镁铁粉烧结，有条件的工厂还可用液态转炉渣浇灌。炉底总厚度约1.5m。

炉底的上层表面长期与冰铜接触，又要承受巨大的重量，因此要求它既要具有较好的

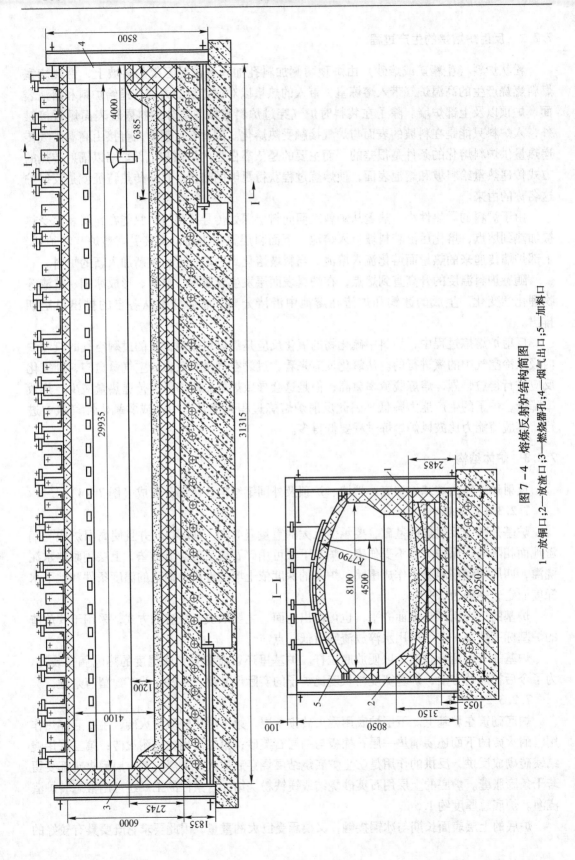

图 7 - 4　熔炼反射炉结构简图

1—放铜口；2—放渣口；3—燃烧器孔；4—烟气出口；5—加料口

耐腐蚀性，又要具有较高的机械强度。

7.2.3.3 炉墙

反射炉炉墙用镁铝砖砌成，外侧也可用比较便宜的黏土耐火砖。由于各处炉墙的腐蚀程度不一致，故墙的厚度也不一样，高温区、放渣口与放铜口附近较厚，其他部位较薄。

炉墙下宽上窄，渣线以下呈阶梯状，以上是直墙。反射炉熔池的最大深度一般定为1.2m。由于反射炉内熔体流动较平缓，加上料坡的保护，实际上渣线以下的炉墙很少被腐蚀，小修或中修时炉墙都只拆到渣线为止。

炉墙用230mm的标准砖干砌或湿砌。渣线以上炉墙两种砌法都可以，但渣线以下只能用湿砌，以防止砖缝中漏出熔体。砌砖时，砖缝要错开，上部墙每隔3~5m留一道膨胀缝，缝宽20~25mm，中间用马粪纸塞紧。

炉头端墙留有6~7个安装燃烧器的窗口，窗口上方要砌成平底拱形。端墙侧墙上留有转炉渣注入口、炉渣排出口及放铜口（或连通口）。

7.2.3.4 炉顶

炉顶是反射炉最易损坏的部位，反射炉生产周期的长短基本上取决于炉顶使用寿命。一方面，反射炉炉顶跨度大；另一方面，它的内表面长期与高温烟气接触，受高速运动烟气的机械冲刷与炉料飞扬物的渣化侵蚀，因此，要想延长炉顶使用期，除了选用优质耐火材料，适当增加炉顶厚度外，还采用止推式压吊结构。

止推式压吊炉顶是用钢结构强制保护炉顶，使炉顶在受热或冷却时不至于发生畸变，生产过程中即使有少数砖块断裂或完全掉下，也不至于引起大面积的塌方，便于局部修补。

炉顶用楔型和标准型砖干砌，砌筑时两块砖之间夹垫一张马粪纸和一块0.5mm厚的黑铁片，铁片在熔化之后可使两块砖结合更紧密，马粪纸则起着膨胀缝的作用，砖的上端有半孔，半孔内嵌入渗铝铁销，它的作用是阻止砖块上下滑动。每7块砖作为一组，中间的2块砖比其他砖长80mm作为筋砖，通过吊环挂在轻型钢轨上，并用铁楔把吊环抵紧，用电焊点牢，这样，砖组就成为一个比较紧固的整体被紧挂在钢轨上。

反射炉全长30余米。炉顶可分为9~11节（也叫跨），每节长2.5~3.3m，节与节之间留有宽30~50mm的膨胀缝，开炉前要进行密封。密封可采用以下方法：把弯成U形的铁丝安放在缝中，敷设3~5根石棉绳，浇灌适量的耐火泥浆使石棉绳黏结在一起，然后用石棉屑把缝填满。

炉顶两侧留有加料孔，料孔的位置必须与钢结构错开。

7.2.3.5 钢结构

除了炉顶钢结构外，反射炉四周设有立柱，立柱成对设置，间隔1~1.2m。每对立柱的上下都有拉杆相连，拉杆用粗圆钢制作，端头车有螺丝，开炉升温或停炉后，通过拧松或拧紧螺帽调节拉杆的长度，即每对立柱之间的距离，使炉顶变形在允许范围内波动。

7.2.4 反射炉附属设备装置

（1）加料装置。熔炼生精矿时，加料系统包括储料仓、圆盘给矿机、皮带运输机、加料小车以及料斗底座组件。为了准确掌握反射炉的生产状况，在圆盘给矿机出口处一般另设一条短皮带，安装自动计量皮带电子秤。

（2）放冰铜装置。反射炉放铜按操作方式的特点分为打眼放铜与虹吸前床放铜两种。打眼放铜是用含铬铸铁板或精铜水套作铜口，用活动挡板固定在炉墙放铜口上。

虹吸前床放铜工艺。前床一般设在反射炉的中部偏后，分内前床与外前床两部分，内前床连反射炉内。由于有反射炉烟气通过，前床黏结大为改善，但是，前床墙壁要采用特殊方式固定，有的甚至全用水套。

（3）放渣装置。采用干式放渣，是将渣放入渣包内，用专用火车头运至放渣场。渣包可自动倾翻。采用湿式放渣，其设备包括水泵，是将液体渣排出的同时采用高压水喷嘴，冲成水碎，然后用抓斗或斗式取渣机，送至存放斗内，然后用汽车或火车运渣。冲渣水经过池澄清后用高压水泵将水返回冲渣使用。

转炉渣注入口一般设在炉头侧墙上，注入口中心线向尾部偏斜 10° 左右，以减轻进渣时渣流对料坡的冲击，防止炉渣从燃烧口处溢出。

（4）排烟装置。反射炉出口烟气会带走大量的热，一般都建有余热锅炉将烟气废热进行回收利用。因此，反射炉排烟系统一般包括斜坡烟道、余热锅炉、副烟道、电收尘、排烟机与大烟囱。副烟道是备用的，锅炉停产时烟气从副烟道进入电收尘。

7.2.5　反射炉生产常见故障

反射炉生产过程中常见的故障有倒料坡、跑渣、跑煤及炉底黏结等。

（1）倒（滑）料坡。料坡形如半圆锥体，底部浸没在熔体之中，料坡的重量依靠底料坡与熔体的浮力来支持。底料坡有石英型与烧结型之分，前者主要是难熔的石英石，后者是炉料在重压下烧结形成的。料坡除了受到竖直方向上的重力、浮力、底料坡支承力之外，料坡与炉墙之间还存在摩擦力，熔体流动时对料坡有水平方向的牵扯力或冲击力，当这些力保持平衡时，料坡处于稳定状态，否则就会出现滑料。

倒料坡的原因很多，底料坡的侵蚀瓦解导致倒料坡是最主要的，因此，建立石英型底料坡是稳定料坡的重要方法之一。料坡稳定性与炉料特征有密切关系，易熔的炉料很难建立起稳定的料坡，因此，计划调度部门应根据矿源合理选定炉料成分，避免集中处理高硫化矿。另外，进转炉渣速度过快，排渣过急引起熔池大幅度涨落，冰铜面过高对底料坡侵蚀加剧，料坡太大自重超过底料坡与浮力的负荷，都会诱发倒料坡。因此，为了稳定料坡，要求反射炉各岗位密切配合，加料必须贯彻勤加少加的原则，放渣按"宽、浅、平"操作原则操作，转炉进渣保持适当的进渣速度，都是防止与避免倒料坡的有效措施。

（2）跑渣。由于渣口变形或出现熔洞，堵渣口困难，可出现跑渣事故。一旦发生，严重时可造成厂房、设备和人身的严重危害。因此放渣时应严格按操作规程执行，每次放完渣清理一次渣口，垫好白泥，按"宽、浅、平"原则开渣口，不放大渣，这样可以防止跑渣事故。当跑渣时，在冰铜面较低的情况下，可采取把堵渣口的浮泥全部扒掉，清理好渣口重新堵；冰铜面较高时，只能用白泥团堵漏洞，同时立即放冰铜以降低冰铜面。最紧急时，可往渣口内投入大型耐火砖，以减缓熔体外流的压力。

（3）炉底结。根据分析，反射炉炉底结主要成分是 Fe_3O_4，其次是 Cr_2O_3，后者来自于转炉炉衬，是随转炉渣一同进入反射炉的。熔炼含锌高的炉料时，ZnO 也占有一定比例。

处理炉结的一般方法是加生铁球洗炉。

7.2.6 反射炉技术经济指标

直接影响反射炉熔炼效果的指标有床能率、燃料率与金属回收率。

(1) 床能率。即在单位床面积上一昼夜熔化的固体炉料量，$t/(m^2 \cdot d)$。影响床能率的主要因素有炉温、炉料的性质、适宜大小的稳定的料坡。

(2) 燃料率。是消耗的燃料量与熔化的固体炉料量之比，用百分数表示。燃料率与床能率密切相关，一般来说，床能率增高则燃料率降低。燃料率与燃料的性质直接有关，如果用优质燃料，不仅可以强化燃烧，提高床能率，而且还能减少燃料消耗。采用富氧鼓风或预热空气，可以改善燃烧效果，有利于降低燃料率。

(3) 金属回收率。金属回收率是指产出铜锍的含铜量占消耗的物料的含铜量的百分比。反射炉金属回收率主要取决于炉料品位、渣率、渣含铜及电收尘出口排尘损失等。降低渣中含铜损失对提高金属回收率具有特别重要的意义。

7.3 电 炉 熔 炼

7.3.1 电炉熔炼的基本原理

电炉是利用电能转换成热能产生高温熔化炉料的一种冶金炉。

和其他冶金炉（如鼓风炉、反射炉）相比，电炉有其独特的优点。如容易形成高温区而且温度易于控制；不添加燃料、没有燃烧气体产生，因而炉气量较低，并且对多种物料具有较强的适应性。

正因为如此，对一些钙、镁含量较高的难熔矿来说，采用电炉熔炼是最为适宜的。

电炉主要应用于铜、镍硫化矿的熔炼，因而在电费低廉、水电丰富的地区，电炉熔炼方法具有一定的优势。

用于铜精矿熔炼的电炉习惯上叫矿热电炉。因为这种电炉在产生热能时既有电阻热又有电弧热，所以矿热电炉又叫电阻－电弧炉。电炉熔炼原理实质上可分两个过程：一个为热工过程（如电能转换、热能分布等），另一个为冶炼过程（如炉料熔化、化学反应、铜渣分离等）。

7.3.1.1 电能的分布

熔池中电能的分布可以用电场和熔池各部分的电压降来解释。

图 7-5 所示为电场的分布。

图中的同心圆表示电压降相同的等电位面，其数值以相电压的百分数来表示。

从电炉中心线算起，在相当两个电极直径距离的范围内（靠近电极的区域，是熔池的导电部分）是电能转变为热能的主要区域，也是炉料熔化的区域，而在远离电极中心线超过 2 个电极直径以外的熔池区，由于电压降很小在接近炉墙附近的地方趋近于零，所以这里几乎没有电流通过，也不产生能量转换。反之，以电极为中心，距离越近，电压降愈大，在 2 倍电极直径的熔池平面内通过的电流也大，电流的转换愈强烈，温度也愈高。因此，由于电压降的不同决定了电能在熔池内的分布。

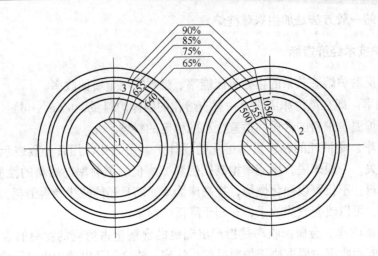

图 7 - 5　电场的分布图

1，2—电极；3—距电极中心距离

　　熔池面上的电压降的大小与电极插入深度有关，同一平面上不同电极插入深度的电压
降是不同的。

　　当电极插入较浅时，在距电极表面 0.1m 处，其电压降为 84%，距电极中心线 1m 处
达到 90%；当电极插入较深时，在距电极表面 0.1m 处电压降仅为 43%。当电极插入较深
时，其电位面也将扩大，熔池的受热面也将增大，热的分布也愈均匀；当电极插入较浅
时，其电位面将减小，热的分布集中在熔池表面。

7.3.1.2　炉渣的对流与热交换

　　由于电能的转换和分布是不均匀的，因而熔池内各部分的温度也不一样。

　　从纵向看，靠近熔体上层的温度较高，下层较低；从平面分布看，各电极周围附近熔
池面（从电极中心起在 2 个电极直径范围内的区域）温度较高，而炉子两侧及远离电极
中心的熔池四角温度最低。

　　熔池温度分布虽然是不均匀的，但通过炉渣的对流和改变电极插入深度，可以使整个
熔池的温度大体一致并达到冶炼工艺要求。

　　从热传递的原理可知，电炉以对流传热为主，熔池中炉渣既是一个载热体又是传热介
质，通过炉渣的对流运动（对流速度约 2m/s 左右）就可进行高温区和低温区的热交换，
从而使整个熔池的温度分布均匀。

　　在实践中，可以通过切换变压器二次电压来调整电极插入深度，如增加二次电压，则
电极插入深度可以浅些；反之，如降低二次电压，则电极就需插得深些。通过这个办法，
也可以控制熔池上下部冰铜与炉渣的温度。

7.3.2　电炉结构及附属设备

　　近代有色冶金电炉有圆形炉和矩形炉两种。圆形炉有 3 根电极，由 1 台三相变压器供
电，矩形电炉有 6 根电极、由 3 台单相变压器供电。

　　大型铜精矿熔炼电炉是有 6 个电极的矩形电炉，由电炉本体和附属设备组成，炉体是
用耐火砖砌筑而成的矩形熔池；附属设备由骨架系统、加料装置、排烟管道及供电设施等

部分构成。

7.3.2.1 电炉结构

电炉由炉基、炉底、炉墙、炉顶四个部分组成。电炉结构如图7-6所示。

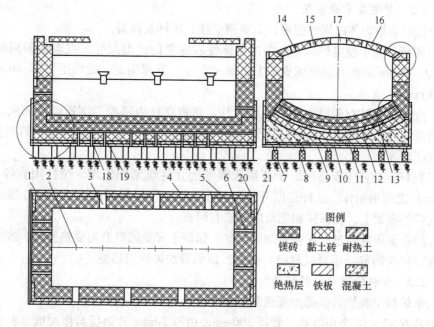

图7-6 电炉结构三视图

1—渣口；2—电极中心；3—工作门；4—侧墙；5—端墙；6—铜口；7—工字钢；8—混凝土支墩；
9—底板；10—耐热土；11—黏土砖；12—绝热层；13—镁砖；14—侧边加料孔；15—中心加料孔；
16—炉顶；17—电极孔；18—接地线孔；19—热电偶孔；20—侧墙围板；21—端墙围板

（1）炉基。电炉基础是由数量不等的钢筋混凝土支墩组成（大型电炉有90多个墩），每个支墩高2m。

为了保持基础水平，每个混凝土支墩上部垫有钢板。在钢板上沿纵向设置工字钢梁，工字钢上面再铺厚度为40mm钢板作为电炉的底板。

（2）炉底。炉底砌筑于电炉底板上，分上中下三层，下层由耐热混凝土筑成，中层用耐火砖砌筑。耐热混凝土炉底按预先设计的反拱形尺寸要求浇灌在钢底板上，并从炉后向炉前倾斜，其倾斜度为0.6%。沿耐热混凝土底横向有5条宽20mm的膨胀缝，其间用易燃物填塞。按耐热混凝土质量要求，在反拱浇灌完后需进行较长时间的保养、干燥。使其强度逐渐提高到400kPa以上，耐火度1200℃。

炉底下部装有三相接地线，以防止短路。

（3）炉墙。电炉炉墙分端墙和侧墙，二者都砌筑于炉底上。渣线区及渣线以下墙体用镁砖砌筑；其上用黏土砖砌筑，侧墙厚度为805mm，端墙厚度为1050mm。炉墙和炉底接触部位是电炉整个砖砌体的重要部分。

侧墙每边各开有3个工作门，每个工作门各对准一个电极，以便在开炉期间添加焦炭和观察电极。前端墙设有2个冰铜放出口，其高度分别为370mm和470mm. 后端墙开有4个放渣口：2个为高口、2个为低口，其高度分别为1370mm和1270mm。

（4）炉顶。炉顶用黏土砖砌筑成拱形顶。炉顶拱高 700mm，中心角 $\alpha = 60°$，曲率半径 $R = 5800mm$。炉顶沿拱角砖呈弧形砌筑，拱角砖由炉子两侧的拱脚梁支承，拱角梁沿纵向布置并固定在两侧立柱（工字钢）上。

7.3.2.2　骨架及紧固装置

电炉骨架系指炉体四周的围板、工字钢立柱、拉杆及弹簧。

（1）围板。为了使电炉具有必要的整体性和完整的外形尺寸，在电炉四周装有一层厚度为 20～40mm 钢板。围板四周用工字钢（立柱）支撑固定。端墙围板厚 40mm，侧墙围板厚 20mm。

（2）立柱。立柱有侧墙立柱和端墙立柱。每根立柱由两根工字钢组合而成。立柱沿炉子四周按设计尺寸进箱排列，直立于混凝土支墩上，但和支墩没有连接。两侧相对应的立柱用拉杆紧固。

（3）拉杆。拉杆主要是对炉子两侧和两端的立柱起紧固作用。拉杆用直径为 65mm（或 80mm）之圆钢制作。拉杆是断开的，用非磁性钢作接头加以连接。拉杆端头用螺母压紧在立柱的横梁上，在横梁和螺母之间装有弹簧。

拉杆的松紧程度通过压缩弹簧加以调节。如炉子开炉因温升而受热膨胀，或停炉因降温而收缩，均应调节（压紧或放松）弹簧，以保持炉体均匀形变。

7.3.2.3　炉料输送与加料装置

加入电炉的干燥炉料全部由埋链刮板输送。

电炉共有 32～36 个加料管，管径 300mm，由厚 10mm 的钢板制作而成。料管上部与刮板底部下料口连接，下部插入炉顶；与炉顶接触的一段为铸铁管，铸铁管与钢管用螺钉固定。

料管在使用过程中由于磨损会产生漏料，为了减少对管壁的磨损、提高料管使用寿命，所有料管（在炉料接触的弧面）均采用双层结构。料管分中心料管和侧墙料管。原则上一个电极有 2 个侧墙料管和 4 个中心料管。

电炉是连续进料。刮板启动后，炉料从刮板底部下料口沿料管自行加入熔池。为了控制下料量和保持炉料分布均匀，可调节刮板底部的下料闸板。

7.3.2.4　设备的冷却与短网防尘

（1）炉底冷却。电炉炉底和导电铜排均设有通风冷却设施。

电炉炉底由于冰铜过热而有可能造成炉底漏铜，采用外部强制通风进行冷却。

每一台电炉各用一台风机供风。

炉底风机的运行视炉底温度高低而定。当温度正常（400～500℃）时，可以不通冷却风；如温度过高（大于 600℃），则必须通风。

（2）供电短网（铜排）冷却。由变压器低压侧引出的导电铜排有两种形式：一种是水冷式管状铜管，采用循环水冷；另一种是片状铜排，采用通风冷却。片状铜排外部装有密封罩对导电铜排加以密封，以防止因粉尘堆积而造成片间短路。密封罩用厚 1.50～2mm 钢板，并用炉底冷却风机向罩内供风进行冷却。

7.3.2.5　电极及其吊挂装置

铜精矿熔炼电炉所用的电极为自焙电极。

电极由电极壳（壳内装有电极糊）、电极夹持器（铜瓦）、电极压紧圆环和电极吊挂装置等几个部分组成。

（1）电极壳。电极壳是用厚度为 1.5 ~ 2mm 钢板焊接或铆接加工制作而成。每一节电极壳长约 1200 ~ 1500mm，由 8 块圆弧状的钢板组成，每块钢板之间用铆钉加固，然后再进行焊接。电极壳内有 8 块肋板片，每一块肋片上开有数量不等的△形切口，以保证在电极烧结时钢板和电极糊咬合紧密。

电极壳上下呈大小头状，大头与小头相差 5 ~ 10mm，便于在电极壳接长时新接的下端插入原电极壳上端壳内，保证接触紧密便于焊接。在电极壳内沿垂直方向加有 3 ~ 5 根直径 18 ~ 20mm 的螺纹钢，以增加电极烧结后的强度。

电极壳圆周开有直径 3mm 呈梅花状之排气孔，以便在电极烧结时排出挥发物气体。

（2）电极夹持器。电极夹持器习惯上又叫铜瓦。因形状似瓦，材质是铜，故称之为铜瓦。

铜瓦为黄铜或紫铜作成，它的作用是将电流输送给电极。铜瓦数量的多少取决于电极直径的大小，直径为 1100 ~ 1200mm 的电极有 8 块铜瓦。

（3）压紧圆环。吊挂在护筒上的铜瓦由压紧圆环将其压紧并使之紧贴于电极壳周边。

压紧圆环圆周有 8 个弹簧压紧装置，每块铜瓦一个，该装置由可调螺栓、螺母、压盖和弹簧等部件组成。弹簧压紧装置对铜瓦的压紧程度用可调螺栓进行调节。

压紧圆环由铸钢件制作，由两个空心半圆环组成，两个半环的接触部用两个带有黄铜套的销钉连接，其目的是为了切断因电流通过电极而在圆环上产生的磁场。

压紧圆环需通水冷却，每一个圆环上各有两个进出口水管，用钢制拉杆将压紧圆环吊挂在电极护筒下面。钢制拉杆和护筒是绝缘的。

（4）电极吊挂装置。铜精矿熔炼电炉的电极重量（包括电极糊）约 15t 左右，长近20m，因此必须有两个可靠的紧固及吊挂装置，以承受电极的重量。

整个电极及其夹紧装置的重量均由电极护筒来承担；而护筒又吊挂于 35t 卷扬机上，即整个电极系统的吊挂及升降通过卷扬机来进行。

7.3.3　生产操作及故障处理

7.3.3.1　加料操作

加料操作应当做到：

（1）以消耗较低的电能，达到较大的炉料处理量。

（2）均衡加料、保证在熔池内形成一定厚度的料坡。

（3）严格控制有关技术条件（如熔池深度、工作电压、负荷率等），保证正常的放铜、放渣温度。

（4）尽量减少翻料，防止熔池表面结壳和熔体过热。

（5）加料操作应加强对电极及导电系统的维护和检查，保证电极经常处于良好工作状态。

7.3.3.2　电极操作

电极操作包括下述内容：电极壳的接长，电极的消耗与下放，电极检查，电极糊加入，电极事故及其处理。

（1）电极壳的接长。预先制备的，每一段新电极壳的小头插入旧电极壳大头内，然后焊接。

电极壳接长一般都是带电作业。电极焊接质量的好坏对电极事故的产生有一定影响。因此对焊接质量应有严格要求：

1）保持新旧电极壳的同心，其垂直度在 5mm 左右。

2）上下电极壳内 8 块对应的肋片要一一对应相接。

3）上下电极壳内 3~5 根直径 18~20mm 的螺纹钢也必须相应接长。

4）电极壳接长的同时，电极两侧的钢带也应随之焊接电极壳上。新旧钢带连接时，钢带接头应搭接，其搭接长度不小于 200mm，搭接时的焊接缝厚度不大于 4mm。

（2）电极的消耗与下放。随着生产过程的进行，电极将逐渐被消耗，因而造成电炉功率下降。为了恢复给定的功率，电极在控制仪表作用下将自行下插。当电极下插到行程开关的下限位置时，电极便停止下插，此时功率仍然下降，甚至趋近于零，这就意味着电极必须下放补充才能恢复功率到给定值。

（3）电极检查。为了保持电极经常处于良好工作状态，必须加强对电极的检查。

1）检查电极烧结情况，即检查电极是否悬料、流糊，电极壳是否破裂，铜瓦上缘以上 300~500mm 的电极是否呈软化状态。

2）铜瓦与电极壳接触是否良好，铜瓦是否卡入电极壳内。

3）检查电极糊糊面高度。

4）电极冷却水是否畅通。水温 50~60℃。

5）电极绝缘状况是否良好。

（4）电极糊及其加入：

1）电极糊。用无烟煤、焦炭加黏结剂（沥清）制作而成。对电极糊的要求是：固定碳含量大于 70%，灰分 5%~10%，挥发物不大于 12%，成分均匀比重不小于 1.50。电极糊的性能见表 7-1。

表 7-1　电极糊的性能

机械强度/kg·mm⁻²	电阻率/Ω·m²·m⁻¹	真比重/g·cm⁻³	假比重/g·cm⁻³	汽化率/%
260	150	1.80~2.00	1.5	15

电极烧结完好的标志是：比电阻小、强度大；电极无悬空现象，电极工作端呈暗红色。

2）电极糊的加入。电极加入电极糊的时间和加入量，按测量各个电极糊面高度确定，其高度 1600~2000mm，电极糊内不得混有杂物和受潮，电极糊加完后，每个电极壳上端应加盖盖好，防止粉尘落入电极壳内影响烧结。

3）电极糊消耗。铜精矿熔炼电炉的电极糊消耗为 2~4kg/t 料。

（5）电极事故及其处理。常见的电极事故有电极软断、电极硬断、电极流糊三种。

1）电极软断。所谓电极软断，是指电极在炉顶以上、铜瓦以下的部位产生断裂的现象。电极软断后电极糊全部流入熔池，整个电极是一个空的壳体。

电极软断的主要原因是：

① 电极下放过多、过快，电极本身尚未达到完全烧结，由于铜瓦与电极壳接触处的

温度很高，故把电极壳烧红，甚至烧断。

② 电极壳内加入的电极糊不致密，悬料，甚至分层。

③ 电极壳焊接质量不好，强度不够而发生软断。

电极软断后，应重新制作一个新的壳底，并将其原来的电极壳接上，周边用厚 10mm 的扁钢加固，电极壳内再插入 3～5 根螺纹钢以增加其强度。电极壳接好后，再加入电极糊。先在炉顶上部用木柴烘烤，然后再放入熔池内利用炉温余热烧结。电极烧结一段就下放一段，直至该电极工作端和熔池面接触时为止。此时即可送电，以加快其烧结速度，送电功率不宜偏高，负荷应缓慢增加。

2）电极硬断。硬断多发生在电极与渣层接触处。电极硬断长度不等，一般断裂 200～300mm，对生产没有大的影响。但有时断裂 1000～3000mm，将给电极操作带来一定困难。

电极硬断的原因在于：

① 电极糊质量不好，尤其是电极糊灰分含量可能过高。

② 电极烧结不完全，从外表看已经烧结，但其内部却未完全烧结。

③ 停电时间较长，电极长时间插入熔体，当电极上升时容易将电极拉断。

如电极硬断较短（300～500mm），一般可正常送电，如功率尚不能达到规定值，则可下放电极。如硬断较长（大于 1000mm），必须对电极进行木柴烘烤，并采取一面烘烤，一面下放的办法，使电极逐步插入熔池，然后再正常送电。

7.3.3.3 停、送电操作

（1）电炉的停电。电炉停电分有计划停电和事故停电两种。

如短网清扫、铜渣口更换等都属于计划停电的范围；事故停电系指由于工艺、设备事故而引起的停电。

（2）计划停电时应逐步降低负荷，一般规定在半小时内降完负荷并停电。

在停电过程中，如其他设备停电时，短网冷却风机不得停电，以防止粉尘进入短网密封罩。

（3）送电。送电前，应对电极和电气设备进行详细检查。在某些情况下有时还必须对电气设备进行耐压及绝缘测试。

送电前，先提升电极并使之空载。然后电极按 1 号～6 号的顺序逐步下插并开始供电，当负荷送到规定值后电极就停止下插。

送电后负荷提升不能过快，要求逐步增加功率，通常送电 0.5～1h，负荷可增加到原来的数值。

7.3.4 电炉的开炉与停炉

7.3.4.1 电炉的开炉

新电炉开炉比较复杂，而旧电炉却较为简单。新电炉一般按电阻丝烘炉、木柴烘炉—电极焙烧、电弧烘炉、熔渣洗炉 4 个阶段进行。

开炉前应编制详细的开炉计划并进行有关准备工作；对炉体有关部位（如炉顶、侧墙、端墙）作好膨胀标记，测定全部拉杆长度并作好记录，编制开炉日程表（表 7-2）及送电计划。

表 7 − 2　电炉开炉日程表

序号	烘炉阶段	时间/d	温升/℃	条 件 控 制
1	电阻丝烘炉	5 ~ 7	200 ~ 400	送电功率稳定逐步提高
2	木柴烘炉及电极焙烧	7 ~ 12	600	注意升温速度，添加木材均匀，即时并注意拉杆测定及调整
3	电弧烘炉	3 ~ 5	650 ~ 700	弧光稳定，三相功率平衡
4	熔池洗炉	3 ~ 5	≤800	加渣均衡、适量，严格控制熔池内浓度
5	加料	2 ~ 3	400 ~ 500	加料均衡后，即按正常条件作业，2 ~ 3 天后，可放铜投产
6	全长时间	20 ~ 32		

（1）电阻丝烘炉。电阻丝烘炉的目的在于烘干砖体残留水分。电阻丝用镍－铬丝或 4mm 镀锌铁丝制作成螺旋管形，直径为 25mm。电阻丝可以沿炉底纵向排列，也可以成横向布置。由电阻丝三相变压器供电。

烘炉一般为 5 ~ 7d，炉膛温度可达 200 ~ 400℃，电阻丝烘炉一般为 5 ~ 7d，炉膛温度可达 200 ~ 400℃。

电阻丝烘炉结束后，即将电阻丝拆除，进行木柴烘炉。

（2）木柴烘炉－电极焙烧。电阻丝拆除后，沿炉底铺一层干水碎渣，其厚度为 500 ~ 800mm，在水碎渣的上面沿炉底纵向焊制一钢制框架（尺寸为宽 3m、高 1.50m）钢制框架内装满大块焦炭。盛有电极糊的电极壳坐于装有焦炭之钢制框架上，电极底部锥体应被焦炭覆盖。沿框架四周及其上部加入一定数量的木柴，然后开始点火进行木柴烘炉。

木柴烘炉的主要目的是对电极进行焙烧，同时也进一步提高炉温。这一过程大致要维持 7 ~ 12d。

在烘炉过程中，操作人员要经常观察电极烧结情况。当有大量挥发物排出、电极端部呈暗红色、有蓝色火苗从电极排气孔排出时，可以认为电极已基本烧结完好。

（3）电弧烘炉。电弧烘炉的目的在于进一步焙烧电极并使之达到正常送电要求。

电弧烘炉采用星形负荷供电，应低电压、低功率，使功率缓慢提升。

电弧烘炉阶段的显著特点是电弧不稳定，电流波动大，这时须随时添加焦炭以保证电弧稳定，温度均匀上升。

电弧烘炉时间一般 3 ~ 5d，炉膛温度 700℃左右。这时电弧稳定三相功率趋于平衡。

（4）熔渣洗炉。熔渣洗炉在于通过炉渣对流使整个熔池温度尽可能均匀一致，并达到用熔渣填塞砖缝的目的。

新电炉的熔渣包括先铺入炉底的水淬渣和不断新均匀加入一定数量的干水淬渣，也可返入熔体转炉渣。

在洗炉阶段，熔池面的高度可为 1600 ~ 1800mm。当熔池面超过上述规定时就开始放渣。这样，炉渣边加入边放出，可以加速炉渣的对流和循环，使整个熔池的温度均匀一致。

洗炉时间：3 ~ 5d。

整个新炉烘炉时间约为 20 ~ 32d，小修或中修开炉过程可以简化，时间也可缩短。

7.3.4.2 电炉的停炉

电炉停炉分以下 4 个步骤。

(1) 提高熔池面。提高熔池面的目的在于将炉体黏结物、"渣瘤"熔化。在此期间一面进料、一面暂停放渣,进料多少视冰铜面高低而定,当铜面位置高度接近渣口位置时可停止进料。

熔池面高度为 2600mm。提高熔池面时间约 1~2d。

(2) 熔渣洗炉。停止放铜、放渣和进料。这时可增大送电功率(一般比正常生产增大 20%),提高工作电压、过热炉渣,提高熔体温度,把黏结物尽可能化掉。

熔渣洗炉时间 2~3d。

(3) 放渣期。熔渣洗炉结束就可开始放渣。放渣时要求时间短放得快,必要时开 2 个渣口放渣,而且放净,一直放到接近冰铜面为止。放渣期应特别注意跑渣事故和渣面下降快引起的电极事故。

(4) 放铜。放渣结束,就开始放铜。

放铜要与转炉配合,放出的冰铜应尽可能倒入转炉。但是,因冰铜是连续放出。转炉处理不完的,少部分冰铜可放到冷料场。

放铜时间不超过 1d。

整个停炉时间约 5~7d。

7.3.5 电炉熔炼安全技术

7.3.5.1 电炉安全用电

(1) 严禁人体直接接触或用金属导体接触导电系统。如检查电极时只能站在一根电极上而不能同时跨越两个电极。检查时,手套、工作鞋必须保持干燥。

(2) 电极工作电压为 300~500V,因此,电炉操作台及走道需用耐压 500V 的瓷砖绝缘,并定期对绝缘情况进行测定。

(3) 电炉炉底装有三根接地线,可以认为整个炉体是绝缘的。但是应定期对接地线进行检查,如因某种事故(如跑铜、漏铜)而烧坏接地线时,应及时修复。

(4) 加入电极糊的操作台垫有瓷砖,以确保其绝缘良好。但在接长电极壳时应防止导线接触电极壳,以免引起触电。

(5) 电炉整个电极壳的长度约 15~20m,电极从上到下通过三层水泥楼板,在楼板电极壳间需采取绝缘措施。

7.3.5.2 加料安全技术

(1) 加料操作人员在测量铜面、渣面时,应防止钢钎接触短网线路电极、软母线、导电铜管。

(2) 当铜瓦冷却水管漏水时应立即关掉水管进水闸门。松铜瓦螺钉需用专用扳手,其手柄应是绝缘的。

(3) 停、送电时应按停送电程序进行。在送电前,操作人员不得滞留在电极中间的过道上。停送电时应有专人联系。

(4) 下放电极时需防止因电极夹持器过松而下滑,以免造成电极事故。定期检查电极行程开关(即限位器),防止因限位失灵而破坏炉顶。

（5）定期定时检查热工仪表运行状况及温度上升情况，尤其是炉底温度的变化。

 思考题

7－1　密闭鼓风炉熔炼的原理是什么？该工艺的特点是什么？

7－2　反射炉熔炼的原理是什么？该工艺的特点是什么？

7－3　电炉熔炼的原理是什么？该工艺的特点是什么？

7－4　传统熔炼工艺与现代强化工艺相比有哪些缺点？

8 其他炼铜方法

8.1 概　述

现代铜冶金中除应用较广和具有典型意义的熔炼方法外，还有一些在铜熔炼中占有一定地位的其他方法，如日本的三菱法、智利的特尼恩特法、瑞典的卡尔多（氧气斜吹旋转转炉）法、俄罗斯的瓦纽柯夫法、德国的旋涡顶吹熔炼法，以及加拿大国际镍公司的氧气顶吹氮气底部搅拌法。这些方法有的是在原有炼铜设备上进行改造而成，有的是从炼钢或其他金属冶炼设备移植改造而来，它们各具特色，从不同方面和不同程度满足了现代炼铜工业对能源效率、环境保护、生产规模、处理复杂矿的能力、综合回收水平、劳动力需求以及投资等方面的需要。

表 8-1 列举了几种其他炼铜方法的简况。

表 8-1　几种炼铜方法的简况

项　目	瓦纽柯夫法	特尼恩特法	三菱法	旋涡顶吹熔炼法	卡尔多旋转炉法
工业应用时间	1976	1977	1974	1993	1976
开始应用的冶炼厂	俄罗斯 Norilsk	智利 Caletones	日本 Nashima	美国 EL Paso	瑞典 Ronnskar
生产能力	$70t/(m^2 \cdot d)$	2000 t/d	$18t/(m^2 \cdot d)$	110kt/a	25kt/a
富氧浓度/%	60～70	33～36	52.2	95	工业氧气
铜锍品位/%	40～65	74～76	68.5	~58	45～粗铜
烟气 SO_2 浓度/%	20～30	25～35	30.9	~24	~15
烟尘率/%	<0.8	0.8	—	4.5～6.5	—
炉寿命/d	>500	>500	550	—	56～70
总硫利用率/%		92	99	98	
精矿含水/%	6～8	≤0.2	≤1	≤0.5	
渣含铜/%	0.3～0.65	0.85	0.6	≤0.65	0.8

现代炼铜方法普遍采用富氧，充分利用精矿中铁和硫在氧化过程中放出的热量降低能耗；同时由于入炉的氮气量减少，烟气体积降低，SO_2 浓度提高，因此烟气处理费用明显下降，总硫利用率显著提高；此外烟气量的减少也使热支出减少，从另一方面降低了能耗。但由于使用的能源种类、方式不同，各种炼铜方法的能耗指标很难相互比较，往往最低的能耗指标不是最低的能耗费用。

一些方法采用喷枪或喷嘴方式加料，因此对精矿含水有严格要求，许多炼铜厂都装备了庞大的干燥设备。多数方法对原料的含杂质情况比较宽容，有些新方法处理复杂精矿的能力较强，如旋涡顶吹熔炼法、卡尔多法和水口山法更适合处理含 As、Sb 高的原料。

近年来，随着对环境质量要求越来越高，新的炼铜方法除了重视大的环境保护外，还很注意车间的空气质量，尽量减少烟气低空逸散，力图使熔炼和吹炼在同一炉内进行，避免物料转移时的 SO_2 烟害，尽可能使脱硫过程集中于连续设备之中。在这方面，日本的三菱已经取得了明显的效果，排放烟气中的 SO_2 浓度低于 10×10^{-6}，总硫利用率达到99%以上。

8.2　瓦纽柯夫熔炼法

8.2.1　概述

瓦纽柯夫法是苏联冶金学家 A. B. Ванюков 于1949年首先提出的一种铜冶炼方法，目前，该炉已作为一种优良的炼铜方法广泛应用于俄罗斯和哈萨克斯坦等国。

瓦纽柯夫熔炼是典型的熔池熔炼，也是一种喷吹乳化冶金新工艺，它以吹炼炉渣"乳浊液"为特点，熔炼和炉渣贫化都在同一个双室设备内完成。由于理论研究充分，过程经过优化处理，在鼓泡乳化熔炼过程中有效地抑制了磁性氧化铁的生成，加速了相凝聚与分离，强化了传质与传热过程，与其他熔池熔炼方法相比，具有如下特点：

（1）备料简单，对炉料适应性强。块料和粉料可以任意比例入炉，硫铜比也不受限制，粒度可大到150mm，水分为6%～8%，转炉渣和含铅锌原料均可以处理。

（2）熔炼强度大，床能力高70t/（d·m²），而且生产规模可大可小。

（3）虽然瓦纽柯夫炉的冷却水带走大量热量，但炉料中的硫作为燃料得到了充分利用，能耗较低。

（4）烟尘率小于0.8%。

（5）炉寿命长达500d以上。

（6）可以直接产出弃渣而无需在炉外采取贫化措施，渣含铜在0.3%～0.65%之间。

（7）烟气中 SO_2 浓度较高（20%～30%），炉子在负压下操作，现场环境较好，作业简单。

这些优点使单位产量的基建费用和生产经营费用大为降低。但瓦纽柯夫法毕竟是一种比较新的炼铜新技术，尚处在发展中，仍有许多需要改进的地方，如炉渣的贫化程度不够深，水套的热损失较大，并且需要占地很大的冷却池，需要保持较高的熔炼强度来保证风口以下熔池的温度，以及铜水套的制造安装要求非常严格等。

8.2.2　瓦纽柯夫炉的基本结构

瓦纽柯夫炉（图8-1）是一个具有固定炉床，横断面为矩形的竖炉。炉缸、铜锍池和炉渣缸吸池以及炉顶下部的一段围墙用铬镁砖砌筑，其他的侧墙、端墙和炉顶均为水套结构，外部用钢架支承。风口设在两面侧墙的下部水套上。有的炉子每侧有两排风口，端墙外一端为铜锍虹吸池，设有排放铜锍的铜锍口和安全口，另一端端墙外为炉渣虹吸池，设有排放炉渣的渣口和安全口，小型炉子的炉膛中不设隔墙，大型炉的炉膛中设有水套炉

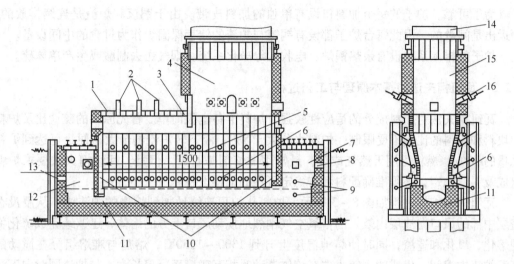

图 8-1 瓦纽柯夫炉的结构图

1—炉顶；2—加料装置；3—隔墙；4—上升烟道；5—水套；6—风口；7—带溢流口的渣虹吸；
8—渣虹吸临界放出口；9—熔体快速放出口；10—水冷区底部端墙；11—炉缸；12—带溢流口的铜锍虹吸；
13—铜锍虹吸临界放出口；14—余热锅炉；15—二次燃烧室；16—二次燃烧风口

墙，将炉膛分隔为熔炼区和贫化区的双区室（图 8-2）。隔墙与炉顶之间留有烟气通道，与炉底之间留有熔体通道。炉子烟道口有的设在炉顶中部，有的设在靠渣池一端的炉顶上，在熔炼区炉顶上设有两个加料口，贫化区炉顶上设有一个加料口。

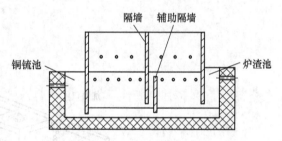

图 8-2 瓦纽柯夫炉的双室隔墙

为了更充分地搅拌熔池，两侧墙风口的对面距离较小，仅 2.0~2.5m；炉子的长度因生产能力不同而变化，为 10~20cm 不等；炉底距炉顶的高度很高，为 5.0~6.5m，熔体上面空间高度 3~4m，有利于减少带出的烟尘量。风口中心距炉底 1.6~2.5m，风口上方渣层厚 400~900mm；渣层厚度和铜锍层厚度由出渣口和出铜口高度来控制，一般为 1.80m 和 0.8m；为防止粉状炉料被带入烟道，加料口通常远离烟道口。

水套共有三种类型，即侧墙水套、隔墙水套和炉顶水套，前两种水套都是用铜铸造的。炉顶水套由不锈钢制成。其中侧墙水套还分为风口型水套和排列型水套，每块水套高 1300~1400mm、宽 600mm、厚 80~100mm。

风口为一铸铜水冷的偏心截头圆锥台，内径 40mm，与水平呈 7°~8° 的下俯角，插入风口型水套内，风口外部有法兰与弹子阀三通相联，支风管上设有风闸，风口中心还可以插入一根比其内径稍小的天然气管向炉内送天然气。

炉子可以在不放出熔体的情况下停风，在风口中插入一个头部为锥形的代杆钢塞，防止熔体倒灌入风口，然后再关闭风闸，开风后拔出钢塞，用铁棍把风嘴凝结的渣溜打掉即可。

为了可靠，炉子的每个加料口设有单独的加料皮带。由于铜锍和炉渣是连续排放的，而运出是间歇的，因此每台炉子都设有铜锍与炉渣的储存保温炉作为过渡的中间设备。

炉子的排烟系统设有余热锅炉、电收尘等净化系统，烟气送去制酸或生产单体硫。

8.2.3 瓦纽柯夫法的基本原理与工艺过程

瓦纽柯夫法对原料成分的适应性较强，炉料准备也很简单。首先原料的硫铜比及炉料中块料和粉料的比例不受限制，炉料水分大于8%，液态转炉渣的最大返回量可达到炉料总量的30%，燃料可用天然气或煤，最常用的熔剂是石英。但是，瓦纽柯夫法要求炉料组成及料量稳定，必须准确配料和有稳定可靠的加料设备。

瓦纽柯夫熔炼过程如图8-3所示。炉料从炉顶连续地加到熔融的炉渣中，从浸没在渣层中部的风口向渣层内鼓入的富氧空气剧烈地搅动风口上方的熔体，迅速地完成硫化物的熔化、氧化和造渣，同时使熔池温度上升到1300~1350℃，熔剂与难熔组分在搅动的高温炉渣中溶解，生成的铜锍小珠在熔体搅动时相互碰撞而凝聚长大，与炉渣同时向下沉降到风口下方的平静区内。在沉降过程中炉渣被下降速度更快的铜锍洗涤，最后形成下部的铜锍层和上部的渣层。炉渣在向出渣口流动过程中得以贫化，然后经炉渣虹吸池连续排出。铜锍与炉渣逆向运动，经铜锍虹吸池排出。据研究，生成的铜锍珠粒度为0.4~4mm，具有很快的下沉速度，达0.12m/s。

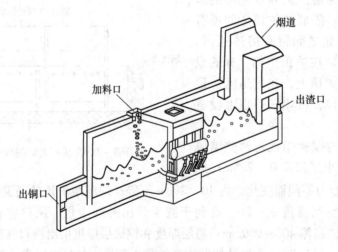

图8-3 瓦纽柯夫熔炼过程示意图

在激烈搅动的高温熔融渣层中，炉料中硫化物的熔化速度超过了它的氧化速度，在这种情况下，鼓泡渣层不再是单纯的造渣氧化物的聚合体，而是以炉渣为基体熔解了一定数量的液态硫化物、铜锍粒子、烟尘，以及悬浮着一定数量的难熔物质和气相产物的混合"乳浊液"。熔渣层中一定数量硫化物的存在有效地阻止了铁的过氧化，而熔池内的剧烈鼓泡搅动则大大地改善了Fe_3O_4还原的动力学条件，这种侧吹厚渣层是瓦纽柯夫法与其他熔池熔炼法的区别。

在瓦纽柯夫炉内，强烈的搅动有利于铜锍液滴碰撞凝聚长大，并使悬浮在炉渣中的铜锍液滴与底铜锍成分保持一致，减少铜在炉渣中的溶解，同时强化了难熔组分的扩散过程，为加速难熔物质的熔化创造了最好的动力学条件，提高了熔炼强度。在强化过程中的传质与传热问题上，瓦纽柯夫法也作出了最佳的技术选择：对熔体剧烈搅拌并充分利用熔体内部产生的热量，有效地利用了体系的热能而又不造成局部过热，可以自由调节氧浓度，为提高炉寿命、床能力和 SO_2 浓度创造了有利条件。

在氧料比一定的情况下，瓦纽柯夫炉的生产能力可通过增加氧浓度和给料量来提高，鼓风氧浓度的上限可以采用纯氧，但考虑到过高的铜锍品位将导致 Fe_3O_4 的产生和渣含铜的损失增加，一般采用 60% ~70% 的氧浓度，以使铜锍品位控制在 40% ~65% 之间。

熔体的温度可通过改变给料速度、鼓风氧浓度、鼓风量来调节，但有时会受风口风速的限制。在这种情况下，一般采用固定风量、氧浓度，同时改变给料速度来调节。其他调节熔体温度的途径还有调节燃料率、炉料含硫、加入冷料、水套水温及其水量等办法。另外瓦纽柯夫炉需要一个稳定不变的渣面和铜锍面来保证过程的正常进行，熔池面的波动会影响其他技术条件的稳定。

为了使鼓风更有利于对熔渣的搅动，充分发挥乳化冶金的特点和优化过程条件，瓦纽柯夫法采用了在高温下黏度较小的高铁硅钙渣型，并控制 SiO_2 的含量，以降低 FeO 的活度来扼制 Fe_3O_4 的生成量，从而减少铜随炉渣的损失。表 8 – 2 是 Балхаш 厂控制铜锍45% ~50% 时的渣含 Cu、渣含 Fe_3O_4 与 SiO_2 量的关系。

表 8 – 2　渣含 Cu、渣含 Fe_3O_4 与 SiO_2 量的关系　　　　　　(%)

渣含 Cu	渣含 Fe_3O_4	渣含 SiO_2
0.3 ~0.5	3 ~4	>30
0.7 ~0.8	13 ~15	<30

瓦纽柯夫炉的熔池很深，开炉时需要的底锍量也相当大，而炉子愈深，开炉愈困难。根据具体条件有两种开炉方法：当有外来熔体时，首先向炉内加入液态铜锍使其液面高于铜锍的虹吸池通道，再加入转炉渣并控制渣面比风口中心线低 50 ~100mm，此时开始鼓入高氧浓度富氧空气，同时间断地加料，直到熔体表面高于风口，水套内壁形成渣壳保护层，风口压力达到 0.07 ~0.08MPa 时便可连续加料，直到铜锍口和渣口能够连续排料，开炉即告完成。这种开炉方法一般需要 10 ~14h。当没有外来熔体时，需在炉内一层层加入炉料逐渐熔化，直到熔体高度达到正常高度为止，这种方法开炉时间一般需要 48h。

8.2.4　瓦纽柯夫法的发展前景

瓦纽柯夫炉原有的废热锅炉操作不稳定，影响了整体设备的正常操作。出现故障的主要原因是锅炉结构不适合腐蚀性、高温含尘气体的操作条件，废热锅炉加热表面被烟尘污染。这也是影响瓦纽柯夫炉设备利用率和热率提高的一个重要原因。

Балхаш 铜冶炼厂正在试验以竖井式旋风逆流换热器（CCHE）代替锅炉。图 8 – 4 中所示的左边竖式炉部分，炉料从换热器顶部进入，烟气从炉顶进入换热器，利用烟气的热量对炉料进行预热。换热器后的炉料温度可升高到 810 ~850℃，烟气温度则下降至 250 ~300℃。同时，由精矿分解脱出的大部分硫在烟气中被氧化燃烧，硫铁矿也被氧化，消耗了烟气中的氧，再加上由贫化区过来的惰性或还原性气体，炉气的氧势很低，从而使熔池中 Fe_3O_4 的含量下降到 0.5% ~1%。为了进一步贫化炉渣，在这种炉中还应用了等离子

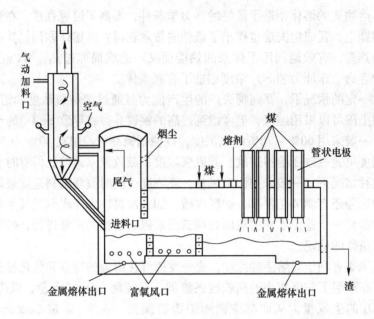

图 8-4　Балхащ 冶炼厂改良瓦纽柯夫 - 巴古特炉示意图

体技术。用在惰性或还原性气体保护下的石墨电极来产生等离子体，提高炉渣温度，降低炉渣氧势，使得炉渣贫化到含 Cu 0.03% ~ 0.05%，冶炼产品可以是铜锍或者铜铁合金。这种改造过的炉子已经不是瓦纽柯夫的原来炉型，而被称为巴古特炉。

　　哈萨克铜冶炼厂的精矿含硫较低，按瓦纽柯夫过程，需随炉料加入 3% ~ 4% 的煤，富氧浓度要提高到 70%。但试验结果表明，在巴古特炉中则不需要额外的燃料，氧耗率减少到 1/3，产量翻一番。油耗和氧耗的明显减少得益于精矿氧化产生的热量的充分利用。巴古特炉不仅充分利用了瓦纽柯夫炉在熔炼和相分离方面的高效率，还具备一个近于理想的热技术系统。可以认为，巴古特是一个高效熔炼单元，在处理一些低硫原料方面具有极好的发展前景。

　　水套是瓦纽柯夫炉的主要组成部分，不断提高水套的寿命是一个重要的课题。研究表明，采用汽化水套更能适应炉子工作制度的各种变化，热负荷越高，冷却剂循环量越大，导出的热量也越多，此外这种冷却系统能在断水 24h 内保持工作状态。

　　经过实践和改进瓦纽柯夫炉正日趋完善，其处理复杂精矿、提高热效率及炉渣贫化等方面都在不断地改进，也是一种比较可靠、稳定的新熔炼方法。

8.3　特尼恩特熔炼法

8.3.1　概述

　　特尼恩特转炉熔炼技术是由智利国家铜公司特尼恩特分公司的 Caletones 冶炼厂开发出的一种强化熔炼技术。

　　它不仅在智利本国内的主要冶炼厂被应用，目前已推广到赞比亚、秘鲁、墨西哥和泰国等国。

8.3.2 特尼恩特炉的结构

特尼恩特炉的结构如图 8-5 所示。一部分湿精矿和熔剂由炉子一端加料口加入，干精矿（含水 0.2% ~0.5%）由风嘴喷入。炉体比 P-S 转炉长得多，风口区以后有炉渣澄清区，渣与锍各从两端放出。

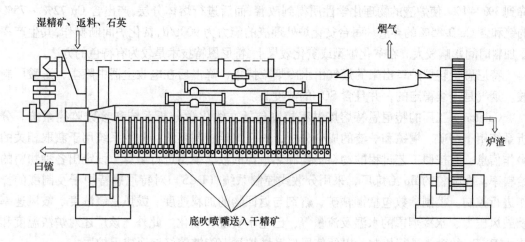

图 8-5 特尼恩特炉的结构示意图

8.3.3 特尼恩特熔炼工艺

目前的特尼恩特熔炼工艺采用"浸没喷射熔炼"技术：将深度干燥的精矿粉从特殊设计的风口连续喷入炉内，依靠硫化物氧化反应的热来进行熔炼，如图 8-6 所示。加入特尼恩特炉的精矿需要干燥到含水 0.2%，由风嘴喷入熔池的加料方式在强化了熔炼过程的同时，使精矿随烟尘的损失减少到占入炉精矿的 0.8%。另外，部分含水 7% ~9% 的湿精矿、冷料、熔剂还可以通过位于渣口端墙的加尔枪加入炉内。

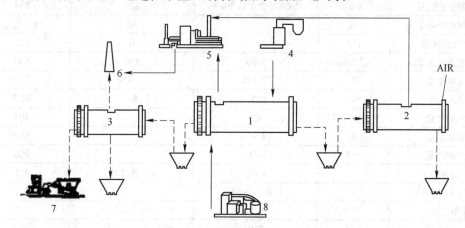

图 8-6 Caletones 冶炼厂的特尼恩特熔炼工艺流程

1—特尼恩特炉；2—白锍吹炼转炉；3—炉渣贫化炉；4—流态化焙烧炉；
5—硫酸车间；6—烟囱；7—渣堆场；8—氧气站

铜锍和炉渣通过水冷出口间断排出，铜锍用吊包运至 P-S 转炉吹炼成含 Cu 99.4% 的粗铜。对于还留有反射炉的工厂，有 70% 的炉渣由贫化炉处理，30% 由反射炉处理，产出的金属熔体随铜锍一起送 P-S 转炉，弃渣含铜小于 0.85%。

特尼恩特的炉渣贫化炉也是 P-S 转炉形式的炉子。过程分两阶段进行，首先是还原阶段。还原剂粉煤（也可用其他还原剂）通过气动喷嘴喷入熔池，将炉渣中 Fe_3O_4 含量从 16% ~ 18% 降到 3% ~ 4%，使炉渣的物理化学性质得到改善；而后进行熔体分层，产出含 Cu 72% ~ 75% 的锍和含 Cu 0.85% 的弃渣。每台贫化炉处理渣的能力为 900t/d，贫化炉间断操作，其生产率受加料时间影响较大。在贫化炉型或贫化效果上，特尼恩特技术是较为有特色的方法。

特尼恩特转炉炉口出来的烟气由水冷烟罩捕集，降温后在电收尘器中除尘，送酸厂制酸。烟气是连续稳定的，并且含 SO_2 的浓度高。

Caletones 工厂的特尼恩特熔炼过程控制包括在线化学分析系统和参数监控系统。分析系统用于精矿、铜锍和炉渣的成分分析，并反馈给控制系统。监控系统用于获取相关的操作信息，并按照工艺过程的物料平衡和热平衡的数学模型进行运算，设定出各种物料的给料率。在秘鲁的 Ilo 冶炼厂，采用分散式控制系统（DCS）对特尼恩特炉子及制酸的操作进行控制。控制参数包括铜精矿、熔剂与返回物的加料速度、鼓风富氧浓度、鼓风速率及鼓风压力、水冷烟罩的水温及流量等，已基本实现自动化。此外，该厂还对炉渣温度和渣中 Fe_3O_4 的含量进行控制，以便使风口区域炉衬上能够较好地形成保护层。

8.3.4　经济技术指标

表 8-3 列出了 3 个采用特尼恩特工艺的冶炼厂在 1998 年的操作参数和技术经济指标。

表 8-3　特尼恩特工艺的操作参数和技术经济指标

项　目	单　位	数　量		
		Caletones 冶炼厂	H. Videla Lira 冶炼厂	Ilo 冶炼厂
干精矿处理量	t/d	2000（含水 0.2%）	800	854
湿精矿处理量	t/d		50	928（含水）
铜锍需要量	t/d		0	377
富氧鼓风速率	m^3/min	1000	450	680
富氧浓度	%	33 ~ 36	32 ~ 36	29.4
送风时率	%	95	88	99.8
铜锍产量	t/d	609		407
铜锍品位	%	74 ~ 76		74.5
炉渣产量	t/d	1400		806
渣含铜	%	4 ~ 8	8，送选矿	4.5
渣中 FeO/SiO_2		0.62 ~ 0.64		0.7
烟尘率	%	0.8		1.6
返回品量	t/d	200		29.1
炉寿命	d	450		379
烟气中 SO_2 浓度	%	25 ~ 35		18
阳极铜能耗	MJ/t	2050		

8.4 三菱熔炼法

8.4.1 概述

三菱法是由日本三菱公司发明的连续炼铜工艺，它成功地把熔炼、吹炼和炉渣贫化3台炉子结合在一起，消除了分批作业、来回倒包，实现了连续操作。三菱法在污染控制、能源效率、操作方便等方面的优越性已得到生产证实。因此，韩国的翁山、印度尼西亚的 Gresik 和澳大利亚的 Kembla 港炼铜厂都采用了三菱法工艺，并于1998年建成投产。

8.4.2 三菱法工艺流程与设备连接

三菱工艺流程如图8－7所示。三菱工艺使用了三种由溜槽连接的冶炼炉：圆形熔炼炉（S）、椭圆形炉渣贫化炉（CL）和圆形吹炼炉（C）。在熔炼炉内形成的铜锍与炉渣的混合熔体连续流到贫化炉内，进行铜锍与炉渣的分离。随后，铜锍在虹吸作用下流入吹炼炉内被连续地吹炼成粗铜和吹炼炉渣。吹炉渣经水淬、干燥后，又返回熔炼炉。粗铜在虹吸作用下连续从吹炼炉流到阳极炉。表8－4列出了最初的3座三菱法工厂，即直岛三菱冶炼厂、Timmins 冶炼厂及直岛新三菱冶炼厂的主要熔炉设计参数。

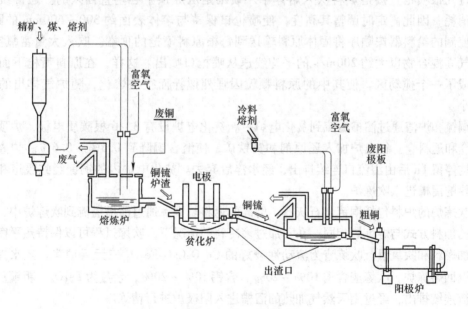

图8－7 三菱法工艺流程

表8－4 三菱炉的主要熔炉设计参数

参　　数	直岛三菱工厂	Timmins	直岛新三菱工厂
熔炼炉直径/m	8.3	10.3	10.1
吹炼炉直径/m	6.3	8.2	8.1
贫化炉功率/kV·A	1800	3000	3600

参　数	直岛三菱工厂		Timmins		直岛新三菱工厂	
原料喷枪	熔炼	吹炼	熔炼	吹炼	熔炼	吹炼
数量/只	8	5	10	6	9	10
直径/mm	76.2	88.9	76.2	76.2	101.6	101.6

三菱法采用了熔炼、吹炼和贫化三个过程在单独的 3 台炉子中分别进行，因而适应了各个过程不同氧势的需要。从热力学观点看，这是一个比较理想的设计，能够使渣含铜降低，并对磁性氧化铁和杂质的行为做一些控制。精矿和富氧空气通过顶吹喷枪直接喷入熔体，形成强烈的搅拌，借助于这样的动力学条件，精矿在熔池中进行快速熔炼。为了使吹炼渣有较好的流动性，吹炼作业采用了铁酸钙渣型。

8.4.3　三菱法的工艺过程及特点

进入三菱熔炼炉的炉料包括干精矿、干的吹炼水淬渣、返回的烟尘和进厂前已破碎好的含水 2% 的石灰石、石英石。首先各种铜精矿要在料场混合均匀，在干燥窑中干燥到含水 1% 以下并破碎，然后将各种炉料分别输送到熔炼炉炉顶的料仓，再由富氧空气通过几根喷枪直接把炉料吹入熔体中。喷枪是从炉顶中心垂直插入的。通常喷嘴会缓慢消耗，因此需定时调整其高度，使喷枪口保持与熔体表面约 300 ~ 500mm 的距离。气动控制的给料器按顺序将固体原料输送到每根原料喷枪的顶端。吹入大量富氧空气，确保气固混合物以大约 200m/s 的平均线速从喷枪口喷出。这样，在原料喷枪下面的熔体形成了一个搅动区，使其中的原料颗粒因强烈搅拌而很快熔化，随炉气排出的烟尘量很小。

铜锍和炉渣通过溜槽溢流到贫化电炉中。贫化电炉设有 3 ~ 6 根碳质电极，炉顶装有焦粉仓和返料仓。往电炉加入还原剂和黄铁矿，使渣含铜降到 0.5% ~ 0.6%。炉渣在炉内平均停留 1h 后由溢流口连续排出，经水淬后弃去。贫化电炉内的铜锍经虹吸道和天然气加热的溜槽进入吹炼炉。

吹炼炉的炉料包括铜锍、石灰石、磨碎的返料。铜锍通过溜槽溢流到吹炼炉中，固体炉料的加料方式与熔炼炉相同。在不加过多冷料的情况下，吹炼过程可以保持热平衡，无需补加燃料和吹氧量。吹炼渣为流动性较好的 $Cu_2O\text{-}CaO\text{-}Fe_3O_4$ 三元系炉渣，经水淬、干燥后返回熔炼炉，吹炼渣含铜 10% ~ 20%，含钙 10% ~ 20%，余量为 Fe_3O_4。粗铜从吹炼炉溢流连续排出，经过用天然气加热的溜槽进入阳极炉进行精炼。

整个冶炼过程均通过计算机进行控制。铜锍、贫化炉渣、吹炼渣每小时取样一次，在试料室自动加工成试样片后由 X 射线荧光光度计分析所需要的元素和化合物。分析所得数据和现场记录的温度、气体流量数据（每 6min 测一次）送计算机处理，自动调节空气、氧和油的加入量，以达到最佳操作条件。

熔炼炉和吹炼炉的烟气通过各自的管道经过冷却和收尘后送至硫酸厂。从余热锅炉、烟道和旋风收尘器收集的烟尘一起返回熔炼炉。阳极炉的烟气返回精矿干燥窑。直岛冶炼厂的操作参数见表 8 - 5。

表8-5 直岛冶炼厂的操作参数（1997年）

熔 炼 炉			吹 炼 炉		
加入	数量/t·h⁻¹	含铜/%	加入	数量/t·h⁻¹	含铜/%
精矿	83.4	35.9	铜锍	47.6	68.6
碎铜	0.7	86.8	废阳极	3.2	99.2
硅砂	11.6		碎铜	1.5	86.8
吹炼渣	8.1	13.7	石灰	2.4	—
产出	数量/t·h⁻¹	含铜/%	产出	数量/t·h⁻¹	含铜/%
铜锍	47.6	68.6	粗铜	34.3	98.5
炉渣	46.9	0.6	吹炼渣	7.8	13.7
加煤量/kg·h⁻¹	3.655				
总鼓风量/m³·h⁻¹	30408		26866		
其中富氧（82.5%）	15263		5390		
空气	15145		21476		
鼓风富氧浓度/%	52.2		33.5		
烟气量/m³·h⁻¹	496.8		431.4		
烟气 SO_2 浓度/%	30.9		25.6		

三菱法运用喷枪将精矿和熔剂喷入炉内，粉状炉料以一定的速度喷入熔体中，造成熔体激烈翻动，形成较好的质量和热量交换，因此熔炼速度快，加料速率达到85t/d。烟气中 SO_2 浓度高，硫回收率可达到99%以上。反应热量的有效利用和无传统的熔体倒包过程使得中间产品的热量损失少、总能耗低、贫化效果好，渣中 Cu 的分配比 $[Cu]_\%/(Cu)_\% > 100$。设备配置紧凑、厂房面积小，基建投资为传统（包子运输熔体）方法的70%。采用计算机在线控制，手工操作少。

三菱法是目前世界上唯一比较成熟的连续炼铜法。由于3台炉子彼此相连，互相制约，设备不便灵活控制，一旦某一处失调，就容易产生生产混乱，这是它的缺陷所在。此外，炉子腐蚀严重和耐火材料消耗大的问题还需进一步解决。

三菱工艺的另一个重要特征是采用顶吹（喷料）喷枪，在获得较高反应速率的同时有较低的烟尘率。合理地控制鼓风速率和喷枪口位置可以延长熔池衬砖的寿命。1993年对喷枪材质进行了改进，延长了喷枪的寿命。随后又根据喷枪管长度和鼓风压力的关系调节喷枪口高度，安装了喷枪高度自动测量系统，进一步稳定了操作，提高了送风时率。

为确保炉渣具有较好的流动性，延长炉子寿命，必须保证炉内熔体温度控制在设计范围内，测量是控制的基础，直岛厂采用高铬钢套管保护的浸没式热电偶测量熔炉熔体温度，用实测值与目标值进行比较，较好地稳定了生产。

熔体组分是另一个影响三菱工艺连续稳定操作的重要原因，直岛厂采用 X 衍射在线分析铜锍、弃渣、转炉渣的成分，每小时分析一次，确保操作参数达到理想状态。随着三菱技术的改进，三菱工艺对原料的适应性越来越强。在精矿含铜率出现大幅度变化的情况下，如1996年3月中，精矿含 Cu 从最高38%下降到30%时，仍能稳定操作，铜锍品位仅波动了2%。

随着熔炼炉鼓风量及富氧浓度的提高，精矿的处理能力相应提高。一方面，当送风量增加到 40000m³/h 时，富氧浓度可从 57% 提高到 65%，在精矿品位、渣型及炉温基本不变的情况下其精矿处理能力可增加 70%，铜锍品位可提高到 70%，另一方面，因铜锍量增加，吹炼炉热量有余，在不影响阳极铜质量的情况下能多处理冷料。

8.5　卡尔多炉熔炼

8.5.1　概述

卡尔多炉亦即氧气顶吹旋转炉,其工艺被称作 TBRC 法,本书中一律称为卡尔多炉熔炼。我国金川有色金属公司自 1973 年开始,在 1.5t 的卡尔多炉内进行铜镍高锍分选后的产品镍精矿和铜精矿的半工业熔炼试验,基于良好的试验结果,在 20 世纪 80 年代初建成了容量为 8t 的生产炉子取代了原来的反射炉,用于吹炼高镍铜精矿,生产出的铜阳极板含镍低,各项指标远比反射炉好得多,至今一直担负着粗铜的脱镍任务。

卡尔多炉熔炼是间断操作的,具有对原料的变化适应快的特点。该方法的最大特点是能够处理各种原料,包括复杂铜精矿、氧化矿、各种品位的二次原料、烟灰、浸出渣、废旧金属等。

8.5.2　卡尔多炉的结构与工艺

8.5.2.1　炉子结构

卡尔多炉的结构如图 8 - 8 所示。炉体由两个支撑圈托在一对或两对托轮上,每个托轮为单独的直流电动机驱动,能够带动炉体作绕轴线的旋转运动。旋转速度为 0.5 ~ 30r/min。全套托轮与驱动装置被安放在倾动架上,以使炉体（以 0.1 ~ 1r/min 的转动速度）前后做 360° 的圆周倾动。支撑圈与许多个膨胀元件相连,以保证在炉温发生变化时炉体

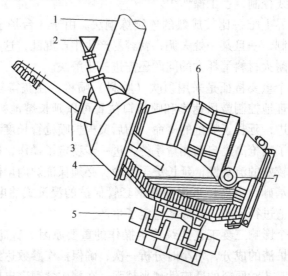

图 8 - 8　卡尔多炉结构

1—烟道；2—水冷加料管；3—水冷氧气 - 天然气喷枪；4—烟罩；5—托轮和驱动电机；6—轮箍；7—止推轮

和支撑圈间的弹性连接，并使旋转运动中产生的振动不会传送到驱动机构。

炉内衬底砖（125mm）和工作层砖（400mm）全部用铬镁砖砌筑。Boliden公司还采用了激光仪测量炉衬的磨损情况，每周测量一次，每次约需要1h。该公司的顶吹旋转炉有效操作空间在新炉衬时为11m³，经过一个炉期后的操作空间达到16m³。

炉口用可移动的密封烟气罩收集炉内烟气，烟气经烟道与沉降室后进入电收尘器。

通常精矿由料管加入，较粗的炉料由烟罩内的移动溜槽加入。移开烟罩，倾动炉口至炉前进料位置，由包子倒入液体锍，大块冷料亦可用吊斗倒入。喷枪一般设置有两支，一支是氧气喷枪，多用单孔收缩型喷头；另一支是氧油喷枪，一般做成收缩型或拉瓦尔型。氧气喷枪还能作一定角度内的摆动。

8.5.2.2 卡尔多炉熔炼工艺及其技术经济指标

卡尔多炉由于自身的旋转运动，不断地更新着熔体-炉气-固体的接触表面，又使用工业氧气，因而具有相当良好的传质传热的条件，能够获得比固定式炉子范围宽得多的温度，非常适合处理各种不同温度需要与要求的原料。

为了达到较好的搅拌效果和最大的熔池充满度，炉子的倾角通常为15°~20°。在熔炼铜精矿时，炉子的转动速度一般为5r/min。通过测量烟气温度和SO_2浓度来控制炉温保持在1200~1250℃。加料速度为300~600kg/min，一般为450kg/min。在3.5h内可熔炼85t精矿，排完渣后再加入30~40t的精矿继续熔炼，所得到的产物成分见表8-6。

表8-6 卡尔多炉熔炼的精矿、渣和铜锍的品位 （%）

名称	Cu	Fe	Zn	Pb	S	SiO_2
精矿	26.6	27.8	2.9	1.8	32.4	3.5
铜锍	45.0	23.7	2.0	1.6	21.7	
渣	0.8	38.0	4.0	0.4	1.0	32.0

8.5.2.3 卡尔多炉熔炼技术评述

卡尔多炉熔炼作为一种强化熔炼方法，有其独到之处：

（1）由于使用工业纯氧以及同时运用氧油枪，因而炉子的温度容易调节，温度范围大，从熔炼高镍铜精矿时脱镍需要的1100℃左右低温到吹炼金属镍所需要的1700℃下的高温。

（2）具有良好的传热和传质动力学条件，有利于加快物料的熔化和气-固-液相间反应速率。

（3）借助油枪氧枪容易控制熔炼过程中炉气的氧势。根据不同熔炼阶段的需要，可以有不同的氧势或还原势。

（4）由于炉子的炉气量少、炉体容积紧凑，因而散热量小，热效率高，在使用纯氧吹炼的条件下，热效率可达60%或更高。

（5）虽然须有复杂的传动机构、在高温下工作的机电装置，但仍然有较高的作业率。因为炉体体积小、拆卸容易、更换方便，一般设有备用炉体，所以修炉方便、不费时，用吊车更换一个经过烘烤的备用炉体即可，作业率可达95%左右。

由于上述优点，卡尔多炉适宜处理含杂质高的复杂原料，过程简单，尤其适合规模较小的工厂。

卡尔多炉的缺点是间歇作业、操作频繁、烟气量和烟气成分呈周期性变化、炉子寿命较短、设备复杂、造价较高。

8.6 氧气顶吹熔炼

8.6.1 概述

氧气顶吹熔炼，基本上是把氧气顶吹炼钢方式运用到铜熔炼工艺中来的一种熔池熔炼形式。炉子形状与澳斯麦特炉很像，不同的是喷枪。由圆锥形炉顶插入的喷枪末端距离熔池面 $0.7 \sim 1.0m$，依靠压力为 $0.8 \sim 1MPa$ 的高速氧气流喷射冲击进入熔体中，形成熔池的激烈搅动，由炉顶加入的炉料被搅动形成的气 – 液混合流迅速吞融，进行很快的冶金物理化学过程。

与其他熔池熔炼技术相比，氧气顶吹熔炼具有以下的优点：

（1）熔炼过程中的传热、传质和化学反应速度快，处理量大。

（2）利用工业氧气吹炼，烟气量小，烟气带走的热量少，炉子热损失小，自热程度高（氧化反应热与造渣热占总热收入的60%）。

（3）由于采用工业氧气熔炼，因而烟气中 SO_2 浓度高，且连续稳定，制酸投资与操作费用低。

（4）炉子体积小，结构简单，工程投资小。

（5）对物料的准备要求不严格，可以处理不同粒度的湿（含水分8% ~12%）物料。

（6）连续作业，操作简单、灵活，容易控制产品质量。

（7）非浸没式水冷氧枪为用工业纯氧气进行熔池熔炼提供了一种良好的方式。

金川氧气顶吹熔炼实质上是白锍的吹炼，因此该方法也能够用于铜锍的连续吹炼。

8.6.2 氧气顶吹熔炼炉结构及其附属设备

金川氧气顶吹炉的结构如图 8 – 9 所示。

在顶吹熔池熔炼中，普遍存在着渣线附近炉衬损害严重、炉寿命低的问题。金川为此采用了铸铜水套，炉寿命延长到1a以上。

金川氧气顶吹熔炼炉的氧枪升降机构与澳斯麦特炉不同，后者是钢丝绳吊挂卷场机提升或下降，虽然简单，但是摆动大，对于非浸没式高速气流喷枪是不合适的。金川的喷枪升降系统采用了齿条道轨机构，运行平衡、控制准确。

在氧气顶吹炉炉顶安装了烟气汽化冷却器，由炉膛出来的高温烟气直接进入该冷却装置降低温度，以便于收尘。

烟气中 SO_2 浓度为15% ~18%，SO_3 含量亦高，含水分高，露点达250℃以上，原来设计经过较长的烟道进入另外的电收尘系统处理，因为烟道距离长，至电收尘时烟气温度已经低于露点以下，造成稀硫酸腐蚀电收尘器以及排风机和管道。后来以湿式收尘代替，效果良好，还解决了烟道积灰、管道腐蚀的问题。可以应用萃取技术提取收尘液中的铜，将尘滤饼返回配料。

氧气顶吹熔炼过程的控制采用美国 SCAN3000 和 S9000 计算机集散控制系统。它包括

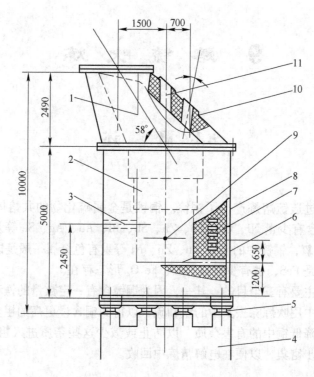

图 8-9　金川氧气顶吹炉结构

1—炉顶；2—炉体；3—放渣口；4—炉基；5—工字钢；6—熔体排空口；7—冷却水套；
8—耐火砖；9—放铜口；10—加料口；11—氧枪插入孔

了枪升降、供氧参数、炉膛压力、冷却水和蒸汽等一系列需要控制的参数。除了在中央控制室安装显示仪表外，监控点也装置了仪表。给料系统由 Schenck 秤和操作器组成。

9 熔锍吹炼

9.1 概 述

9.1.1 吹炼的目的

硫化铜精矿经过造锍熔炼产出了铜锍。铜锍是金属硫化物的共熔体。主要成分除了 Cu、Fe、S 外，还含有少量 Ni、Co、Pb、Zn、Sb、Bi、Au、Ag、Se 等及微量 SiO_2，此外还含有 2% ~4% 的氧，铜锍中的 Cu、Pb、Zn、Ni 等重有色金属一般是以硫化物的形态存在，铁的物相主要是 FeS，也有少量以 FeO、Fe_3O_4 形态存在。

铜锍吹炼过程主要有三个目的：其一，因为铜锍含有一定数量的铁和硫，因此需要在高温和氧化性气氛中用吹炼除去其中的铁和硫，以得到铜含量更高的粗金属；其二，通过造渣和挥发进一步降低铜中的有害杂质，以防止或减少这些杂质进入粗铜；其三，使金、银等贵金属更进一步富集，以便在电解精炼中回收。

9.1.2 铜锍吹炼的工艺

铜锍的吹炼设备有卧式侧吹转炉、诺兰达连续吹炼转炉、澳斯麦特炉、三菱法连续吹炼炉、反射炉式吹炼炉（也称连吹炉）、闪速吹炼炉。

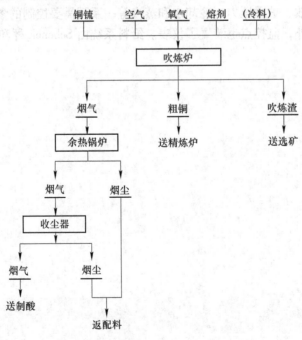

图 9-1 铜锍吹炼工艺流程图

用卧式侧吹转炉吹炼其过程是间歇式的周期性作业。吹炼温度在1150~1300℃。整个过程分为两个周期：在吹炼的第一周期，铜锍中的FeS与鼓入空气中的氧发生强烈的氧化反应，生成FeO和SO₂气体。FeO与加入的石英熔剂反应造渣，故又叫造渣期。造渣期完成后可获得白锍（Cu₂S），继续对白锍吹炼，即在吹炼的第二周期，鼓入空气中的氧与Cu₂S（白锍）发生强烈的氧化反应生成Cu₂O和SO₂。Cu₂O又与未氧化的Cu₂S反应生成金属Cu和SO₂，直到生成的粗铜含Cu 98.5%以上时，吹炼的第二周期结束。铜锍吹炼的第二周期不加入熔剂、不造渣，以产出粗铜为特征，故又叫造铜期。

9.1.3　吹炼工艺流程

吹炼工艺流程见图9-1。

9.2　转炉吹炼的基本原理

9.2.1　吹炼过程中的主要物理化学变化

铜锍的铜品位通常在30%~65%之间，其主要成分是FeS和Cu₂S。此外，还含有少量其他金属硫化物和铁的氧化物。

硫化物的氧化反应可用下列通式表示：

$$MeS + 2O_2 = MeSO_4 \tag{9-1}$$

$$MeS + 1.5O_2 = MeO + SO_2 \tag{9-2}$$

$$MeS + O_2 = Me + SO_2 \tag{9-3}$$

MeSO₄在吹炼温度下不能稳定存在，即硫化物不会按$MeS + 2O_2 = MeSO_4$反应。

$MeS + O_2 = Me + SO_2$是一个总反应，实际上，它是分两步进行的，即：

第一步：

$$MeS + 1.5O_2 = MeO + SO_2 \tag{9-2}$$

第二步：

$$2MeO + MeS = 3Me + SO_2 \tag{9-4}$$

9.2.1.1　FeS、Cu₂S氧化顺序

铜锍的成分主要是FeS·Cu₂S，此外还含有少量的Ni₃S₂等其他成分，它们与吹入的氧（或空气中的氧）作用，首先发生如下反应：

$$\frac{2}{3}Cu_2S_{(l)} + O_2 = \frac{2}{3}Cu_2O_{(l)} + \frac{2}{3}SO_2, \quad \Delta G^{\ominus} = -256898 + 81.2T \ (\text{J/mol}) \tag{9-5}$$

$$\frac{2}{7}Ni_3S_{2(l)} + O_2 = \frac{6}{7}NiO_{(s)} + \frac{4}{7}SO_2, \quad \Delta G^{\ominus} = -337231 + 94.1T \ (\text{J/mol}) \tag{9-6}$$

$$\frac{2}{3}FeS_{(l)} + O_2 = \frac{2}{3}FeO_{(l)} + \frac{2}{3}SO_2, \quad \Delta G^{\ominus} = -303340 + 52.7T \ (\text{J/mol}) \tag{9-7}$$

以上3个反应的优先顺序可由图9-2进行分析比较。通过分析比较可以判断三种硫化物发生氧化的顺序是FeS、Ni₃S₂、Cu₂S。

也就是说，铜锍或镍锍中的FeS优先氧化生成FeO，然后与加入炉中的SiO₂作用生成2FeO·SiO₂（硅酸铁）炉渣而除去。在FeS氧化时，Cu₂S或Ni₃S₂不可能绝对不氧化，

此时也将有小部分 Cu_2S 或 Ni_3S_2 被氧化生成 Cu_2O 或 NiO。生成的 Cu_2O 或 NiO 可能按 Ⅰ 类反应和Ⅱ类反应发生变化。

Ⅰ类反应（见图9-3中的虚线）为铜、镍氧化物与 FeS 的交互反应：

$$2Cu_2O_{(1)} + 2FeS_{(1)} = 2FeO_{(1)} + 2Cu_2S_{(1)} \tag{9-8}$$

$$\Delta G_{(1)}^{\ominus} = -105437 - 85.48T \text{（J/mol）}$$

$$2NiO_{(s)} + 2FeS_{(1)} = 2FeO_{(1)} + 2/3Ni_3S_{2(1)} + 1/3S_{2(g)} \tag{9-9}$$

$$\Delta G_{(2)}^{\ominus} = 263173 - 243.76T \text{（J/mol）}$$

Ⅱ类反应（见图9-3中的实线）为同种金属的硫化物与氧化物的相互反应：

$$2Cu_2O_{(1)} + Cu_2S_{(1)} = 6Cu_{(1)} + SO_{2(g)} \tag{9-10}$$

$$\Delta G_{(3)}^{\ominus} = 35982 - 58.87T \text{（J/mol）}$$

$$2NiO_{(s)} + 1/2Ni_3S_{2(1)} = 7/2Ni_{(1)} + SO_{2(g)} \tag{9-11}$$

$$\Delta G_{(4)}^{\ominus} = 293842 - 166.52T \text{（J/mol）}$$

以上Ⅰ、Ⅱ类反应的标准吉布斯自由能变化可由图9-3进行分析比较。从图可以看出，两条虚线是铜、镍氧化物与 FeS 交互反应的 $\Delta G^{\ominus} - T$ 关系线，其位置较低，这表明铜、镍氧化物与 FeS 交互反应的 $\Delta G^{\ominus}$ 负值很大，只要吹炼过程中有 FeS 存在就可以有效地防止体系中 Cu_2O 和 NiO 的生成。该图中 3 条粗实线是同种

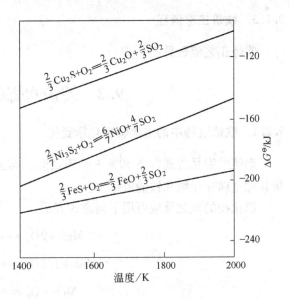

图9-2　硫化物与氧反应的 $\Delta G^{\ominus} - T$ 关系

金属的硫化物与氧化物的反应线。根据本图中各平衡线间的关系，可以得出以下两点结论：

（1）吹炼过程是分阶段性的。从图9-3可以看出，Ⅰ类反应的平衡线（虚线）均远在Ⅱ类反应线（实线）的下方。这表明在标准状态下，只要有 FeS 存在，同种金属硫化物与氧化物反应生成金属的过程就不会发生。因此铜锍吹炼过程的两个阶段可以明显地区分出来。例如，通过分析比较可知，在 FeS 浓度未降到某一数量时，即使 Cu_2S 能氧化成 Cu_2O，它也只能是氧的传递者，按下列反应进行着循环：

$$[Cu_2S] + 1.5O_2 = (Cu_2O) + SO_2 \tag{9-5}$$

$$(Cu_2O) + [FeS] = [Cu_2S] + (FeO) \tag{9-8}$$

在吹炼温度下，只有当熔体中 Cu_2S 浓度约为 FeS 浓度的 25000 ~ 7800 倍时，Cu_2S 才能与 FeS 共同氧化或优先氧化。工业实践中，白锍中的 Fe 含量降到 1% 以下，也就是要等锍中的 FeS 几乎全部氧化之后，Cu_2S 才开始氧化。这就在理论上说明了，为什么转炉吹炼铜锍必须分为两个周期：第一周期吹炼除铁（Fe），第二周期吹炼成铜（Cu）。

（2）同种金属硫化物和氧化物交互反应的开始温度，对不同金属来说，有时差别是很大的。例如，$\Delta G_{(3)}^{\ominus} = 0$ 和 $\Delta G_{(4)}^{\ominus} = 0$，可求出标准状态下铜和镍的硫化物与氧化物交互

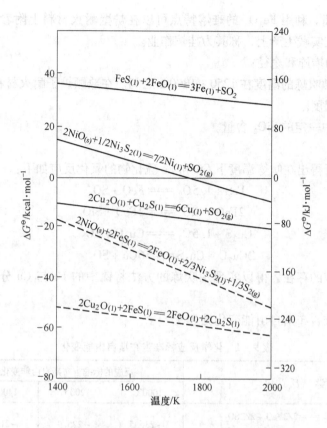

图 9-3 硫化物与氧化物反应的 $\Delta G^{\ominus}-T$ 关系图

反应的开始温度分别为 $T_{Cu} = 611K$，$T_{Ni} = 1765K$。普通转炉吹炼时，炉温一般控制在 1200~1300℃，因此，铜锍吹炼的第二周期是很容易实现的。但是，这样高的炉温仍远低于 NiO 与 Ni_3S_2 交互反应的开始温度，含有少量 Ni_3S_2 的铜锍在吹炼过程中不可能按反应（9-11）产生金属镍（Ni）。

铜锍吹炼不可能生成金属铁（Fe），这是因为，反应（9-12）在吹炼铜锍的脱铁温度范围 1473~1573K 内不可能向右进行。

$$FeS_{(l)} + 2FeO_{(l)} =\!=\!= 3Fe_{(l)} + SO_2, \Delta G^{\ominus}_{(5)} = 258864 - 69.33T \ (J/mol) \tag{9-12}$$

所以铁只能被氧化成 FeO 后与 SiO_2 形成液态炉渣而与锍分层分离。

9.2.1.2 Fe_3O_4 的生成与破坏

在吹炼的第一周期是 FeS 的氧化，氧化产物可以是 FeO，也可以是 Fe_3O_4。

$$6FeO + O_2 =\!=\!= 2Fe_3O_4 \tag{9-13}$$

反应（9-13）的 $\Delta G^{\ominus}_{1573K} = -226000J/mol$，显然反应（9-13）可向右进行，生成难熔的磁性氧化铁，给操作带来困难，所以必须保持有足够的 SiO_2 使熔体中产生的 FeO 迅速造渣。

（1）不利方面。Fe_3O_4 会使炉渣熔点升高，黏度和密度也增大，结果既有不利之处，也有有利的作用。转炉渣中 Fe_3O_4 含量较高时会导致渣含铜显著增高，喷溅严重，风口操作困难；在转炉渣返回熔炼炉处理的情况下，还会给熔炼过程带来很大麻烦。

（2）有利方面。利用 Fe_3O_4 的难熔特点可以在炉壁耐火材料上附着成保护层，利于炉寿命的提高。在实践生产上，称其为挂炉作业。

控制 Fe_3O_4 的措施和途径：

（1）转炉正常吹炼的温度在 1250～1300℃之间。在兼顾炉子耐火材料寿命的情况下，可适当提高吹炼温度。

（2）保持渣中一定的 SiO_2 含量。

（3）勤放渣。

总结以上分析得出在吹炼温度下 Cu 和 Fe 硫化物的氧化反应如下：

造渣期：
$$FeS + 1.5O_2 =\!\!= FeO + SO_2$$
$$2FeO + SiO_2 =\!\!= 2FeO \cdot SiO_2$$

造铜期：
$$Cu_2S + 1.5O_2 =\!\!= Cu_2O + SO_2$$
$$2Cu_2O + Cu_2S =\!\!= 6Cu + SO_2$$

因为以上反应的存在，得以实现用吹炼的方法将铳中的 Fe 与 Cu 分离，完成粗铜制取的过程。

化学反应标准吉布斯自由能变化见表 9-1。

表9-1　化学反应标准吉布斯自由能变化

化　学　反　应	反应的标准吉布斯自由能变化/kJ·mol^{-1}			
	1000℃	1200℃	1400℃	1600℃
（1）$2/3FeS + O_2 =\!\!= 2/3FeO + 2/3SO_2$ $\Delta G^{\ominus} = -303557 + 52.71T$	-236.5	-225.9	-215.4	-204.8
（2）$3/5FeS + O_2 =\!\!= 1/5Fe_3O_4 + 3/5SO_2$ $\Delta G^{\ominus} = -362510 + 86.07T$	-252.9	-235.7	-218.6	-201.3
（3）$6FeO + O_2 =\!\!= 2Fe_3O_4$ $\Delta G^{\ominus} = -809891 + 342.8T$	-373.5	-304.9	236.4	167.8
（4）$9/5\,Fe_3O_4 + 3/5FeS =\!\!= 6FeO + 3/5SO_2$ $\Delta G^{\ominus} = 5305577 - 300.24T$	148.4	88.3	28.3	-318
（5）$2FeO + SiO_2 =\!\!= 2FeO \cdot SiO_2$ $\Delta G^{\ominus} = -99064 - 24.79T$	-130.6	-135.6	-140.5	-145.5
（6）$3Fe_3O_4 + FeS + 5SiO_2 =\!\!= 5(2FeO \cdot SiO_2) + SO_2$ $\Delta G^{\ominus} = 519397 - 352.13T$	71.1	0.71	-69.7	-140.1

9.2.2　吹炼过程中杂质元素的行为及其在产物中的分配

9.2.2.1　吹炼过程中杂质元素的行为

一般铜铳中的主要杂质有 Ni、Pb、Zn、Bi 及贵金属。它们在 P-S 转炉吹炼过程中的行为如下。

A　Ni_3S_2 在吹炼过程中的变化

Ni_3S_2 是高温下稳定的镍的硫化物。当熔体中有 FeS 存在时，NiO 能被 FeS 硫化

成 Ni_3S_2：

$$3NiO_{(s)} + 3FeS_{(l)} + O_2 = Ni_3S_{2(l)} + 3FeO_{(l)} + SO_2$$

只有在 FeS 浓度降低到很小时，Ni_3S_2 才按下式被氧化：

$$Ni_3S_2 + 3.5O_2 = 3NiO + 2SO_2 + 1186kJ$$

氧化反应的速度很慢，NiO 不能完全入渣。

（在造铜期）当熔体内有大量铜和 Cu_2O 时，少量 Ni_3S_2 可按下式反应生成金属镍：

$$Ni_3S_{2(l)} + 4Cu_{(l)} = 3Ni + 2Cu_2S_{(l)}$$

$$Ni_3S_{2(l)} + 4Cu_2O_{(l)} = 8Cu_{(l)} + 3Ni + 2SO_2$$

反应产生的金属镍会溶于铜中，因此在铜锍的吹炼过程中难于将镍大量除去，粗铜中 Ni 含量仍有 0.5% ~ 0.7%。

B　CoS 在吹炼过程中的变化

CoS 只在造渣末期，即在 FeS 含量较低时才按下式被氧化成 CoO：

$$CoS + 1.5O_2 = CoO + SO_2$$

生成的 CoO 与 SiO_2 结合成硅酸盐进入转炉渣。

当硫化物熔体中含铁约 10% 或稍低于此值时，CoS 开始剧烈氧化造渣。在处理含钴的物料时，后期转炉渣含钴可达 0.4% ~ 0.5%，或者更高一些。因此常把它作为提钴的原料。

C　ZnS 在吹炼过程中的变化

在铜锍吹炼过程中，锌以金属 Zn、ZnS 和 ZnO 三种形态分别进入烟尘和炉渣中。

以 ZnO 形态进入吹炼渣：

$$ZnS + 1.5O_2 = ZnO + SO_2$$

$$\Delta G^{\ominus} = -521540 + 120T \text{ (J)}$$

$$ZnO + 2SiO_2 = ZnO \cdot 2SiO_2$$

$$ZnO + SiO_2 = ZnO \cdot SiO_2$$

在铜锍吹炼的造渣期末造铜期初，由于熔体内有金属铜生成，将发生下面的反应：

$$ZnS + 2Cu = Cu_2S + Zn_{(g)}$$

在各温度下该反应的锌蒸气压如下所示：

温度/℃	1000	1100	1200	1300
P_{Zn}/Pa	6850	12159	25331	46610

由于转炉烟气中锌蒸气的分压很小，所以金属 Cu 与 ZnS 的反应能顺利地向生成锌蒸气的方向进行。

生产实践表明，锍中的锌约有 70% ~ 80% 进入转炉渣，20% ~ 30% 进入烟尘。

D　PbS 在吹炼过程中的变化

在锍吹炼的造渣期，熔体中 PbS 的 25% ~ 30% 被氧化造渣，40% ~ 50% 直接挥发进入烟气，25% ~ 30% 进入白铜锍中。

PbS 的氧化反应在 FeS 之后、Cu_2S 之前进行，即在造渣末期，大量 FeS 被氧化造渣之后，PbS 才被氧化，并与 SiO_2 造渣。

$$PbS + 1.5O_2 = PbO + SO_2, \quad 2PbO + SiO_2 = 2PbO \cdot SiO_2$$

由于 PbS 沸点较低（1280℃），在吹炼温度下有相当数量的 PbS 直接从熔体中挥发出来进入炉气中。

E　Bi_2S_3 在吹炼过程中的变化

（1）Bi_2S_3 易挥发。

（2）锍中的 Bi_2S_3 在吹炼时被氧化成 Bi_2O_3：

$$2Bi_2S_3 + 9O_2 \Longrightarrow 2Bi_2O_3 + 6SO_2$$

（3）生成的 Bi_2O_3 可与 Bi_2S_3 反应生成金属铋：

$$2Bi_2O_3 + Bi_2S_3 \Longrightarrow 6Bi + 3SO_2$$

在吹炼温度下铋显著挥发，大约有 90% 以上进入烟尘，只有少量留在粗铜中，转炉烟尘是生产铋的原料。

F　砷、锑化合物在吹炼过程中的变化

在吹炼过程中砷和锑的硫化物大部分被氧化成 As_2O_3、Sb_2O_3 挥发，少量被氧化成 As_2O_5、Sb_2O_5 进入炉渣。只有少量砷和锑以铜的砷化物和锑化物形态留在粗铜中。

G　贵金属在吹炼过程中的变化

在吹炼过程中金、银等贵金属基本上以金属形态进入粗铜相中，只有少量随铜进入转炉渣中。

9.2.2.2　杂质元素在吹炼产物中的分配

杂质元素在吹炼产物中的分配见表 9-2。

表 9-2　杂质元素在吹炼产物中的分配比例

元素	分配比例						
	粗铜/半粗铜①		炉渣		烟气		
	P-S 转炉	诺兰达炉	P-S 转炉	诺兰达炉	P-S 转炉	诺兰达炉	闪速吹炼②
Cu		94.7		3.9		1.4	
S		4.0		1.6		94.4	
Pb	5	22.2	10	66.1	85	11.7	94.5/0
Ni	75	55.1	25	42.6		1.4	
Bi	5	64.5		1.6	95	33.9	63/30
Sb	20	83.7	20	15.4	60	1.40	1.2/2.5
Se	60	27.1	30	4.9	10	68	
Te	60	47.2	30	6.3	10	46.5	
As	15	99.0	10	0.90	75	0.10	31.2/20
Zn	0	0.16	70	97.0	30	2.4	
贵金属③	90		10				

① 半粗铜为诺兰达炉所产，入炉锍品位为 71.9%；

② 包括 Au、Ag 和铂族元素；

③ 入炉锍品位为 70%，符号/之左为模拟预测值，符号/之右为试验值。

9.3 转 炉 结 构

转炉按结构可分为立式和卧式两种类型；按炉衬材料可分为酸性和碱性两种。由于立式转炉存在很多缺点，酸性炉衬材料消耗高，因而，目前世界上都采用卧式碱性转炉。

9.3.1 转炉本体结构

转炉本体又包括炉壳、炉衬、炉口、风口、齿圈、托轮等部分，炉身的结构如图9-4所示。

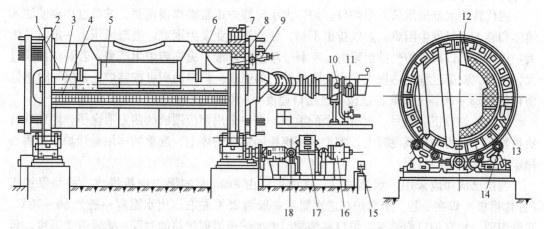

图9-4 平端盖的转炉结构

1—炉壳；2—滚圈；3—U-风管；4—集风管；5—挡板；6—隔热板；7—冠状齿轮；8—活动盖；9—石英枪；
10—填料盒；11—闸板；12—炉口；13—风嘴；14—托轮；15—油槽；16—电动机；17—变速箱；18—电磁制动器

9.3.1.1 转炉炉壳

转炉炉壳是由厚40~50mm的锅炉钢板焊接成的圆筒。圆筒的两端分为球型和平板型两种。前者与圆筒焊接为一体，后者由弹簧拉杆工字钢固定。靠两端盖附近安装有支撑炉体的大托轮（整体铸钢件），驱动侧和自由侧各一个。大托轮既能支撑炉体，同时又是加固炉体的结构，用楔子和环形塞子把大托轮安装在炉体上。为适应炉子的热膨胀，预先留有膨胀余量，因此，大托轮和炉体始终保持有间隙。大托轮由4组托架支承着，每组托架有2个托滚，托架上各个托滚负重均匀。驱动侧的托滚有凸边，自由侧的没有，炉体的热膨胀大部分由自由侧承担，因而对送风管的万向接头的影响减小。托滚轴承的轴套里放有特殊的固态润滑剂，可做无油轴承使用，并且配有手动润滑油泵，进行集中给油。在驱动侧的托轮旁用螺栓安装着炉体倾转用的大齿轮，它是转炉回转机构的从动轮，与传动系统的小齿轮啮合。当传动系统电机转动时，小齿轮带动大齿轮使转炉作回转运动。中小型转炉的大齿轮一般是整圈的，转炉可以转动360°。大型转炉的大齿轮一般只是炉壳周长的3/4，转炉只能转动270°。

炉壳内部衬有耐火材料，多采用镁质和镁铬质耐火材料作衬里。炉衬按受热情况、熔体和气体冲刷的不同，各部位砌筑的材质有所差别。炉衬砌体留有的膨胀砌缝宜严实。对于一个外径4m的转炉它的炉衬厚度分别为：上下炉口部位230mm，炉口两侧200mm，圆筒体（400 + 50）mm 填料，两端墙（350 + 50）mm 填料。

9.3.1.2　炉口

炉口设于炉筒体中央或偏向一端，中心向后倾斜，供装料、放渣、放铜、排烟之用。炉口一般为整体铸钢件，采用镶嵌式与炉壳相连接，用螺栓固定在炉口支座上。炉口里面焊有加强筋板。炉口支座为钢板焊接结构，用螺栓安装在炉壳上。炉口上装有钢质护板，它是一个用钢板卷成的半圆形罩子，将炉口四周的炉体部分罩住，用螺栓固定在炉体及炉口支座上，它可以看作是炉口的延伸，其作用是保护炉体及送风管路，防止炉内的喷溅物、排渣排铜时的熔体和进料时的铜锍烧坏炉壳，也可以防止炉后结的大块和行车加的冷料等异物的冲击。

现代转炉大都采用长方形炉口。炉口大小对转炉正常操作很重要。炉口过小会使注入熔体和装入冷料发生困难，炉气排出不畅，使吹炼作业发生困难。当鼓风压力一定时，增大炉口面积可以减少炉气排出阻力，有利于增大鼓风量，提高转炉生产率。若炉口面积过大，会增大吹炼过程的热损失，也会降低炉壳的强度。炉口面积可按转炉正常操作时熔池面积的 20% ~ 30% 来选取，或按烟气出口速度 8 ~ 10m/s 来确定。

在炉体炉口正对的另一侧有一个配重块，是一个用钢板围成的四方形盒子，内部装有负重物，一般为铁块或混凝土，配重块用螺栓固定在炉体上，配重的作用是让炉子的重心稳定在炉体的中心线上。

我国已成功地采用了水套炉口。这种炉口由 8mm 厚的锅炉钢板焊成，并与保护板（亦称裙板）焊在一起。水套炉口进水温度一般为 25℃ 左右，出水温度一般为 50 ~ 70℃。实践表明，水套炉口能够减少炉口黏结物，大大缩短清理炉口的时间，减轻劳动强度，延长炉口寿命，提高劳动生产率。

9.3.1.3　风口

在转炉的后侧同一水平线上设有一排紧密排列的风口，压缩空气由此送入炉内熔体中，参与氧化反应。风口由水平风管、风口底座、风口三通、弹子和消音器组成。风口三通（图 9 - 5）是铸钢件，用 2 个螺栓安装在炉体预先焊好的风口底座上。水平风口管通

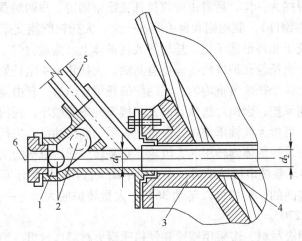

图 9 - 5　风口盒结构

1—风口盒；2—钢球；3—风口座；4—风口管；5—支风管；6—钢钎进出口

过螺纹与风口三通相连接。弹子装在风口三通的弹子室中。送风时，弹子因风压而压向弹子压环，与球面部位相接触，可防止漏风。机械捅风口时，虽然钎子把弹子捅入弹子室漏风，但钎子一拔出来，风压又把弹子压向压环，以防止漏风。消音器用于消除捅风口时产生的漏风噪声。它由消音室、消音块、压缩弹簧和喇叭形压盖组成。

风口是转炉的关键部位，其直径一般为38~50mm。风口直径的大小应根据转炉的规格来确定。风口直径大，其截面积就大，在同样鼓风压力下鼓入的风量就多，所以采用直径大的风口能提高转炉的生产率。但是当风口直径过大时，容易使炉内熔体喷溅。

风口埋入熔体的深度也很重要，通常将风管埋于熔体表面下200~400mm，埋的太深势必增大压头损失，埋的太浅风口渣层容易将炉子吹冷，无论过深或过浅都会使正常操作失去平衡，很快就会出现喷溅。

在炉体的大托轮上均匀地标有转炉的角度刻度，有一个指针固定在平台上指示角度的数值。一般0°位置是捅风眼位置，60°为进料和停风的角度，75°~80°为倒氧化渣的角度，140°为出铜时摇炉的极限位置。

9.3.2 转炉的附属设备

转炉附属设备由送风系统、熔剂供给系统、传动系统、排烟系统、环集系统、残极加入系统、铸渣机系统、烘烤系统等组成。

9.3.2.1 传动系统

转炉的传动机构包括交直流电动机、变速箱、主动齿轮、被动大齿圈及限位保护装置等。可作正反两个方向回转。传动机构须安全平稳，并能按照需要随时转至任何位置，且稳定停在该位置上。传动系统的操纵机构要求简单可靠，并且要有明显的指示标志。

为了达到上述要求，每台转炉均设有2台电动机，一台为交流电动机，另一台为蓄电池供电的直流电动机。正常生产时使用交流电机，直流电机只作事故备用电机。这2台电机都连接在同一变速箱的主轴上，当交流电机工作时，直流电机随主轴转动。

蓄电池组必须保持工作状态，一旦交流电机因故停止运转或突然停风、停电时，蓄电池供电直流电机能同步运行，使炉子的送风口转到熔体的上面，防止风口被灌死。也可采用多交流电源供电的方法，其效果是一样的。

传动机构中还设有事故联锁装置，当转炉停风、停电或电压不足时，此装置能立即驱动炉子转动，将风口转到熔体表面，避免灌死风口，为了使转炉能准确地固定在所要求的位置上，防止炉子由于惯性作用而自行转动，在传动系统中还安装有蜗轮和电磁抱闸。

9.3.2.2 送风系统

送风系统由送风机、防喘振装置、放风阀、总风管、支风管、送风阀、万向接头、三角风箱、U形风管、软管、风口组成。

送风机鼓出的压缩空气，通过总风管、支风管、油压送风阀到每台炉子的U形风管，再从U形风管上的一排金属软管经过风口送入炉内熔体中。送风机都配有防喘振装置，用以保护风机叶轮。

送风阀位于送风管道上，一般在炉子的侧面平台上，它有两种方式：一种为半封闭式，它的阀杆露在外面，它的阀体上手动转轮连着一根长螺杆，转动转轮时可以牵引螺杆一起运动,在螺杆的前端有一个锁眼,在送风阀的阀杆上有一个与其相配合的锁眼,当用锁子将两个锁眼锁住时就可以通过转轮的转动来开闭阀门了;另一种送风阀为全封闭式,它的阀杆不外露,阀体的开闭状态只能由电器的开闭限位灯识别。

U 形风管固定在炉体上,裙板将其罩住以保护其不受损坏,它是随炉子转动的。与送风管相连的总风管是固定不动的,它们之间的连接采用万向接头和三角风箱。

万向接头用球墨铸铁制成,内有球面衬套耐热"O"形密封圈等。这种结构能吸收由于炉体中心线和支风管中心线的错动而产生的偏差,以及由于炉子热膨胀而引起的轴向伸缩。三角风箱安装在型钢结构的 X 形支撑上,支架焊接在驱动侧的大托轮上,因此热胀等对万向接头的影响不大。

U 形风管与三通的连接采用不锈钢制成的弹性软管,以此来吸收因操作中温度变化而引起的伸缩。软管外绕有金属丝编织物,其外层卷着可伸缩的保护环,所以送风软管是一种抗热膨胀、抗熔体黏附很强的结构。

鼓入炉内的空气量和供风系统的配置有关系,它要求供风系统的阻力损失应尽量减少,系统要严密、少漏风,这样势必提高了入炉风压,提高鼓入炉内风量,减少鼓风机的电力消耗。

9.3.2.3　排烟系统

排烟系统由烟罩、余热锅炉、球形烟道、鹅颈烟道、沉尘室、电收尘、水平烟道、排风机等组成。

很多厂家采用的转炉烟罩由内层固定烟罩、前部活动烟罩和环保烟罩三部分组成。内层固定烟罩是转炉烟罩的主体,其功能是汇集和排出转炉出口的烟气并将烟气冷却到一定的温度。其结构设计需要满足耐热、密封、耐蚀、结构形状合理及不影响有关设备的操作等要求。内层固定烟罩的冷却方式有水冷、汽冷、常压汽冷等。汽化冷却可产生 200 ~ 400kPa 的蒸汽 3 ~ 5t/h,能有效地回收余热。汽化冷却使用寿命为 2 ~ 3a。常压汽化冷却也叫做半汽化冷却。进水为常温软化水,产出的 105℃蒸汽放空。水套中的水为自然蒸发状态,冷却水由高位槽自动补给,其特点为常压操作,工作条件好,使用寿命长,没有复杂的循环管路及烟罩配置简单等,但是,热能未利用,水消耗大。

转炉前部的活动烟罩在加铜锍、倒渣和放铜时启动频繁,且受辐射热强烈烘烤,是整个烟罩中工作条件最差的部分。活动烟罩有水套式和铸钢式两种结构。水套式结构复杂、安全性差,一旦出现漏水,将引起铜锍爆炸。铸钢式烟罩为整体耐热铸钢件,要求材料性能好、变形小,比水套式安全、简便,密封性能好。

当转炉在加铜锍、倒渣和出铜操作时,炉口离开内层烟罩,冒出的烟气由环保烟罩收集排走,以免烟气泄漏到车间内。环保烟罩由位于上部的固定罩和前部的回转罩两部分构成。

余热锅炉组成部分有锅炉本体、汽包、锅炉水循环系统、纯水补给系统、烟尘排出系统等。

球形烟道在锅炉出口钟罩的下方,主要用于沉降烟尘,同时也将几台转炉锅炉出口连接起来,实现共用一套排风系统。

鹅颈烟道在球形烟道后面,它呈∧形结构。

鹅颈烟道的下方是沉尘室,其后为电收尘器,电收尘器后面是排风机。

9.3.2.4 加熔剂系统

加熔剂系统由中继料仓、板式给料机、皮带运输机、装入皮带、活动溜槽和加料挡板等组成。中继料仓由钢板焊接而成,底部漏斗内附有衬垫,用于暂时存储石英熔剂和其他物料。其底部配置了板式给料机,给料速度由板式给料机转速调整器调节。运输皮带均由摆线式减速电动机驱动,并附有附属设备,运输皮带的计量装置通常使用的是莫里克里秤,运输皮带和装入皮带之间配置了切换挡板。切换挡板可以将熔剂引到作业炉中。

熔剂活动溜槽为钢板焊接结构,能通过安装在侧烟罩上的铸钢装入口伸入烟罩内。

加料挡板是溜槽的入口,溜槽下降前,挡板打开;溜槽上升后,挡板立即关闭,以保证烟罩能良好地密封。活动溜槽和加料挡板之间的动作全部由熔剂设备的自动控制系统控制,活动溜槽的上下限、加料挡板的开闭等讯号均由限位器检测并进行连锁。

9.3.2.5 加残极系统

残极加料系统主要由油压装置、整列机、装料运输机、投入设备和检测器组成。油压装置的附属设备有油过滤器、油冷却器和油加热器等。

9.3.2.6 铸渣机

转炉渣有多种处理方式,可以返回熔炼系统,进行缓冷处理或者进行铸渣。铸渣机就是把转炉渣铸成模块,冷却后运往选矿车间进行处理,其构成有包子倾转装置、溜槽、铸渣机本体及头部切换溜槽。包子的倾转装置包括油压机组、倾转用油缸、倾转平台和防倾翻装置。油压机组用于倾转用油缸加压操作,油压机组上附有油过滤器、油冷却器及加热器,以此来控制油质、油温。包子的倾转靠安装在倾转平台上的 2 个油压缸的升降来进行,倾转速度可通过操作柄调整油缸油量大小来变更。

9.3.2.7 烘烤装置

转炉的烘烤有多种方式,可以用木材、液化气和其他燃料进行烘烤,但目前普遍使用的是石油液化气。这种烘烤方式有一些突出的优点:液化气的发热值高、清洁、设备简单、操作简单,最高可将烘烤温度提到800℃;但液化气的费用较高。

9.3.3 转炉用耐火材料

转炉吹炼的温度在 1100 ~ 1300℃ 之间,炉内熔体在压缩空气的搅动下流动剧烈。耐火材料的选择要求:耐火度高、结构强度大,热稳定性好,抗渣能力强,高温体积稳定,外形尺寸规整、公差小。能满足这些要求的是铬镁质耐火材料。

铬镁质耐火材料是以铬铁矿和镁砂为原料制成的尖晶石 – 方镁石或方镁石 – 尖晶石耐火砖。铬铁矿加入量大于 50% 的耐火砖称为铬镁砖,加入量小于 50% 的称为镁铬砖。

铬镁砖中的 MgO 易将铬铁尖晶石中的 FeO 置换出来,这些被置换出来的量较多的 FeO 对气氛变化极为敏感,易使砖"暴胀",其热稳定性亦差;而以镁铬砖为主要相组成的方镁石和尖晶石,其荷重软化点较高,高温体积稳定性较好,对碱性渣抗侵蚀性强,对气氛变化和温度变化敏感性相对铬镁砖而言不太显著。但 MgO 置换出的 FeO 仍易使砖"暴胀"损坏。

镁铬砖的品种很多,下面分别进行介绍。

(1)硅酸盐结合镁铬砖(普通镁铬砖)。这种砖是由杂质(SiO₂ 与 CaO)含量较高的铬矿与烧结镁砂制成的，烧成温度不高，在 1550℃ 左右。砖的结构特点是耐火物晶粒之间是由硅酸盐结合的，显气孔率较高，抗炉渣侵蚀性较差，高温体积稳定性较差。这种砖按理化指标分为：MGe－20、MGe－16、MGe－12、MGe－8 四个牌号。

硅酸盐结合镁铬砖属于早期产品，为了克服硅酸盐结合镁铬砖的缺点，限于当时的装备水平，只得将镁砂（轻烧镁砂）与铬矿共磨压胚在窑内烧成，用合成的镁铬砂作为原料再制砖，形成"预反应镁铬砖"，这种砖属于硅酸盐结合镁铬砖的改进型。虽然性能有所提高，但仍不能满足强化冶炼的要求，目前很少使用。

（2）直接结合镁铬砖。随着烧成技术的不断发展，目前超高温隧道窑的最高烧成温度已超过 1800℃，耐火砖的成型设备——压砖机已超过 1000t 且能抽真空；通过对原料进行选矿，使镁砂与铬矿的杂质含量大大降低，为直接结合铬镁砖的生产创造了物质条件，于是新一代的镁铬砖——直接结合镁铬砖问世了。直接结合镁铬砖的特点是：砖中方镁石（固溶体）－方镁石与方镁石－尖晶石（固溶体）的直接结合程度高，抗炉渣侵蚀性好，高温体积稳定性好，现使用广泛。

（3）熔粒再结合镁铬砖（电熔再结合镁铬砖）。随着冶炼技术的不断强化，耐火砖的抗侵蚀性更好，高温强度更高，从而进一步提高了烧结合成高纯镁铬料的密度，降低了气孔率，使镁砂与铬矿（轻烧镁砂或菱镁矿与铬矿）充分均匀地反应，形成结构很理想的镁石（固溶体）和尖晶石（固溶体），由此生产了电熔合成镁铬料。用此原料制砖称为熔粒再结合镁铬砖，该砖的特点是气孔率低、耐压强度高、抗侵蚀性好，但热稳定性较差。由于熔粒再结合镁铬砖中直接结合程度高，杂质含量少，故具有优良的高温强度和抗渣侵蚀性，在转炉上大量使用的就是这种砖。

（4）熔铸镁铬砖亦称电铸镁砖。该种镁铬砖采用镁砂、铬矿为主要原料，加入少量添加剂经电炉熔炼浇注成母砖，然后经过冷加工制成各种特定形状的砖。这种砖化学成分均匀、稳定，抗渣侵蚀与冲刷特性好，但热稳定性差。要使熔铸镁铬砖取得好的使用效果，必须具有非常好的水冷技术，否则就失去了使用熔铸镁铬砖的意义。尽管熔铸镁铬砖的生产难度大、价格昂贵，但在转炉的关键部位，如在风口区熔铸镁铬砖的优势是其他耐火砖所无法取代的。

除了使用耐火砖外，筑炉时还要使用不定形耐火材料，用于填充砖缝，进行整体构筑等。

（5）不定形耐火材料。根据其作用和特点可以将其分为以下几种类型：

1）代替耐火砖的整体构筑材料，如耐火混凝土、耐火塑料和耐火捣打料。

2）结合耐火泥，用来填充耐火砖块的砖缝。

3）保护耐火砌体的内衬在使用过程中不受磨损的耐火涂料。

4）用来填补炉子局部部位损坏的耐火喷补料，喷补料是在高温时用于喷补损坏的部位，并且与基体立即烧结成一个整体。

5）这些材料基本上是由两部分组成：其一是作为耐火基础的骨料，骨料可以由黏土质、高铝质、硅石质、镁质、白云石、铬质和其他特殊耐火材料构成；其二是作为结合剂用的胶结材料，可以是各种耐火水泥、磷酸、磷酸盐、水玻璃、膨润土以及其他有机的胶结物等。

（6）转炉的砌炉要求：

1）炉口部位的耐火砖直接受到直投物的冲击和吹炼时含尘烟气的冲刷与侵蚀，以及炉口清理机的冲击作用，容易损坏、掉砖。因而，选用耐火砖和筑炉时要求耐火砌体的组织结构强度高、有耐磨性、抗冲刷和抗侵蚀性好。最佳的使用效果是让炉口寿命与风口寿命达到同步。

2）端墙可以按照圆形墙的砌炉方法进行。要求砌墙时在同一层内，前后相邻砖列和上下相邻砖层的砖缝应交错。端墙应以中心线为准砌炉，也可以炉壳作向导进行砌筑，并用样板进行检查。

3）风口及圆筒部：风口区域是每次筑炉必须要挖补的地方，可以说风口的寿命就是转炉的寿命，圆筒部在每次筑炉时并不一定要进行挖补或翻新，而是根据残砖的厚度来决定修补的量。

9.4 转炉吹炼生产实践

9.4.1 作业过程

铜锍吹炼的造渣期在于获得足够数量的白铜锍（Cu_2S），但是生产中并不是注入第一批铜锍后就能立即获得白铜锍，而是分批加入铜锍，逐渐富集成的。在吹炼操作时，把炉子转到停风位置，装入第一批铜锍，其装入量视炉子大小而定，一般是以在吹炼时风口浸入液面下 200mm 左右为宜；然后，旋转炉体至吹风位置，边旋转边吹风，吹炼数分钟后加石英熔剂；当温度升高到 1200 ~ 1250℃ 以后，把炉子转到停风位置，加入冷料；随后把炉子转到吹风位置，边旋转边吹风，再吹炼一段时间，当炉渣造好后，旋转炉子放渣，之后再加铜锍。依此类推，反复进行进料、吹炼、放渣，直到炉内熔体所含铜量满足造铜期要求时为止。这时开始筛炉，即最后一次除去熔体内残留的 FeS，倒出最后一批渣的过程。为了保证在筛炉时熔体能保持在 1200 ~ 1250℃ 的高温，使第二周期吹炼和粗铜浇铸不致发生困难，有的工厂在筛炉前向炉内加少量铜锍。这时熔剂加入量要严格控制，同时加强鼓风，使熔体充分过热。

在造渣期，应保持低料面薄渣层操作，适时适量地加入石英熔剂和冷料。炉渣造好后及时放出，不能过吹。

铜锍吹炼的造渣期（从装入铜锍到获得白铜锍为止）的时间不是固定的。取决于铜锍的品位和数量以及单位时间炉内的供风量。在单位时间供风量一定时，锍品位愈高，造渣期愈短；在锍品位一定时，单位时间供风量愈大，造渣期愈短；在锍品位和单位时间供风量一定时，铜锍数量愈少，造渣期愈短。

筛炉时间指加入最后一批铜锍后从开始供风至放完最后一次炉渣之间的时间。筛炉期间石英熔剂的加入量应严格控制，每次少量加，多加几次，防止过量。熔剂过量会使炉温降低，炉渣发黏，渣中铜含量升高，并且还可能在造铜期引起喷炉事故。相反，如果石英熔剂不足，铜锍中的铁造渣不完全，铁除不净，会导致造铜期容易形成 FeO。这不仅会延长造铜期吹炼时间，而且会降低粗铜质量，同时还容易堵塞风口使供风受阻，清理风口困难。在造铜期末，稍有过吹，就容易形成熔点较低、流动性较好的铁酸铜（$Cu_2O \cdot Fe_2O_3$）稀渣，不仅使渣含铜量增加，铜的产量和直接回收率降低，而且稀渣严重腐蚀炉衬，降低炉寿命。

判断白铜锍获得（筛炉结束）的时间，是造渣期操作的一个重要环节，它是决定铜的直接回收率和造铜期是否能顺利进行的关键。过早或过迟进入造铜期都是有害的。过早地进入造铜期的危害与石英熔剂量不足的危害相同；过迟进入造铜期，会使 FeO 进一步氧化成 Fe_3O_4，使已造好的炉渣变黏，同时 Cu_2S 氧化产生大量的 SO_2 烟气使炉渣喷出。

筛炉后继续鼓风吹炼进入造铜期，这时不向炉内加铜锍，也不加熔剂。当炉温高于所控制的温度时可向炉内加适量的残极和粗铜等。

在造铜期，随着 Cu_2S 的氧化，炉内熔体的体积逐渐减少，炉体应逐渐往后转，以维持风口在熔体面下一定距离。

造铜期中最主要的是准确判断出铜时机。出铜时，转动炉子加入一些石英，将炉子稍向后转，然后再出铜，以便挡住氧化渣。倒铜时应当缓慢均匀。出完铜后迅速捅风口，清除结块；然后装入铜锍，开始下一炉次的吹炼。

9.4.2　作业制度

转炉的吹炼制度有三种：单炉吹炼、炉交换吹炼、期交换吹炼。

9.4.2.1　单炉吹炼

如工厂只有 2 台转炉，则其中一台操作，另一台备用；一炉吹炼作业完成后，重新加入铜锍，进行另一炉次的吹炼作业。其作业计划如图 9-6 所示。

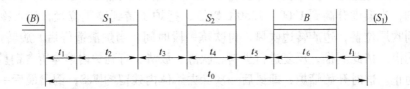

图 9-6　单炉吹炼作业计划

图中，t_0 为吹炼一炉全周期时间；t_1 为前一炉 B 期结束到后一炉 S_1 期开始的停吹时间，在此期间将粗铜放出并装入精炼炉，清理风眼并装 S_1 期的铜锍；t_2 为 S_1 期吹炼时间；t_3 为 S_1 期结束到 S_2 期开始的停吹时间，其间需排出 S_1 期炉渣并送往铸渣机以及装入 S_2 期的铜锍；t_4 为 S_2 期吹炼时间；t_5 为 S_2 期结束后到 B 期开始的停吹时间，其间需排出 S_2 期炉渣及由炉口装入冷料；t_6 为 B 期吹炼时间。

9.4.2.2　炉交换吹炼

如果工厂有 3 台转炉，可 1 台备用，2 炉交替作业。在 2 号炉结束全炉吹炼作业后，1 号炉立即进行另一炉次的吹炼作业。但 1 号炉可在 2 号炉结束吹炼之前预先加入铜锍，2 号炉可在 1 号投入吹炼作业之后排出粗铜，以缩短停吹时间。其作业计划如图 9-7 所示。

图中，t_0 为吹炼一炉全周期时间；t_1 为 2 号炉 B 期结束后到 1 号炉 S_1 期吹炼开始，其间需进行两个炉子的切换作业；$t_2 \sim t_6$ 与单炉连吹相同。

9.4.2.3　期交换吹炼

如果工厂有 3 台转炉，1 台备用，两台作业，可在 1 号炉的 S_1 期与 S_2 期之间穿插进

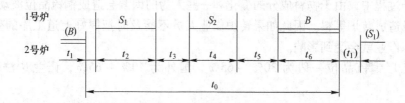

图 9-7 炉交换作业计划

行 2 号炉的 B_2 期吹炼。将排渣、放粗铜、清理风眼等作业安排在另一台转炉投入送风吹炼后进行，将加铜锍作业安排在另一台转炉停吹之前进行。仅在两台转炉切换作业时短暂停吹，可缩短停吹时间，其作业计划如图 9-8 所示。

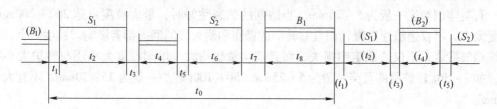

图 9-8 期交换吹炼作业计划

图中，t_0 为完成一炉吹炼作业全周期时间；t_1、t_3、t_5 为两台转炉切换作业的停吹时间；t_2 为 S_1 期吹炼时间；t_4 为 B_2 期吹炼时间；t_6 为 S_2 期吹炼时间；t_7 与单炉连吹的 t_5 相同；t_8 为 B_1 期吹炼时间。

转炉吹炼制度的选定一般要考虑以下原则：

（1）由年生产任务决定的处理铜锍量计算出转炉的作业炉次，再根据炉次的多少选择吹炼形式。

（2）根据转炉必须处理的冷料量的多少来选择。

（3）结合转炉的生产状况及上下工序间的物料平衡来考虑。

9.4.3 转炉吹炼过程的正常操作

9.4.3.1 进料

当将要开动的转炉炉温升温到 1200℃ 左右恒定一段时间后，即可进料吹炼。进料前操作人员需对所有设备、工具、供风、供水系统进行全面检查，然后才能转入操作。

转炉吹炼低品位铜锍时，热量比较充足，为了维持一定的炉温，需要添加冷料来调节。当吹炼高品位铜锍时，尤其是当铜锍品位在 70% 左右采用空气吹炼时，如控制不当，就显得热量有些不足；如采用富氧吹炼，情况要好得多。当热量不足时，可适当添加一些燃料（如焦炭、块煤等）来补充热量。

吹炼作业装入冰铜的次数及每次装入的数量，主要根据炉内料面的允许程度及处理冰铜品位和所欲达到的粗铜产量来决定。一般冰铜加入到使风口浸入熔体面以下 200 ~ 500mm 为宜，现在控制这个条件的方法是操作者按炉熔体喷溅程度判断：喷溅均匀风口送风顺利，吹炼过程进展很快表明加料适当。

在生产过程中，由于物料成分的变化和一些人为的因素会造成铜锍品位波动，放出的铜锍带渣或造成转炉等料。因此如果转炉作业人员不能及时把握好上道工序的变化情况，转炉的吹炼作业就会受到影响。

国内工厂铜锍品位一般为 30% ~ 65%，国外为 40% ~ 65%，诺兰达法熔炼可高达 73%。

铜锍吹炼过程中，为了使 FeO 造渣，需要向转炉内添加石英熔剂。由于转炉炉衬为碱性耐火材料，熔剂含 SiO₂ 较高，对炉衬腐蚀加快，降低炉寿命。通常熔剂的 SiO₂ 含量宜控制在 75% 以下。如果所用熔剂 SiO₂ 含量较高，可将熔剂和矿石混合在一起入炉，以降低其 SiO₂ 含量。也有的工厂采用含金银的石英矿或含 SiO₂ 较高的氧化铜矿作转炉熔剂。生产实践表明，熔剂中含有 10% 左右的 Al₂O₃，对保护炉衬有一定的好处。目前，国内工厂多应用含 SiO₂ 90% 以上的石英石，国外工厂多应用含 65% ~ 80% SiO₂ 的熔剂。

石英熔剂粒度一般为 5 ~ 25mm。当熔剂的热裂性好时，最大粒度可达 200 ~ 300mm。粒度太大，不仅造渣速度慢，而且对转炉的操作和耐火砖的磨损都有影响。粒度太小，容易被烟气带走，不仅造成熔剂损失，而且烟尘量也增大。熔剂粒度大小还与转炉大小有关，如 8 ~ 50t 转炉用的石英一般为 5 ~ 25mm，50 ~ 100t 转炉一般为 25 ~ 30mm，不宜大于 50mm。

在铜锍吹炼过程中加入冷料（含铜杂料）是为了消耗反应生成的过剩热量，以取得炉子的热平衡，既避免高温作业，以减少炉壁耐火材料的损耗，同时还可以回收冷料中的铜。

加入冷料的数量及种类与铜锍品位、炉温、转炉大小、吹炼周期等有关。铜锍品位低、炉温高、转炉大需加入的冷料就多。通过热平衡计算可知，造渣期化学反应放出的热量多于造铜期，因此造渣期加的冷料量通常多于造铜期。由于造渣期和造铜期吹炼的目的不同，因而对所加的冷料种类要求也不同。造渣期的冷料可以是铜锍包子结块、转炉喷溅物、粗铜火法精炼炉渣、金银熔铸炉渣、溜槽结壳、烟尘结块以及富铜块矿等。造铜期如果温度超过 1200℃，也应加入冷料调节温度。不过造铜期对冷料要求较严格，即要求冷料含杂质要少。通常造铜期使用的冷料有粗铜块和电解残极等。吹炼过程所用的冷料应保持干燥，块度不宜大于 400 ~ 500mm。

冷料的加入方法及时机的选择要根据具体情况而定，一般要综合考虑以下四个方面的原则：

（1）对炉况及产品质量的影响要小。

（2）对转炉的送风作业影响小。

（3）加入时尽量减少冷料的飞散损失。

（4）容易装入，不至于出现堵塞等故障。

9.4.3.2 造渣

造渣是转炉吹炼操作的关键，因为除去冰铜中的 FeS 主要是通过造渣来达到，造渣进行的好坏，标志着操作水平的高低。实际考核往往用造渣时炉温高低、单位时间的冰铜处理量、冷料加入量、渣流动性及渣含铜的高低来衡量。

（1）熔剂的质量要求。熔剂的粒度：一般为 5 ~ 30mm，国内多用含 SiO₂ 90% 石英石，国外多用含 SiO₂ 65% ~ 85% 石英石。

（2）熔剂的加入量。冰铜吹炼过程中，熔剂量加入的多少取决于所处理的冰铜品位及冰铜数量，通过冶炼计算确定。

（3）加熔剂的方法。造渣作业不仅要有足够的熔剂数量，而且加入的时间和速度也要适当控制。冰铜入炉后温度较低，为创造氧化亚铁迅速造渣的条件，需适当空吹，将炉温提高到1200℃时再加入熔剂。

（4）放渣火候的判断：

1）飞沫飞出次数频繁。

2）飞沫呈絮状，飘浮无力，发亮。

3）火焰由绿变灰。

判断方法不仅此三项，特别各厂冰铜成分不一、炉子大小不一、炉温高低不一，因而各时期火焰也不一致。

（5）放渣。当渣造好后，先进一包冰铜，转回吹炼位置鼓风片刻，然后再放渣，以降低渣含铜。也可渣好就放，然后进料。放渣时熔体转至放渣位置后应稍停片刻，待熔体平稳后再放渣。

转炉放渣作业要求尽量把造渣期造好的渣排出炉口，避免大量的白铜锍混入渣包，即减少白铜锍的返炉率。放渣操作的注意事项有：

1）放渣前，要求下炉口"宽且平"，避免放渣时渣流分层或分股。若炉口黏结严重，应在停风之后放渣前立即用炉口清理机快速修整下炉口然后再放渣。

2）炉前放好渣包子，渣包内无异物（至少要求无大块冷料），放渣不要放得太满（渣面离包沿约200mm）。

3）炉前用试渣板判别渣和白铜锍时，要求试渣板伸到渣流"瀑布"的中下层，观察试渣板面上熔体状态，正常渣流面平整无气泡孔；当渣中混入白铜锍时，白铜锍中的硫接触到空气中的氧气会生成SO_2，在试渣板渣流面上形成大量的气泡孔，且伴有SO_2刺激味的烟气产生。

此外白铜锍和渣有下列不同性质（表9-3）。

表9-3 白铜锍和渣的不同

项目	黏性	色亮度	熔点/℃	密度/g·m⁻³
渣	黏	明亮	1200	3.2~3.6
白铜锍	流动性好	稍许暗些	1100	5.2

从感观上来看：白铜锍流畅，不易产生断流，其散流呈流线状，不会像渣的散流那样产生滴流，并且白铜锍在试渣板上的黏附相对较少。

4）因渣层浮在白铜锍上面，当炉子的倾转角度取得过大时，白铜锍将混入渣中流出，因而当临近放渣终了时，要小角度地倾转炉子，缓慢地放渣，如果发现有白铜锍带出，则终止放渣。

9.4.3.3 筛炉

所谓筛炉是一周期吹炼即将结束的阶段，加入适当石英熔剂以除去熔体中残存的铁量，将白冰铜的品位提高到75%以上，以确保二周期顺利进行。为此要适当提高炉温，放净炉渣。这时火焰转为灰白色，喷溅物由粒状逐渐变成泡沫状。

9.4.3.4　造铜

彻底放净一周期炉渣，残留渣厚不大于 10 ~ 15mm，连续鼓风，即吹炼过程转入第二周期，将白冰铜吹炼成粗铜。

第二周期，操作主要是保证送入足够的风量，以加快 Cu_2S 的氧化和促进氧化亚铜与硫化亚铜交互反应的进行，由于后一反应是吸热反应，因此两个反应必须达到平衡进行，否则热平衡难以维持，给二周期操作造成困难。

炉后风口操作要根据炉内粗铜生成情况随时调整位置，保持供风送至白冰铜层，并用大钎子，一方面清理风口，另一方面检查白冰铜层的位置，以调整风口角度。

出铜时机的判断：

(1) 火焰由灰白逐渐变为棕红色，火焰低落，摇摆无力。

(2) 观看来大花。来大花后维持一段时间，大花一落，再吹 1 ~ 2min，就可出铜。

(3) 炉口喷溅物。铜快好时喷至炉口的喷溅物会产生"眨眼"现象，也就是喷上后马上起泡，很快泡又落了，再吹时喷到炉口上的喷溅物不是起泡，而是起针状，表明铜已吹好。

(4) 从炉内取试样，倒在试料勺内，试样表面鼓中等程度泡，经水冷后，试样表面呈现玫瑰红色，鲜艳夺目。

(5) 风口表面黏结物也是出铜火候的判断方法，钢钎插入风口抽出，水冷后，钎表面黏结物有韧性，并有玫瑰红色金属光泽，表示铜已好。如果黏结物为金属黄色，有气孔和黑斑，表明铜欠吹，呈紫色、有黑色表示过吹了。

有时为了缩短精炼炉的氧化时间，在转炉内对粗铜适当过吹，这时在正常出铜的基础上，根据过吹程度的要求，掌握过吹的火候，深度过吹，氧化渣变稀，出铜时压不住炉口。

转炉放铜作业要求把炉内吹炼好的铜水全部倒入粗铜包中，送入阳极炉中精炼，并且在放铜过程中避免底渣大量地混入粗铜包中，以保证粗铜的质量。放铜前，确认下炉口"宽且平"避免铜水成小股流出粗铜包之外。放铜水用的粗铜包要经过"挂渣"处理，以防高温铜水烧损粗铜包体。放铜之前要求进行压渣作业，即用舟形料斗，将硅石均匀地投入到炉口内部流口周围的熔体表面上，小角度地前后倾转炉体，使石英与炉口处的底渣混合固化，在炉子出铜口周围形成一道滤渣堤把底渣挡在炉内。压渣过程中，要求注意以下事项。

(1) 造铜期结束后要确认炉内底渣量及底渣干稀状况。如果渣稀且底渣量多，此时炉内表面渣层会出现"翻滚"状况，不易压好渣，待炉内渣层平静后，方可进行压渣作业。

(2) 压渣用的石英量可根据底渣状况而定，一般 2t 左右，稀渣可增加到 3 ~ 4t，并且压渣用的石英量应计入造渣期的石英熔剂量中。

(3) 在石英和底渣的混合过程中要注意安全，以防石英潮湿"放炮"伤人。

转炉底渣的控制：

所谓底渣就是粗铜熔体面上浮有一层渣，这种渣称作底渣，主要是由残留在白铜锍中的铁在造铜期继续氧化造渣，以及造渣期未放净的渣所组成。底渣的成分列于表 9 - 4 中。

表 9 – 4　底渣的化学成分　　　　　（％）

编号	Cu	S	Fe	SiO$_2$	Pb	Zn	备注
1	40.0	0.12	20.0	8.0	—	2.0	设计值
2	41.44	0.13	28.0	17.6	1.77	1.9	干渣
3	41.7	0.06	16.9	11.8	4.78	2.5	稀渣

底渣中的铜主要以 Cu$_2$O 形态存在，底渣中的铁约有一半是磁性氧化铁（Fe$_3$O$_4$），由于 Fe$_3$O$_4$ 熔点高（1527℃），使得底渣并不容易在造渣期渣化，久而久之，由于底渣的积蓄而沉积在炉底，造成炉底上涨（炉底上涨情况要根据液面角判别），炉膛有效容积减小，严重时会使吹炼中熔体大量喷溅，无法进行正常的吹炼作业，因而平时作业要求控制好底渣量。

9.4.3.5　开炉

转炉经一定生产运转周期后，内衬及各部位局部或全部被损坏，需要进行局部修补或全部重新砌筑，经修补或重砌的转炉要组织开炉工作。

开炉作业首先是烘炉，其目的是除去炉体内衬砖及其灰浆中的水分。适应耐火材料的热膨胀规律，要求以适当的升温速度使炉衬的温度升至操作温度。如果升温速度过快，黏结砖的灰浆会发生龟裂而削弱黏结的强度，而且会使砖衬材质中的表内温度偏差太大，出现砖体的断裂和剥落现象，缩短炉衬的使用寿命。因此，必须保持适当的升温速度，使砖衬缓慢加热，炉体各部均匀地充分膨胀。但是，也不宜过慢升温，过慢会造成燃料和劳力等浪费，且不适应生产的需要。一般来讲，全新的内衬砖（指钢壳内所有部位炉衬全部使用新砖砌筑）需要 6～7d 升温时间。风口区内砖挖修后的升温需要 4d 时间，炉口部挖修的炉衬烘烤 3d 即可投料作业。转炉预热升温是依靠各台转炉后平台上设置的燃烧装置来实现的。通过风口插入烧嘴，使炉内砌体（砖的表面温度）温度达到 800℃时就可以投料作业。有的工厂采用自然干燥 20d 除去部分水分后再进行烘烤。

投料前应熄火停止烘炉，取出烧嘴，按规定放置好，并装好消音器，用大钎子清一遍风口，然后将炉口前倾至 60°位，通知吊车取掉炉口盖。往转炉内进热铜锍。进第一炉时，由于炉内温度较低应尽快将料倒完，并及时开风，避免炉内铜锍结壳造成开风后喷溅严重。所以第一炉吹炼应以提高炉衬温度为主，一般不加入冷料，造铜期应采取连续吹炼作业方式。

9.4.3.6　停炉

当转炉内衬残存的厚度，风口砖普遍小于 100mm，风口区上部、上炉口下部砖小于 200mm，两侧炉口左右肩部砖小于 150mm，端墙砖小于 150mm 时，就应当有计划地停炉冷修。倘若继续吹下去容易烧损炉壳或炉砖底座，一旦出现此类故障，将会给检修带来许多麻烦，不仅增加维修工作量，还往往因为检修周期延长而影响两炉间的正常衔接，从而影响生产任务的顺利完成。从筑炉面考虑，由于炉壳烧损而无法提温洗炉，大量底渣堆积于炉衬表面，会增大挖修的劳动强度，同时也影响砌筑的质量；由于结渣多，一些炉衬的薄弱点凹陷部位不易发现，造成该挖补的地方未能挖补，这样就给下一炉期的安全生产留下了事故隐患。

一旦停炉检修计划已经订出，为了确保检修进度及其质量，首先要进行高标准的洗炉工作。所谓洗炉，顾名思义就是要清除干净炉衬表层的黏结物或不纯物质，使炉衬露出本体见到砖缝。洗炉作业进程如下：

（1）提前一星期加大熔剂的修正系数，并在增加熔剂量的同时，适当控制冷料加入量，使作业温度适当地提高，将炉衬表层黏结的高铁渣（Fe_3O_4）逐渐熔化掉。

（2）最后一炉铜的造渣作业再次加大熔剂加入量，并再次控制冷料投入量，使炉温进一步提高，而且造铜期应连续吹炼，使炉膛出现多个高温区，加速炉衬挂渣的熔化，为集中洗炉创造条件。

（3）集中洗出最后一炉铜，加入造渣期所需铜锍量后，加大熔剂量，约为平时的1.5倍，少加或不加冷料进行吹炼。要求将造渣终点吹至白铜锍含铜达75%～78%，含Fe在1.00%，然后将渣子尽可能排净，倒出白铜锍。可以将几台炉子洗炉时倒出的白铜锍合并在一台炉中进入造铜期作业。

转炉集中洗炉倒出铜锍后，应仔细检查洗炉效果，若已见砖缝，炉底无堆积物，则为良好。经冷却3d后交筑炉，进入炉内施工。倘若此次洗炉效果不理想，炉底有堆积物，风口区砖缝仍看不到，应当再次洗炉，重复以上操作。

洗炉过程中的注意事项：

（1）洗炉过程是高温作业过程，由于炉衬已到末期，应注意对各部炉体壳的点检，见有发红部位，应采用空气冷却，不可打水冷却，防止钢壳变形或裂缝。

（2）洗炉造渣终点尽可能吹老些，便于并炉后安全地进入造铜期作业。

（3）洗炉放渣后，白铜锍并炉时，倒最后一包白铜锍时应尽可能将炉膛内残液全部倒净，炉口朝正下方约为140°～290°位置范围内往复倾转多次直到确认液滴停止为止，然后将炉口上倾至60°位，自然冷却。一般讲冬季需要3d时间，夏季需要4d自然冷却，方可交给筑炉施工。在冷却过程中的第一天，应将炉口砖用清理机彻底打掉，见到钢板，便于冷却。同时，要把安全坑内杂物全部清理干净，空出施工现场，然后按预先制定的停修方案，逐项付诸实施。

9.4.4　转炉吹炼过程中常见故障及处理

（1）炉子过冷。当一周期加入冷料或石英石过多以及停风时间较长，鼓风量不足时易出现炉子过冷现象。二周期过冷往往是炉子下落得不合适，风吹熔体表面，或者冷料铜加得过多，铜水过吹也可出现过冷。

处理炉子过冷的措施有：一周期出现炉子过冷时，如情况不十分严重，只要加强鼓风提温一般可很快好转；如情况比较严重，可倒出部分熔体，加入一定数量的热冰铜，加强鼓风即可。二周期出现炉子过冷时，如发现及时，要调好风口位置，提高送风量，必要时向炉内加入一定量焦炭用以提温；发现太晚，过冷程度过大，应倒出熔体，重新加入冰铜吹炼。

（2）炉子过热。过热的原因是由于单位时间内鼓风量太多，或熔剂、冷料加入不及时或量不足，特别是吹炼低品位冰铜时，一周期容易过热。

处理措施：迅速向炉内加入一批冷料和适当加入冰铜及熔剂，也可减少鼓风量来降低热量。

（3）熔体喷出：

1）一周期石英量加的过多，渣性恶化，黏度增大，将会喷出。处理措施：再补充一定数量冰铜，将多余石英完全造渣。

2）一周期石英石加的过少，生成的 Fe_3O_4 过多，渣黏度大，将会喷出。处理措施：需加入冰铜，同时加足石英，再继续吹炼造渣。

3）筛炉石英过多，渣量留的较多，二周期终点前容易喷出。处理措施：当发现筛炉石英多时，需再补充一定数量冰铜，将多余石英完全造渣，即重新筛炉。如二周期终点前喷炉，可加入一些残极或木柴，消除熔体喷出。

4）冷料投入过多，熔体表面温度偏低，黏度增大，引起喷炉。处理措施：及时修正冷料加入量，提高富氧浓度，提高熔体温度。

（4）粗铜过吹。

粗铜过吹原因：二周期的终点判断不准，没有及时出铜而过吹，产生大量不易分离的稀渣。

处理措施：少量过吹可加入一些炉前自产冷料还原，便可使渣变稠，渣铜分离，将铜水倒出；如果大量过吹，用少许冷料难以还原，再加入一定数量的冰铜还原，然后将铜水倒出。用冰铜还原是一件十分危险的操作，因而要给予极大重视，加入时要小心、小流、缓慢进行，一旦加入过急、将会出现大量熔体乃至整炉熔体喷出，造成恶性事故。

9.4.5 转炉吹炼的产品控制

冰铜吹炼的产物有粗铜、转炉渣、烟尘和烟气。

（1）粗铜。转炉粗铜质量主要是粗铜的品位，一般在 98.5% ~ 99%。影响粗铜品位的难点是出铜火候和杂质含量。出铜火候掌握恰当可以保证高质量。欠吹含硫高，过吹含氧高，都影响粗铜品位。粗铜的成分见表 9 – 5。

表 9 – 5 粗铜成分

序号	Cu/%	Fe/%	S/%	Pb/%	Ni/%	Au/g·t^{-1}	Ag/g·t^{-1}
1	98.5	0.01 ~ 0.03	0.01 ~ 0.4	0.1 ~ 0.2	< 0.2	150	< 2500
2	99.3	0.1	0.2	0.02	0.05		
3	99.1 ~ 99.3	0.01	< 0.1	0.003 ~ 0.03	0.03 ~ 0.3	15	160
4	99.3	0.016	0.022	0.01 ~ 0.1		30	400
5	99.65	0.0014		0.06	0.033		
6	98.5	0.06	0.1	0.12	0.08	55	1000
7	99.14	0.03	0.022	0.041			

（2）转炉渣。转炉渣因其含铜较高，需返回熔炼系统处理或送渣选矿生产渣精矿。

转炉渣含 Cu 高的原因，一是比重与冰铜相差的小，对从转炉渣分离冰铜不利；另一个是转炉吹炼有空气的搅拌作用，放渣停风时间又短，也给分离造成困难，而且转炉渣中由于夹带冰铜珠粒，而使渣含铜较高。另外冰铜品位越高，渣含铜也随之越高。

渣含 SiO_2 一般在 24% ~ 26% 之间，有的可达 28% ~ 30%。渣含 SiO_2 与采用的熔剂、造渣控制的温度，以及石英加入的数量、方法有关。转炉渣熔点约在 1150 ~ 1200℃ 之间。转炉渣的比重为 3.8 ~ 4.5，一般取 4。

（3）烟尘。转炉吹炼产出的烟尘约占处理的冰铜量的 2% ~ 4%。烟尘分转炉的沉降室、旋涡收尘器烟尘和电收尘烟尘。即一般所说的粗收尘烟尘和细收尘烟尘。

烟尘的成分与处理的冰铜成分有直接关系。粗尘主要是石英粉、冰铜、炉渣和金属铜的细粒,含 Cu 较高。细尘主要是 Pb、Zn、As 的氧化物。粗烟尘含铜高、含其他杂质低,一般返回再处理。细烟尘含铜低,含 Pb、Zn 较高,可单独处理,回收其他金属,也可送铅熔炼处理,但不宜返回到铜熔炼处理。

(4)烟气。转炉烟气中含有很高的 SO_2,需要回收制取硫酸。转炉烟气的 SO_2 浓度在不同的吹炼阶段是不同的。造铜期的烟气中 SO_2 的浓度要比造渣期高。

9.4.6　铜冰铜吹炼技术经济指标

9.4.6.1　转炉的生产率

转炉的生产率有下列几种表示方法:每炉日产铜量(吨),生产每吨粗铜所需时间,即吨炼时间(分钟),每天每炉处理冰铜的吨数。

(1)每炉日产铜量 $= \dfrac{鼓风量 \times 鼓风时率 \times 空气利用率 \times 24}{产出 1t 粗铜所需空气量}$

(2)吨炼时间指每吹炼出 1t 粗铜所需的时间。

$$吨炼时间 = 操作时间/粗铜产量$$

(3)炉日处理冰铜量:

$$每炉日处理冰铜量 = \dfrac{鼓风量 \times 鼓风时率 \times 空气利用率 \times 24}{产出 1t 冰铜所需空气量}$$

9.4.6.2　单炉生产周期及鼓风时率

(1)单炉生产周期是指一个吹炼周期时间的总和。其中包括转炉在鼓风下进行吹炼的时间,和其他各类停风时间,如装冰铜和冷料、出渣、出铜、清理炉口等。所以,单炉周期与下列因素有关:1)单位处理量。2)冰铜品位及其杂质含量(Zn、Pb、As、Sb等)。3)单位时间的鼓风量(捅风口操作及风压)与鼓风中氧的利用率。4)鼓风时率等。

生产周期随1)及2)中的杂质含量的增加而延长。相反,随2)的冰铜品位及3)、4)的提高而缩短。

(2)鼓风时率。在单炉生产周期中,转炉在鼓风下进行的吹炼时间与单炉生产周期的总时间的比值,通常称为送风时率(或鼓风率),数值用百分数来表示,这是极其重要的指标,因为它不仅说明每个炉长操作的好坏,而且也是各岗位协调配合的结果。

提高鼓风时率:

1)鼓风时率与生产组织、操作人员的技术水平有紧密关系,并且还与本炉人员和指挥吊车工作者、吊车工、其他辅助人员的相互配合也有直接关系。

2)鼓风时率与转炉工序的机械化程度有关。

3)鼓风时率也与冰铜品位有关。

4)鼓风时率与车间的平面配置的合理性有关。

9.4.6.3　炉寿命

炉寿命指大修开炉的炉子一直炼到下次大修时为止所产的粗铜数量,或者所炼的炉数。比较炉寿命的好坏往往用镁砖单耗来衡量。炉寿命是转炉的综合性经济技术指标,它与冰铜品位、耐火材料质量、砌砖技术及耐火材料的分布、吹炼热制度、风口操作等因素有关。

炉衬损坏的原因甚多，归纳起来，主要是由于机械力、热应力和化学腐蚀三种作用的结果。

（1）机械力的作用。主要是指熔体对炉衬的冲刷和喷溅，以及风口清理不当时（如捶击的作用）所造成的损失，实践表明，熔体对炉衬的剧烈冲刷是炉衬损坏的主要原因。

（2）热应力的作用。转炉吹炼是间歇式周期性作业，在供风和停风时炉内温度变化剧烈，会引起耐火材料掉片和剥落。曾有人对直径 3.05m、长为 7.98m 的转炉吹炼品位为 33.5% 的铜锍时炉温的变化情况进行了测定，结果为：每吹风 1min，造渣期温度升高 2.92℃，造铜期温度升高 1.20℃；每停风 1min，造渣期温度降低 1.05℃，造铜期温度降低 3.10℃。由于温度的剧烈变化，产生很大的热应力，耐火材料尤其是含 Cr_2O_3 高的耐火材料抗热胀性较差。在 850℃ 下进行的抗热胀性试验指出，Mg-Cr 砖 18 次、Mg-Al 砖 69 次即发生断裂，可见热应力是引起炉衬损坏的重要因素。

（3）炉渣和金属氧化物对炉衬的化学侵蚀。这种侵蚀主要来自以下几个方面：

1）在吹炼作业中，产出的铁橄榄石渣（$2FeO \cdot SiO_2$）能熔解镁质耐火材料，它既能使镁质耐火材料表面溶解，也可渗透进耐火材料内部，使耐火材料熔解。

2）同一温度下，渣中 SiO_2 含量增大，氧化镁在渣中溶解度增加。

3）造铜期金属铜黏度小，能顺着耐火材料的气孔渗透到砖体内，使方镁石晶体和铬铁矿晶粒间的距离增大，并填充铬铁矿晶粒内的间隙和裂纹，从而使耐火材料结构松散，经熔体一冲刷，便遭到破坏。

在生产中应避免不必要的深度过吹，以防止产生稀渣。这种稀渣一般是游离的 Cu_2O 与粗铜表面上残渣化合而成的流动甚好的炉渣，大都是 $Cu_2O \cdot Fe_2O_3$。这样不仅对砖有严重的腐蚀能力，而且还会造成铜的损失增大。

转炉炉衬的损坏大致分两个阶段：第一阶段，新炉子初次吹炼（即炉龄初期）时，炉衬受杂质的侵蚀作用不太严重，这时掉块掉片较多，风口砖受损最严重。第二阶段，炉子工作了一段时间（炉龄后期），炉衬受杂质作用较大，砖面变质，掉块掉片现象减少。

实践表明：各处炉衬损坏的严重程度不同，其次序大致是：上风口区、端墙、炉底和炉子对风口区（炉前壁）。风口区损坏最严重，炉底损坏不大。

提高炉寿命的措施：

（1）提高砌炉及烘炉质量。

（2）严格控制操作技术条件。其中控制料面适当和严格控制操作温度是关键。控制造渣期的温度，在 1200 ~ 1250℃ 为好，炉温偏高时，及时加入冷料。

（3）正确地判断造渣、筛炉、出铜时的终点，防止过吹。

（4）炉体结构。炉体结构是否合理，对炉寿命影响很大，一是从正常操作的角度考虑，二是从炉衬腐蚀的均匀性来考虑。操作正常要送风稳定、温度适宜、不喷炉口、反应速度快。如采用适当的大风口生产，合理安排风口间距和风口个数。采用适当的风口角度、适当的炉口大小和角度，改进送风系统，减少漏风与风压损失，提高入炉风压等；腐蚀均匀，以风口区的寿命划定炉寿命，其他各个部位的损坏都要保证低于风口区。

（5）用补炉措施，如喷浆热补等。

（6）行挂炉操作，保护炉衬。

铜锍转炉吹炼的技术经济指标，见表9-6。

表9-6　铜锍转炉吹炼的技术经济指标

指标名称	转炉容量/t							
	5	8	15	20	50	60	80	100
铜锍品位（Cu）/%	30~35	25~30	37~42	28~32	20~21	30~40	50~55	55
送风时率/%	76	75~80	80	77~88	85	80~85	70~80	80~85
直收率/%	90~95	95	96	80~85	90	95	93.5	94
熔剂率/%	18	23	16~18	18~20	20	16~18	8~10	6~8
冷料率/%	25	15	10~15	7~10	25~30		26~63	30~37
砖耗/kg·t^{-1}	24	19.7	25	140~607	45~60	15~30	4~5	2~5
炉寿命/t·炉期$^{-1}$	1500	1500	1500	1200	2200	17570	26400	
水耗/m^3·t^{-1}Cu					130			
电耗/kW·h·t^{-1}Cu			350~400		650~700		50~60	40~50

9.5　闪速吹炼炉

9.5.1　概述

典型的黄铜矿精矿的冶炼一般分为两个步骤：精矿熔炼产出铜锍，铜锍吹炼产出粗铜。

美国肯尼柯特公司出于对环境的考虑和经济的压力，于1979年开始研究取代P-S转炉的工艺方案，提出了固体铜锍氧气吹炼工艺，简称SMOC（solid matte oxygen converting），应用高浓度富氧空气由固态高品位铜锍连续、自热地生产粗铜。因固体铜锍磨细后在奥托昆普闪速炉内进行吹炼，故称闪速吹炼。

9.5.2　工艺流程

闪速吹炼工艺原则流程如图9-9所示。精矿首先在熔炼炉（闪速炉或其他熔炼炉）中熔炼而获得铜锍。放出的铜锍进行高压水碎，而后进行磨细、干燥。细粒铜锍在闪速吹炼炉（奥托昆普闪速炉）内用纯氧或富氧空气吹炼成粗铜，产出的少量炉渣返回熔炼炉回收铜（也可以采用选矿或电炉贫化等）。高浓度SO$_2$烟气连续通过冷却和收尘工序，然后送到制酸车间生产硫酸或液态SO$_2$。

9.5.3　闪速吹炼中金属铜的生成

闪速吹炼和闪速熔炼不同，进入闪速吹炼炉内的硫几乎全部被氧化，只有少量的硫分散于粗铜和炉渣中。在反应塔内的闪速反应中仅有少量的金属铜（不到10%）生成，而大部分金属铜是在沉淀池的渣相反应层中由过氧化粒子与欠氧化的铜的硫化物发生反应形成的，同时释放出大量的SO$_2$，这些反应可以简单地表示为：

$$Cu_2S + 2(Cu_2O) = 6Cu + SO_{2(g)}$$
$$Cu_2S + 2(Fe_3O_4) = 2Cu + 6(FeO) + SO_{2(g)}$$

氧化亚铁进入渣相，渣相也含一些氧化亚铜。

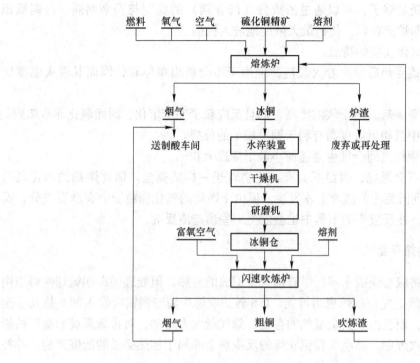

图 9-9　闪速吹炼工艺流程图

闪速吹炼可以有两种不同方式熔炼粗铜：两层操作和三层操作，如图 9-10 所示。两层操作意味着沉淀池中没有白铜锍相，可以改变氧势或氧化程度，使粗铜含硫大约为 0 ~ 1%；炉渣含铜也随氧势而变化，当粗铜含硫为 0.85% ~ 1% 时，对于硅酸铁炉渣，渣含铜大约为 15%，而且含硫越低，渣含铜越高。

三层操作时沉淀池中的铜与渣之间是白铜锍相。白铜锍相并不一定是一个连续层，只

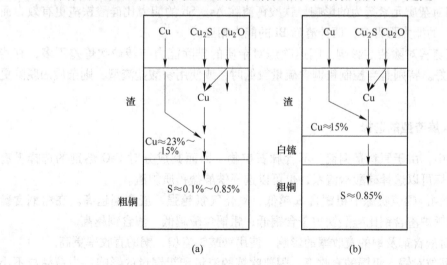

图 9-10　两层、三层操作示意图
(a) 两层操作；(b) 三层操作

要有一个白铜锍相就足够了，可以通过渣成分（渣含铜）的稳定与否来判断。白铜锍相可以稳定粗铜含硫和炉渣含铜，使铜最大限度地进入粗铜。

反应塔中铜锍氧化反应的特点：

（1）磨细的铜锍受热后发生着火反应，但由于不会析出单体硫，因而其着火温度比黄铜矿高。

（2）铜锍粒子着火后，由于氧浓度高，而且反应粒子完全熔化，因而氧化非常激烈。

（3）闪速吹炼中气相氧浓度高有利于铜锍粒子的分裂。

（4）悬浮体中颗粒之间会发生碰撞使小粒子变成大粒子。

（5）熔剂粒子不会燃烧，因而不会有硫化物粒子一样的高温。因此熔剂的熔化及与FeO的造渣反应要到沉淀池的渣面上才发生。但由于燃烧的硫化物粒子中有脉石成分，而且由于粒子间碰撞，在反应塔的下落中也会发生一些预造渣反应。

9.5.4　闪速吹炼的热平衡

闪速吹炼工艺将液态铜锍水碎，尽管损失了铜锍的显热，但处理固态铜锍却使得应用氧气（或高浓度富氧空气）吹炼成为可能。P-S 转炉吹炼中液态铜锍所带入的显热几乎全部消耗于加热氮气，而且由于大量氮气的存在，烟气量大大增加，对排烟系统和酸厂的影响很大。而在闪速吹炼中，高品位铜锍吹炼的反应热全部用于加热必要的冶炼产物，并补偿炉子的热损失。

9.5.5　杂质元素的行为

（1）铜锍品位对杂质元素行为的影响。铜锍品位对闪速吹炼中除杂质能力的影响，随着铜锍品位的提高，As、Sb、Bi、Pb 向气相的挥发减少，而入渣的量更少。

（2）工艺空气氧浓度的影响。As、Pb 的挥发随氧浓的提高而提高，Bi、Sb 则相反。

（3）沉淀池温度的影响。降低温度更有利于杂质进入炉渣。

（4）渣型对杂质元素行为的影响。铁酸钙渣除 As、Sb 的能力比硅酸铁渣更有效，而硅酸铁渣除 Pb 的能力强得多，两种渣除 Bi 的能力相当。

（5）工艺流程对除杂的影响。闪速吹炼对杂质的排除能力与转炉吹炼差不多，有些情况下甚至更好。特别是当控制粗铜含硫量较低时，或使用铁酸盐渣型，则杂质的脱除更为彻底。

9.5.6　闪速吹炼渣型的选择

闪速吹炼中，由于原料是铜锍，不含脉石矿物，因而其成分对 FeO 熔剂的选择没有限制。闪速吹炼可以选择硅酸盐渣系，也可以选择铁酸盐钙质炉渣。

（1）渣含铜。闪速吹炼中粗铜含 S 越低，氧化气氛越强，渣含铜越高。在粗铜含硫相同时，铁酸钙炉渣含铜比硅酸铁炉渣含铜低；粗铜含硫越低，渣含铜越高。

1）渣型对渣含铜及铜的直收率的影响：使用铁酸钙渣型，铜的直收率更高。

2）铜锍品位对铜入粗铜的直收率、闪速吹炼的渣量和粗铜量的影响：当锍品位不小于 70% 时，尽管渣含铜很高（15% ~ 20% Cu），粗铜中铜的直收率仍然很高（高于94% ~ 97%），这是因为高品位铜锍闪速吹炼的渣量很小。

（2）Fe_3O_4 在炉渣中的溶解度：

1）1300℃下铁酸钙渣比硅酸铁渣溶解 Fe_3O_4 的能力大得多。

2）闪速吹炼渣中（铁酸钙渣或硅酸铁渣）有相当数量的 Cu_2O 存在，实际上充当了 Fe_3O_4 的熔剂，阻止 Fe_3O_4 从炉渣中析出。对于硅酸铁渣，只要维持足够高的温度（高于1300℃），将 SiO_2 调到合适的水平上就不会有 Fe_3O_4 的析出；而对于铁酸钙渣，只要 CaO 含量合适，即使在极度氧化熔炼条件下也不会有 Fe_3O_4 的析出。

（3）SiO_2 在铁酸钙渣中的溶解度。铁酸钙渣溶解 SiO_2 的能力很低。熔融 $FeO-Fe_2O_3$-CaO 渣（1300℃，20% CaO）仅能溶解 5% 的 SiO_2，超过此值就有 Ca_2SiO_4 析出（熔点2130℃），使炉渣黏度大大提高。闪速吹炼中磨细的铜锍炉料不含 SiO_2，所以用石灰石作熔剂不会有 Ca_2SiO_4 的析出。但熔炼排放的铜锍不得夹渣，否则将严重影响闪速吹炼作业。

（4）闪速吹炼炉渣成分的选择：

1）对于铜锍品位大于 70% 的闪速吹炼，采用硅酸盐炉渣和铁酸盐炉渣，铜的直收率、渣量接近。

2）铁酸钙闪速吹炼渣返回熔炼炉（闪速炉）处理回收铜，不会影响熔炼渣的性质。

世界第一台闪速吹炼炉（犹他冶炼厂）采用铁酸盐渣型。在原料杂质含量低的情况下，采用硅酸盐渣型也是可行的。

9.5.7 熔炼铜锍品位的选择

从低品位的反射炉铜锍或电炉铜锍到含铜 80% 的白铜锍，闪速吹炼都可以处理，产出粗铜。但是，为了减少渣量，以高品位铜锍为好。所选择的铜锍品位，要使得闪速吹炼能够在自热状态下运行（应用工业氧或高浓度富氧），同时保证粗铜的杂质含量达到要求（品位升高，As、Sb、Bi、Pb 进入烟气和炉渣的比例大大下降）。

随着铜锍品位的提高，吹炼渣量减少，铜进入粗铜的回收率提高。

随着铜锍品位的提高，总返回铜量略有减少，其下限值取决于精矿成分（Cu、Fe、SiO_2、脉石含量）。通常铜锍品位为 68% ~76%。

9.5.8 闪速吹炼的应用

处理一般的黄铜矿精矿最好的方法是在熔炼中产出品位尽可能高的铜锍，而高品位铜锍是奥托昆普闪速熔炼的发展趋势之一。因此，在奥托昆普闪速熔炼－闪速吹炼工艺的应用上有以下几种设想：

（1）在一台奥托昆普闪速炉内交替地进行熔炼和吹炼。对小型冶炼厂，可在同一台闪速炉中交替作业，如每月或每周的 1/3 时间进行熔炼，1/3 时间进行吹炼。这种作业可以不建 P-S 转炉厂房；进入酸厂的烟气量几乎不变，酸厂的设计能力不必放大；能在较小生产能力下保证环保要求，等等。

（2）在一台闪速炉内设分开的 2 个反应塔，即所谓的三塔闪速炉，以联合进行熔炼和吹炼。这种方法除具有分开的闪速熔炼炉和闪速吹炼炉所具有的优点外，最大的好处在于烟气处理和炉渣处理上，因为熔炼和吹炼在一个炉子进行，且产生一个连续的烟气流和一种炉渣，有利于制酸和炉渣的贫化处理。

（3）闪速熔炼炉和闪速吹炼彻底分开。

现代熔炼技术对吹炼的要求是：

1）高吹炼富氧浓度；

2）能处理高品位铜锍；

3）送往酸厂的烟气连续、稳定，SO_2 浓度高；

4）逸散烟气少。

肯尼柯特原有 3 台诺兰达炉，采用闪速熔炼和闪速吹炼工艺后，有如下优势：

（1）精矿中硫的回收率达 99.9%，高于任何一个铜冶炼厂。

（2）污染物大大降低，大多远低于最新标准，因而该冶炼厂成为目前世界上最清洁的工厂。

（3）硫酸尾气的 SO_2 浓度仅为 100×10^{-6}。

（4）与老厂相比，新冶炼厂生产 1t 铜的能耗只需原工艺的 1/4，且新厂余热发电量可供全厂总耗电量的 85%。

（5）熔炼、吹炼总烟气量（标态）仅为 60000m^3/h，比一台 $\phi 4 \times 9.2m$ 的转炉烟气量还小。制酸设备的烟气处理能力仅需原系统的 50%。

（6）劳动生产率由 300t/（人·年）提高至 1000t/（人·年）。

（7）无包子运输，无需建筑坚固的行车厂房。

（8）闪速吹炼流程有很大的灵活性。熔炼炉与吹炼炉可各自独立操作，不必紧密相联，可以将铜锍储存起来，两个工序不会相互制约。

（9）据报道，采用 FSF + FCF 工艺，其投资为 FSF + PS 工艺的 85% ~ 90%，总作业成本仅为 89%。

以闪速熔炼 - 闪速吹炼工艺为基础的新冶炼厂将为全世界的铜冶炼厂制定新的环境标准。而且高处理量、高铜锍品位是闪速熔炼的主要发展方向，因此，闪速熔炼 - 闪速吹炼工艺将是闪速冶炼的发展方向。

9.6　其他吹炼方法

9.6.1　诺兰达连续吹炼转炉

在诺兰达技术发展早期就直接生产过粗铜，后来转向了由高品位锍吹炼成粗铜的研究。20 世纪 80 年代开发出了诺兰达吹炼法（简称 NCV），1997 年 11 月实现了工业化。诺兰达转炉直径 4.5m、长 19.8m，在炉子一侧有 44 个风眼，其结构与诺兰达熔炼炉相似。

9.6.2　奥斯麦特炉吹炼

奥斯麦特炉也能够用来进行铜锍的吹炼。炉子结构和喷枪都与熔炼炉的类似。澳斯麦特吹炼的首次工业应用是在我国的中条山有色金属公司侯马冶炼厂，1999 年建成投产。由澳斯麦特熔炼炉产出的铜锍，通过溜槽放入到吹炼炉，连续地吹炼到炉内有 1.2m 左右高度的白锍，结束造渣期。再开始将这一批白锍吹炼到粗铜。吹炼炉采用铁硅酸盐渣型。

9.6.3 三菱法吹炼

三菱法连续熔炼中的吹炼炉也是顶吹形式的一种。在一个圆形的炉中用直立式喷枪进行吹炼。喷枪内层喷石灰石粉，外环层喷含氧为 26% ~32% 的富氧空气。炉渣为铜冶炼中首创的铁酸钙渣。

在喷吹方式上，三菱法将空气、氧气和熔剂喷到熔池表面上，通过熔体面上的薄渣层与锍进行氧化与造渣反应。三菱法必须使用 Fe_3O_4 不容易析出的铁酸钙均相渣。三菱法的喷枪随着吹炼的进行不断消耗，奥斯麦特喷枪头需定期更换。

9.6.4 反射炉式连续吹炼

反射炉式吹炼炉（也称连吹炉）系我国富春江冶炼厂所创。

反射炉每个吹炼周期包括造渣、造铜和出铜三个阶段。与奥斯麦特炉一样，这两种吹炼炉仍然保留着间断作业的部分方式，只是在第一周期内将进料—放渣的多作业改变为不停风作业，提高了送风时率。烟气量和烟气中 SO_2 浓度相对稳定，漏风率小，SO_2 浓度较高，利于制酸。

连续吹风避免了炉温的频繁急剧变化。又由于采用水套强制冷却炉衬，在炉衬上生成一层熔体覆盖层，炉衬的浸蚀速度缓慢，炉寿命被延长。

反射炉式连吹炉因其设备简单、投资省，在 SO_2 制酸方面比转炉有优点，因而于适合于小型工厂。

思考题

9-1 铜锍的吹炼过程为何分为两个周期？

9-2 在吹炼过程中 Fe_3O_4 有何危害？怎样抑制其形成？

9-3 简述闪速炉吹炼与转炉吹炼各自特点。

9-4 试述冰铜吹炼的基本原理。

9-5 铜锍的成分主要是 $FeS \cdot Cu_2S$，此外还含有少量的 Ni_3S_2 等其他成分，它们与吹入的氧（或空气中的氧）作用，首先发生如下反应：

$$\frac{2}{3}Cu_2S_{(l)} + O_2 = \frac{2}{3}Cu_2O_{(l)} + \frac{2}{3}SO_2, \quad \Delta G^{\ominus} = -256898 + 81.2T \ (J)$$

$$\frac{2}{7}Ni_3S_{2(l)} + O_2 = \frac{6}{7}NiO_{(s)} + \frac{4}{7}SO_2, \quad \Delta G^{\ominus} = -337231 + 94.1T \ (J)$$

$$\frac{2}{3}FeS_{(l)} + O_2 = \frac{2}{3}FeO_{(l)} + \frac{2}{3}SO_2, \quad \Delta G^{\ominus} = -303340 + 52.7T \ (J)$$

请分析比较以上 3 个反应的优先顺序，并判断出三种硫化物 Cu_2S、Ni_3S_2、FeS 发生氧化的顺序。

9-6 已知反应 $Cu_2O + FeS = Cu_2S + FeO$ 的平衡常数与温度的关系式为 $\lg K_p = \frac{108336}{19.146T} - 0.000074T$，问在 1473K 温度下该反应进行的可能性？

9-7 试述闪速吹炼的应用前景。

10 炉渣的贫化处理

10.1 概 述

现代的强化熔炼工艺为了产出高品位的铜锍通常控制高的氧势（$\lg P_{O_2} = -5.5 \sim -4$），以及在铜锍吹炼造渣期采用更高的氧势（$\lg P_{O_2} = -4 \sim 1.5$），这样产生的熔炼渣和吹炼渣势必含有大量的 Fe_3O_4，导致渣中机械夹杂和熔解的铜损失增多，渣含铜量往往在1%以上。所以强化熔炼与吹炼的炉渣必须经过贫化处理，回收其中的铜以后才能弃去。目前采用的贫化处理方法有还原贫化法与磨浮法。

炉渣的还原贫化一般是在电炉中进行。炉渣贫化电炉与矿热电炉相似，我国贵冶采用的贫化电炉为椭圆形，其尺寸为 11965mm × 6120mm × 2644mm，熔池深 1350mm，功率为 4500kV·A。有些闪速熔炼炉自带贫化电炉。

10.2 贫 化 电 炉

贫化电炉主要用于熔炼系统铜锍和炉渣熔体的贫化处理作业。熔炼炉放出来的熔炼炉渣，铜含量为 0.6% ~0.7%，如果直接用水冲到渣池，则这一部分铜无法回收，将造成经济损失和资源浪费。一个年产 100kt 的炼铜厂，以日处理 1300t（含 Cu 25%）铜精矿、产渣率为 50% 计算，渣含铜每增加 0.1%，铜的冶炼回收率下降 0.2%，生产费用增加约 3%。若渣含铜从 0.6% 上升到 1%，（考虑了回收率后的）年损失金属铜量为 800t。用电炉贫化可以提高熔体温度，使渣中铜的含量降到很低，有利于还原熔融渣中氧化铜、回收熔渣中细颗粒的铜粒子。电炉贫化不仅可处理各种成分的炉渣，而且可以处理各种返料。熔体中电能在电极间的流动产生搅拌作用，促使渣中的铜粒子凝聚长大。

熔炼混合熔体经贫化电炉贫化后渣含铜可降低到 0.45% 左右，贫化电炉从熔炼炉渣中贫化处理得到的这部分铜锍又可以经铜锍包加到吹炼炉。

10.2.1 工艺流程

工艺流程如图 10-1 所示。

10.2.2 电炉贫化原理

影响渣含铜的最根本因素是炉渣中的 Fe_3O_4 含量。降低炉渣中的 Fe_3O_4 含量就能够改善锍滴在渣中沉降的条件，如黏度、密度以及渣-锍间界面张力等；降低渣中的 Fe_3O_4 含量，将减少铜的氧化损失，从而降低渣含铜。

炉渣的熔炼贫化就是降低氧势、提高硫势、还原 Fe_3O_4 的过程。

铳品位降低，a_{FeS}增加，有利于反应

$$3Fe_3O_4 + FeS === 10FeO + SO_2 \qquad (10-1)$$

向破坏 Fe_3O_4 的方向发展，如图 10 - 2 所示。对反应（10 - 1）的影响因素还有温度、a_{FeO} 和 SO_2 的分压 P_{SO_2}。一方面，提高温度，加入适量的 SiO_2，降低 P_{SO_2}，都会对 Fe_3O_4 的减少起到有效的作用；另一方面，铳品位降低，有利于铳与渣的平衡反应向 Cu_2O 被硫化的方向进行。

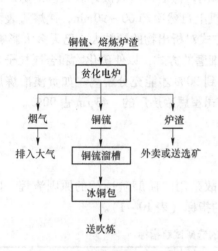

图 10 - 1　贫化电炉工艺流程图

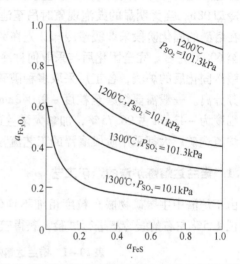

图 10 - 2　a_{FeS} 与 $a_{Fe_3O_4}$ 的关系

$$(Cu_2O) + [FeS] === (FeO) + [Cu_2S] \qquad (10-2)$$

　　实际贫化过程中的铳品位不可能降低很多。从吹炼铳的角度出发，再生产出更低品位的铳将会增加处理的麻烦。保持原来的熔炼铳品位的办法是用碳质还原剂还原 Fe_3O_4：

$$(Fe_3O_4) + C === 3(FeO) + CO \qquad (10-3)$$

$$\Delta G^{\ominus} = -430942 + 41.34T \ (J)$$

$$\Delta G = \Delta G^{\ominus} + RT\ln \frac{a_{FeO}^3 P_{CO}}{a_{Fe_3O_4}}$$

10.2.3　贫化电炉的结构和特点

　　贫化电炉属于直流贫化电炉的形式，外形有椭圆形、矩形、圆形三种，贫化电炉外面为钢结构形式，内衬耐火材料，通过电极发热使渣和铜进一步分离。贫化电炉的结构与熔炼电炉相似，这里不再重复讲述。

10.3　磨浮法贫化处理炉渣

　　磨浮法贫化处理炉渣的过程包括缓冷、磨矿与浮选三大主要工序，其基本原理是基于炉渣中的硫化物相在充分缓冷的过程中能析出硫化亚铜晶体和金属铜颗粒，然后经破碎与细磨可以机械地分离开来，并借助于它们与渣中其他造渣组分在表面物理化学性质上的差异，浮选产出硫化物渣精矿，再返回熔炼过程，而产出的浮选渣尾矿含铜小于 0.3% ~

0.35%，完全可以作弃渣处理。

　　生产实践表明，炉渣的缓慢冷却速度对炉渣中析出铜矿物晶粒的大小有很大的影响。水淬骤冷时大部分含铜晶粒小于 5μm，这种微粒很难与炉渣本体分开。有文献资料认为，炉渣在相变温度 1080℃ 以上停留时间较长，有利于铜颗粒长大，故在 1000℃ 以上进行缓冷时，冷却速度以不大于 3℃/min 为佳，在 1000℃ 以下可以喷水加速冷却。如大冶冶炼厂诺兰达炉渣的冷却时间为 48h。炉渣放入渣包后，先吊入冷却池冷却，待表层结渣壳后喷水冷却 98h，当无明显的鼓泡现象时吊至池外翻倒，然后再送去破碎。贵溪冶炼厂的转炉渣在熔渣的固化阶段采取缓慢冷却，先在铸渣机上自然冷却 60~90min，使熔渣表面温度降至 600℃ 左右。完全固化后与采取何种冷却方式对析出物的颗粒大小已无多大影响。

　　缓冷固化后的炉渣，各工厂采取多种破碎与细磨的方式，以使硫化物和金属粒子与其他组分分离。一般需要细磨至粒度 -0.048mm 达到 90% 才能充分解离。如贵溪冶炼厂的磨矿细度为 -43μm 占 96.75%，加拿大诺兰达公司霍恩冶炼厂的 -43μm 占 90%。

　　炉渣选矿厂大都采用阶段磨浮的工艺流程。

10.3.1　诺兰达熔炼炉渣的选矿工艺

　　由于炉渣中主要矿物嵌布粒度粗细不均匀，故采用"阶磨阶选"的原则流程，以原渣品位 4.5% 左右的缓冷渣进行试验，获得较好的指标（表 10-1）。

表 10-1　诺兰达熔炼渣的选矿试验指标

名　称	产率/%	品　位			回收率/%		
		Cu/%	Au/g·t^{-1}	Ag/g·t^{-1}	Cu	Au	Ag
精矿	14.21	29.84	8.47	164.22	94.18	80.76	69.89
尾矿	85.79	0.31	0.33	11.72	5.82	19.24	30.11
渣原矿	100.00	4.5	1.49	33.29	100.00	100.00	100.00

　　从诺兰达炉排出的熔渣通过渣包缓冷后，炉渣块经击振式破碎机破碎，人工分捡出包底的铜锍碎块直接作转炉原料，剩余的大部分渣块通过三段一闭路破碎流程将块度为 -400mm 的渣块破碎到 -12mm 的粉矿作为磨浮原料。粉矿进入磨浮工序，首先进入第一段磨矿分级作业，第一段磨矿分级产品进行第一段粗选，得到部分铜精矿产物，槽底产物进入第二段磨矿分级；第二段磨矿分级产物首先进入第二段粗选得部分精矿产物，槽底产物进入到扫选作业；扫选泡沫经过精选后得到部分铜精矿，其槽底产物作为中矿返回到第二段磨矿分级，形成磨浮闭路；扫选槽底产物即为浮选尾矿。浮选尾矿进入到永磁式弱磁机，分选出低品位铁精矿和余尾矿。20 万吨诺兰达炉渣选矿磨浮工艺流程如图 10-3 所示。

　　工艺流程及设备配置特点：（1）采用"阶磨阶选"原则流程，较好地适应了渣原矿主要矿物粗细不均匀嵌布的特性，实现了早收多收的目的，选矿指标稳定可靠。（2）一段磨矿的分级作业采用旋流器替代传统的螺旋分级机进行分级，其优点是设备配置紧凑，占地面积小；2 台旋流器轮换工作，工作稳定。（3）CLF-4 型充气搅拌式浮选机单槽容积为 4m³，内部结构设有矿浆循环通道，运行稳定，较好地适应了大密度矿物

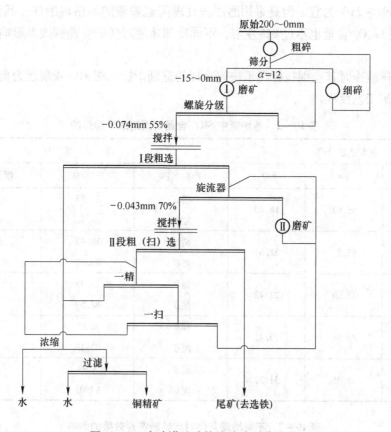

图 10 – 3 大冶诺兰达炉渣选矿工艺流程

或粗粒级矿物浮选，运行成本相对较低。（4）浮选流程内部为闭路大循环，充分体现再磨再选的功能，很好地解决了细粒嵌布矿物的单体解离和有效回收问题。工艺条件如下：

1）处理量在入磨粒度为 – 12mm 时，处理量控制在 34 ~ 36t/h。

2）磨矿浓度一段控制在（80 ± 2）%；二段控制在（70 ± 2）%。

3）入选矿浆浓度粗选控制在 45% ~ 50%，细度 – 0.074mm，65% ~ 70%；扫选控制在 40% ~ 45%，细度 – 0.048mm，65% ~ 70%。

4）药剂制度。渣中铜基本属硫化矿性质，故选用丁基黄药作捕收剂，松醇油作起泡剂，添加量视品位变化，一般为黄药 120 ~ 150g/t，松油 80 ~ 100g/t。当渣原矿含 Cu 4.00% ~ 4.70%，精矿品位可达 25.50% ~ 27.00%，尾矿含 Cu 0.28% ~ 0.32%，铜的回收率 93% ~ 94.5%。

生产中发现当渣原矿品位下降到 3% 以下时，浮选过程不稳定，指标下降（如 1999 年 11 月渣原矿含 Cu 2.77% 时精矿品位仅 23.65%，铜回收率为 89.95%），其对应措施为合理配渣，保持原矿品位相对稳定。

10.3.2 转炉渣的选矿工艺

转炉渣的选别效果受渣中 SiO_2 含量影响较大，见表 10 – 2。试验认为渣中 SiO_2 含量以不超过18%～21%为宜。但是采用磨浮法处理闪速炉渣的玛格玛冶炼厂其渣 SiO_2 含量达33%，渣 Fe_3O_4 含量也不过8%左右，不同冷却速度对转炉渣选别效果影响也较大，见表10-3。

　　同一渣样缓冷时其选别指标高于快速冷却的选别指标。图10-4所示为贵溪冶炼厂转炉渣二期选矿工艺流程。

表10-2　炼炉渣中 SiO_2 含量对选别效果的影响

转炉渣成分/%			浮选指标		
Cu	Fe	SiO_2	产品名称	产率/%	铜回收率/%
2.58	55.47	18.40	精矿	21.55	95.47
			尾矿	78.45	4.52
2.33	53.15	21.61	精矿	10.43	92.19
			尾矿	89.57	7.81
1.48	53.07	22.42	精矿	11.48	90.14
			尾矿	88.52	9.86
2.37	49.96	22.42	精矿	6.87	88.16
			尾矿	93.13	11.84
1.57	45.36	31.32	精矿	5.99	81.10
			尾矿	94.01	8.90

表10-3　不同冷却条件对转炉渣选别效果的影响

冷却条件	产品名称	产率/%	铜实收率/%
1250～1000℃时的冷却速度以1℃/min下降至1000℃后投入水中	精矿	25.54	92.24
	尾矿	0.20	7.76
1250～1000℃时的冷却速度以3℃/min下降至1000℃后投入水中	精矿	23.86	88.79
	尾矿	0.49	11.32
1250～1000℃时的冷却速度以5℃/min下降至1000℃后投入水中	精矿	23.79	84.18
	尾矿	0.40	15.82
1350℃液态炉渣恒温20min后，水淬冷却	精矿	14.68	54.45
	尾矿	0.80	45.55

　　贵溪冶炼厂转炉渣选矿厂是我国第一座完整的转炉渣选矿厂，由日本引进技术和全套设备，选厂大多数设备都采用橡胶耐磨损件及衬胶技术，如振动筛的橡胶筛网、球磨机的橡胶衬板、旋流器的橡胶衬里、浮选机的叶轮和稳流器、各类矿浆泵的泵壳和叶轮衬胶，以及橡胶折皱闸门等。这对改善设备的性能，便利操作管理、提高工艺指标、增加经济效益是十分有利的。

　　对生产过程的大部分工艺参数采用了各种仪表进行检测、记录和控制，为生产操作的正常化提供了可靠的保证，设置了带报警装置的压差式矿浆浓度计及其他流量、料（液）位计等。

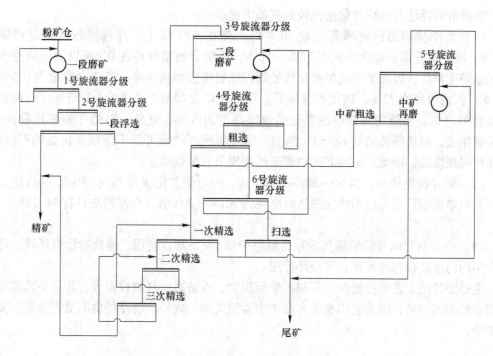

图 10 - 4 贵溪冶炼厂转炉渣二期选矿工艺流程

10.3.3 铜炉渣磨浮法与电炉贫化法的比较

表 10 - 4 列出了铜炉渣选矿贫化处理的指标实例，结合表 10 - 1 数据进行对比，不难看出磨浮法更适应强化熔炼的发展需要。

表 10 - 4 铜炉渣选矿的技术经济指标实例

| 工厂 | 炉渣成分 | | | | | 磨矿细度 | 含铜品位/% | | | 回收率/% | 磨矿电耗/kW·h·t⁻¹ |
	Cu/%	SiO₂/%	Fe/%	Au /g·t⁻¹	Ag /g·t⁻¹	粒度比例 /μm·%⁻¹	给矿	精矿	尾矿		
日立	4.63	17.95	43.42	0.8	55.2	-44/89	3.23	24.4	0.33	Cu 91.02 Au 95.2 Ag 65.14	21 ~ 22
直岛	4.02	20.14	49.54	0.8	55.2	-37/90 -46/50	3.77	24.63	0.29	Cu 93.46 Au 100 Ag 97.17	15.8
佐贺关	4.03	23.75	47.04	1.9	41	-100/12 -43/88	4.45	32.5	0.35	Cu 93.1	21
哈贾瓦尔塔	1 ~ 4.0	23 ~ 20	28.5 ~ 44			-53/91		18.2	0.3	Cu 90.1	30.6
贵冶	4.5	21	49.9			-43/90	4.5	35	0.4	Cu 92	23.2
大冶	4.57	23.38	42.14			-74/55 43/45	5.05	27.70	0.35	Cu 94.25	47.43

（表头中含"磨矿细度"列下的"粒度比例/μm·%⁻¹"）

铜炉渣磨浮法与电炉贫化法比较具有如下优点：

（1）磨浮法铜的回收率高（表 10 - 4），都在 90% 以上，浮选尾砂含铜量可降到 0.3% 。电炉贫化铜的回收率只有 70% ~ 80% ，弃渣含铜量往往在 0.6% 以上。如芬兰哈贾瓦尔塔炼铜厂，以前采用电炉贫化法处理闪速熔炼渣和吹炼渣，弃渣含铜量为 0.5% ~ 0.7% ，铜回收率为 77% ，改用磨浮法后，浮选尾矿含铜量为 0.3% ~ 0.35% ，铜回收率提高到 91.1% 。夹杂在铜锍中的贵金属也提高了回收率。此外，对强化熔炼过程而言，采用磨浮法，可选择较高的 Fe/SiO_2 渣型，每吨粗铜产渣量可低于还原贫化法的产渣量，因而相同规模的铜冶炼厂每年弃渣中带走的铜损失总量也减少。

（2）磨浮法电耗少，为 60 ~ 80kW · h/t 渣，而电炉贫化法为 70 ~ 150kW · h/t 渣，如哈贾瓦尔塔炼铜厂采用电炉贫化炉渣时电耗为 90kW · h/t 渣，而浮选法只有 44.2kW · h/t 渣。

（3）电炉贫化时排放的烟气 SO_2 含量小于 0.5% ，难以利用，排放时污染环境。浮选法产生的污水比较容易处理，可循环使用。

但是磨浮法工艺流程复杂，厂房占地面积大，设备多、基建投资大，并且不适宜处理含镍钴较高的炉渣，因为它们会进入尾矿中而损失掉，此外，磨浮法也不适宜处理三菱法的炉渣。

11 粗铜火法精炼

11.1 概 述

转炉产出的粗铜，其铜含量一般为98%～99.5%，其余数量为杂质，如硫、氧、铁、砷、锑、锌、锡、铅、铋、镍、钴、硒、碲、银和金等。这些杂质存在于铜中，对铜的性质产生各种不同的影响，有的（如砷、锑、锡）降低铜的导电率，有的（如砷、铋、铅、硫）会导致热加工时型材内部产生裂纹，有的（铅、锑、铋）则使冷加工性能变坏，总之，降低了铜的使用价值。有些杂质具有使用价值和经济效益，需要回收和利用。为了满足铜的各种用途要求，需要将粗铜精炼提纯。精炼有两个目的：（1）除去铜中的杂质，提高纯度，使铜含量在99.95%以上；（2）从铜中分离回收有价元素，提高资源综合利用率，从铜精炼的副产品中回收金、银是贵金属的重要生产途径。

目前使用的精炼方法有两类：

（1）粗铜火法精炼，直接生产含铜99.5%以上的精铜。该法仅适用于金、银和杂质含量较低的粗铜，所产精铜仅用于对纯度要求不高的场合。

（2）粗铜先经火法精炼除去部分杂质，浇铸成阳极，再进行电解精炼。产出含铜99.95%以上，杂质含量达到标准的精铜。这是铜生产的主要流程。

从转炉产出的粗铜含有 SO_2 0.02%～0.1%、O 0.1%～0.8%及溶解在铜液中的大量SO_2。凝固时，SO_2气体从铜液中析出，在浇铸成的铜阳极表层和内部形成气泡空洞。对电解要求来说，这种阳极是不合格的。此外，转炉粗铜含有较多的杂质，直接电解时，难以产出高纯度的精铜。因此，粗铜需要进行火法精炼，以达到两个目的：一是尽可能地除去部分杂质，将阳极板含铜提高到99.0%～99.5%；二是浇铸出板面平整光滑、厚薄均匀、无飞边毛刺、悬吊垂直度好的阳极板，达到电解工艺的要求。

阳极板属于中间产品，由于原料与工艺的差异，它的化学成分标准由工厂各自制定，Cu品位一般为98.5%～99.8%，其他杂质成分见表11-1。

表11-1 阳极铜中杂质含量的波动范围

元素	O	As	Sb	Bi	Ni	Se	Te	Pb	Au	Ag
含量（ppm）	130～4000	5～2700	1～2200	3～300	90～6700	8～2200	1～300	7～4300	8～73	90～7000

阳极板在浇铸时会产生外形缺陷，给电解作业带来不利。为此，近代炼铜厂都装备了阳极的平板、整形、校耳和铣耳生产线，以改善阳极板的外形质量。少数工厂还采用了Hazelett双带连铸生产线，将浇铸与整形合成一道工序。

粗铜的火法精炼过程包括氧化、还原和浇铸三个工序。在1150～1200℃的温度下，首先将空气压入熔融铜中，进行杂质的氧化脱出，而后再用碳氢物质除去铜液中的氧，最后进行浇铸。

11.2 火法精炼的理论基础

11.2.1 氧化过程

粗铜火法精炼主要由鼓风氧化和还原组成。铜中有害杂质除去的程度主要取决于氧化过程,而铜中氧的排除程度则取决于还原过程。氧化精炼的基本原理在于铜中多数杂质对氧的亲和力都大于铜对氧的亲和力,且杂质氧化物在铜中的溶解度很小。当空气通入铜熔体时,杂质便优先氧化被除去。但铜是粗铜的主体,杂质浓度较低。根据质量作用定律,首先氧化的是铜:

$$4Cu + O_2 === 2Cu_2O$$

生成的 Cu_2O 立即溶于铜液中, 在与杂质接触的情况下氧化杂质:

$$[Cu_2O] + [M'] === 2[Cu] + (M'O)$$

由此可见, 铜中残留杂质的浓度与铜液中 Cu_2O 的活度、该杂质的活度系数以及平衡常数成反比, 这就要求 Cu_2O 在铜中始终保持饱和状态和大的 K 值。由于杂质氧化为放热反应, 温度升高时 K 值变小, 所以氧化精炼时温度不宜太高, 一般在 1150 ~ 1170℃。铜中残留杂质的浓度还与渣中该杂质氧化物活度成正比, 为此须选择适当的熔剂和及时扒渣, 以降低渣相中杂质氧化物的活度。

氧化过程还与炉气分压, 杂质及其氧化物的挥发性、比重、造渣性能及熔池搅动情况等因素有关。Cu_2O 在氧化精炼中起着氧化剂或氧的传递者作用。

按氧化除去难易可将杂质分为三类:

(1) 铁、钴、锌、锡、铅、硫是易氧化除去的杂质。铁对氧亲和力大且造渣性能好,精炼时可降至万分之一的程度。钴与铁相似,它可形成硅酸盐和铁酸盐被除去。锌则大部分以金属锌形态挥发,其余的锌被氧化成 ZnO 并形成硅酸锌和铁酸锌入渣。锡在精炼时氧化成 SnO 和 SnO_2, 前者呈碱性易与 SiO_2 造渣; 后者则须加入碱性的苏打或石灰等才能形成 $Na_2O·SnO$ 或 $CaO·SnO_2$ 等锡酸盐造渣除去。铅可以氧化成 PbO, 与炉底或吹入的 SiO_2 造渣, 更有效的是采用磷酸盐和硼酸盐两种造渣形式除铅。硫在粗铜中主要以 Cu_2S 形式存在, 它在精炼初期氧化得较缓慢, 但在氧化期将结束时便开始按 $[Cu_2S] + 2[Cu_2O] === 6[Cu] + SO_2$ 反应剧烈地放出 SO_2, 使铜水沸腾, 有小铜液滴喷溅射出, 形成所谓"铜雨"。

(2) 镍、砷、锑是难以除去的杂质。镍在熔化期和氧化期只能缓慢氧化。氧化生成的 NiO 可分布在炉渣和铜水中。渣中 NiO 可生成 $NiO·Fe_2O_3$ 随渣除去, 使铜水中的镍降至 0.2% ~ 0.4%。因铜中常有少量的砷锑, 它们会与镍生成镍云母 $6Cu_2O·8NiO·2As_2O_5$ 和 $6Cu_2O·8NiO·2Sb_2O_5$, 所以镍比较难以除去。为了除镍, 除了加入 Fe_2O_3 使之造渣以外, 还可以加入 Na_2CO_3 去分解和破坏镍云母, 以减少这些化合物在铜水中的溶解。实践认为, 阳极含 Ni < 0.6% 时, 不会影响电解精炼的进行, 为此采用了保镍的措施。在工厂实践中, 将含镍不同的铜料进行搭配, 使铜液含镍在 0.5% 左右, 并在还原期将脱氧限度由一般的 0.1% 降至 0.05% 左右。这样绝大部分镍便会以金属状态留在阳极铜中。

砷和锑与铜能形成一系列化合物和镍云母溶入铜中, 这便是砷锑难除的主要原因。可用反复氧化还原的方法除去砷锑, 即将砷锑氧化为 As_2O_3 和 Sb_2O_3 挥发。但此时有一部分

砷锑会形成 As_2O_5、Sb_2O_5 以及砷酸盐和锑酸盐，所以需进行还原，使砷锑由高价还原为低价氧化物再挥发除去；也可用苏打或石灰等碱性熔剂使砷锑形成不溶于铜中的砷酸盐和锑酸盐造渣除去；还可用石灰和萤石混合熔剂使砷锑造渣。

（3）金、银、硒、碲、铋等是不能或除去很少的杂质。金银等贵金属在氧化精炼时不会氧化，只有极少部分被挥发性化合物带入烟尘。硒碲除少量氧化成 SeO_2 和 TeO_2 随炉气带走外，大部分仍留在铜中。铋在氧化精炼时除去得极少，因铋对氧的亲和力与铜相差不大。

11.2.2 还原过程

经氧化精炼后，铜液含有 0.5% ~1.0% 的氧，在凝固时以 Cu_2O 形态析出，分布于铜的晶界上，给电解精炼造成危害，需进行还原脱氧。

作为还原剂使用的有树木、木炭、低硫煤、柴油、天然气、液化石油气、氨等。随着森林的保护，树木和木炭已经不再使用了。这些还原剂均属于碳、氢化合物，与 Cu_2O 产生下列还原反应：

$$H_{2(g)} + [O] = H_2O_{(g)}$$
$$C_{(s)} + [O] = CO_{(g)}$$
$$CO_{(g)} + [O] = CO_{2(g)}$$
$$2C_2H_{m(g)} + 6[O] = 2CO_{(g)} + mH_{2(g)} + 2CO_{2(g)}$$
$$2NH_{3(g)} + 3[O] = N_{2(g)} + 3H_2O_{(g)}$$

在还原作业温度下，上述反应都向右进行。

氢气还原始于248℃，在精炼温度下进行的剧烈。在 Cu_2O 饱和的铜液中可视 $\alpha_{Cu_2O} = 1$，得：

$$K = P_{H_2O}/P_{H_2} = 10^{4.1} \quad (1050℃)$$

可见，混合气体中只要有极少的氢气，还原即可进行。

Cu_2O 是很容易被一氧化碳还原的。

铜中含氧过多会使铜变脆，延展性和导电性都变坏。铜中含氢过多，在铸成的阳极内会有气孔，对电解精炼非常不利；若制成铜线锭，则在加热时铜中的氢会与 Cu_2O 作用产生水蒸气，使铜变脆，发生龟裂（氢病），机械性能变坏。

铜液能溶解很多气体，如 O_2、SO_2 和 H_2、H_2O 等。

重油还原时的氢气浓度不大，氢气以原子状态进入铜水中：$H_2 = 2H$。

为了降低铜中的含氢量，可以采取防止过还原和严格控制铸锭温度的方法。过还原时，由于铜水含氧极少，引起含氢急增。所以精炼时含氧一般控制在 0.05% ~0.2%，铜线锭含氧0.03% ~0.05%。而铸锭温度应尽可能低（1100 ~1140℃），因氢在铜水中的溶解度随温度升高而剧烈增加。

11.3 精炼炉及精炼工艺

11.3.1 反射炉精炼

11.3.1.1 反射炉结构与供热

用于铜火法精炼的炉型有反射炉、回转式精炼炉、倾动式精炼炉三种。反射炉是传统的火法精炼设备，是一种表面加热的膛式炉，结构简单、操作容易，可以处理冷料，也可处理热料，可以烧固体燃料、液体燃料或气体燃料。反射炉容积、炉体尺寸可大、可小，波动范围较大，处理量可以从 1t 变化到 400t，适应性很强。处理冷料较多的工厂和规模较小的工厂多采用反射炉生产阳极铜。

反射炉也存在着以下几方面的缺点：

（1）氧化、还原插风管，推入渣、放铜等作业全部是手工操作。劳动量和劳动强度大，劳动条件差，难以实现机械化和自动化。

（2）炉体气密性差，散热损失大，烟气泄漏多，车间环境差。

（3）耐火材料用量多，风管及辅助材料消耗大。

（4）炉子内铜液搅动循环差，操作效率低。

反射炉是一个水平的长方形炉体。小型炉子容量 10～50t，炉膛宽 2～3m，长 3～5m，长宽比为 1.5～3，熔池宽度 0.4～0.6m。烧碎煤或块煤时，在炉子头部设有燃烧室（或称火仓），长 1～2m。燃烧室与熔池之间砌有翻火墙，翻火墙高于熔池液面 200～300mm。图 11－1 所示为精炼反射炉的垂直和水平剖面。大型精炼反射炉，容量 100～400t，长 10～15m，宽 3～5m，长宽比为 2～3.5，深池深度 0.6～1m，炉膛高 2～2.5m。大型反射炉不设燃烧室，直接以喷嘴燃烧粉煤、重油或天然气。

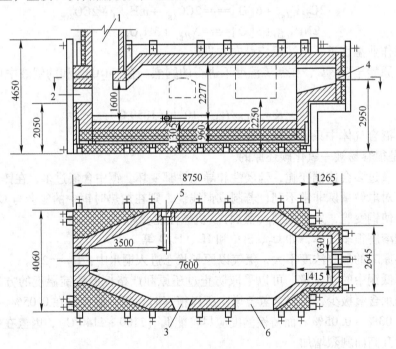

图 11－1　120t 精炼反射炉

1—排烟口；2—扒渣口；3—操作炉门；4—燃油口；5—出铜口；6—加料炉门

精炼反射炉的炉墙用镁砖或铝镁砖砌筑，炉顶用铝镁砖或铬镁砖砌筑。大型炉子采用固定在炉体立柱上端的吊顶，比拱形炉顶的使用寿命长 50%～100%。

反射炉是一种对燃料适应性较强的炉子，固体、液体和气体燃料都可以使用，对燃料的要求是：含硫小于 1.5%～2%，灰分小于 15%，发热值高。无论固体、液体或气体燃料，燃烧过程的好坏是决定反射炉供热状况的首要条件。燃烧过程与烧嘴构造、烧嘴性能、燃烧条件以及操作等因素有关。诸如燃料与空气混合均匀、燃料入炉的扩散角适当、入炉后能尽快着火、及合理的火焰长度和温度等，都是保证燃料有效燃烧的重要条件。此外，由结构形式和尺寸决定的炉子本身的热工特性，也影响着炉内的传热。

燃料消耗除与燃料燃烧有关外，还受以下因素影响：

（1）炉料与火焰之间的热交换效果。

（2）炉体散热损失。炉体散热和水冷构件冷却水带走的热占总热量的20%～30%。炉体设计结构合理可减少散热损失，水冷构件改用汽化冷却可回收这部分热量。

（3）作业温度。提高作业温度，燃料消耗增加，在满足工艺要求的条件下，应降低作业温度。

（4）冶炼时间。燃料消耗与冶炼时间成正比例，缩短冶炼时间即可降低燃料消耗。

11.3.1.2　反射炉精炼作业实践

精炼作业包括作业准备、加料、熔化、氧化、还原和浇铸。作业准备包括在生产的每一环节中，是在生产中穿插进行，不单独安排时间。

A　加料

进入精炼炉的冷料有电解返回的残极、废阴极和其他废铜返回品。用加料机加入，先装松散料，后装大块料，每次最大装入量占炉膛高度的1/2～2/3，要保证燃料燃烧和炉气流动的顺畅。第一次只加50%～70%，待炉料熔化平后，再装第二次或第三次。

液态铜料用包子从溜槽倒入炉内。利用等料时间，加入10%～30%的冷料。加料阶段炉膛温度必须达到1250～1350℃，炉内压力0～-30Pa。

B　保温、熔化

处理液态料时，经常需要保温等料。利用保温等料时间加入少量冷料时，保温时间即为熔化时间。在熔化期，炉内要保持较高的温度，供足够的热量，使炉料迅速熔化。在处理固体炉料时，一般炉膛温度保持在1350～1400℃。处理液体炉料时为1300～1350℃，控制炉内压力为微负压，即-10～-30Pa。冷料加完、熔化平了，第一次进热料后，插入风管提前氧化，助熔吹风，强化热交换。

C　氧化

用包有耐火材料的铁管插入熔池，鼓入压缩空气进行氧化。插入角度为30°～45°。插入深度为熔池深度的1/2～2/3，鼓风压力为0.3～0.5MPa。

进完热料或冷料全部熔化后，开始扒渣。根据生产实际情况，可以采用扒、放结合以放为主的操作方法净渣。扒渣期炉内压力控制在0～-30Pa，应避免火焰喷出，铜液温度控制在1180℃以上。

粗铜杂质含量低时，火法精炼的主要任务是脱硫。扒渣后取样观察铜水含氧及含硫量，含氧0.4%左右时可以结束氧化。断面有硫孔、硫丝，应排除SO_2。采用停火通蒸汽或压缩风降温，能有效地脱除SO_2；通入0.3～0.5MPa的压缩风，在激烈的搅拌下3～5min可达到目的。排硫结束，铜水温度为1150～1180℃，炉内压力为-20～-50Pa。

粗铜杂质含量高时，需加熔剂除杂质。砷、锑高，加碱性熔剂（苏打和石灰）；铅、镍高时，加酸性熔剂；两者都高时，先加碱性熔剂，后加酸性熔剂。

在杂质含量高时，采用多次造渣、多次扒渣。第一次造渣加入熔剂总量的 40% ~ 50%，第二次造渣加入 30% ~40%，第三次加入余量。多次造渣的目的，是降低渣中杂质浓度，改变杂质在渣与铜之间的平衡关系，以达到降低铜液中杂质含量、提高除杂质的效果。多次造渣耗费时间较长，铜液容易过度氧化。含氧过高时，在两次造渣之间应适当还原 1 ~2 次，以将铜液含氧降到 0.5% 以下，减少 Cu_2O 的造渣损失。

国内各工厂是用肉眼来观察样品表面和断面的状况以确定氧化终点。对样品的观察与判断列于表 11 -2。

表 11 -2　国内各工厂判断氧化终点的样品的观察状况

状　态	上冶	白银	云铜	重冶	株冶	武汉	广州	贵冶	大冶
表面状况									
平整略有凹槽		V					起凹槽	V	V
平整紧密无气孔			V						
有收缩槽					V				
断面状况									
有 1/3 的氧化斑	V		1/3 ~2/3						
有硫丝		V							
基本不带硫丝			V						V
砖红色							V	V	
粗粒结晶无光泽					V				

铜液的氧化程度是根据粗铜杂质含量来确定的。杂质含量低，仅只需要脱硫时，含氧不应超过 0.5%；杂质含量高，需进行除杂质作业时，也应尽量控制氧含量，不要超过饱和浓度。

11.3.1.3　还原

氧化精炼后铜液含氧 0.5% ~1.0%，需要还原除去多余的氧。还原阶段决定铜液的最终含硫量，因此应该选择含硫较低的还原剂。目前国内外普遍采用重油、液化石油气作还原剂，单独直接鼓入熔池后，在高温作用下碳氢化合物往往产生热裂解，降低还原剂使用效率，并产生黑烟，污染环境。减少还原剂输入量，放慢还原速度，可减少黑烟；采用改性还原剂，可以提高还原效率。用压缩空气，或蒸汽，或蒸汽与重油、液化石油气混合使用时，会产生裂化反应，生成新生态氢，强化还原效果。

比较各种还原剂的还原效果，气体优于液体，液体优于固体。气体还原剂以氨气最好，液化石油气次之。氨气价格贵，较少采用。

还原终点的含氧量对还原剂的消耗影响较大。还原终点一般控制含氧 0.05% ~ 0.2%。

还原终点多数是以取样观察样品表面和断面来进行判断。表 11 -3 列出了国内一些工厂的还原终点样品观察要求。还原结束，铜液表面不覆盖木炭或焦炭时含氧还可稍低一些。

表 11 – 3　国内工厂对还原终点样品的要求

状　　态	上冶	白银	云铜	重冶	株冶	武汉	广州	贵冶	大冶
表面状况							V		
平整	V								
平、起皱纹		V				V			
平、起细皱纹				V	V			V	V
花纹较细，中凹痕			V						
断面状况									
金属星亮明显	V	V							
细粒结晶					V				
1/3 ~ 2/3 呈金属光泽						V			
金属光泽								V	
中心有油光色					V			V	V

还原终点也可以通过取样进行炉前分析确定。主要分析成分有 Cu、S、O、As、Sb、Bi、Ni、Pb。炉前分析准确，不随人的因素变化。

过去的还原操作都是正压作业，其目的是强化还原气氛，提高还原效率，但有大量过剩的还原剂从炉内冒出，污染环境。现在，一些工厂已经进行负压作业（ – 40 ~ – 60Pa），保持烟气不逸出。事实上，在强还原气氛下，采取负压作业，漏入少量空气，对还原气氛不会有影响，对还原效果也不会有影响。

11.3.2　回转炉精炼

11.3.2.1　回转炉的构造与供热

回转炉是 20 世纪 50 年代后期开发的火法精炼设备。它是一个圆筒形的炉体，在炉体上配置有 2 ~ 4 个风管、1 个炉口和 1 个出铜口，可作 360°回转。转动炉体将风口埋入熔体下进行氧化、还原作业。回转炉体可进行加料、放渣、出铜，操作简便、灵活。与反射炉比较，具有以下优点：

（1）炉体结构简单，机械化、自动化程度高，取消了插风管、扒渣、出铜等人工操作，在处理杂质含量低的粗铜时可以实现程序控制。

（2）炉子容量从 100t 变化到 660t，处理能力大，技术经济指标好，劳动生产率高。

（3）取消了插风管扒渣等作业，辅助材料消耗减少。

（4）回转炉密闭性好，炉体散热损失小，燃料消耗低。

（5）炉体密闭性好，用负压作业，漏烟少，减少了环境污染。

回转炉与反射炉相比，由于熔池深、受热面积小、化料慢，故不适宜处理冷料，适合于处理热料。

回转炉由炉体、托轮装置、驱动装置、燃烧器、炉尾燃烧室组成，如图 11 – 2 所示。

炉口用于加料和倒渣，它由 4 块铜水套组成，并有一个炉盖，用气动或液压开启与关闭。非加料、出渣时间，炉盖将炉口盖上。氧化、还原共用一个风口，通过一个换向装置与还原剂供应系统连接，通入还原剂进行还原作业。与风口相对应的另一侧设有一个出铜

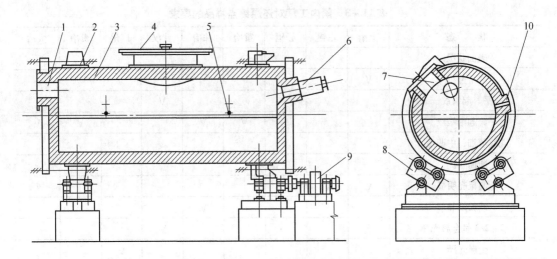

图 11 - 2　回转式精炼炉结构

1—排烟口；2—壳体；3—砌砖体；4—炉盖；5—氧化还原口；6—燃烧器；
7—炉口；8—托辊；9—传动机构；10—出铜口

口，炉体向后倾转，铜水从出铜口放出，通过速驱动装置调节铜水流出量。

回转炉可以正反转动 360°，并配备有快速、慢速两套驱动装置。进料、倒渣、氧化和还原，用快速驱动，浇铸用慢速驱动。此外在事故停电时，还配备有使炉子向安全位置回转的事故驱动装置。

燃烧室设在炉体烟道一侧，外壳用钢板焊接，内衬高铝砖或黏土砖。烟气进口处设有空气入口，以供应燃料和还原剂中还未燃烧的部分进行充分燃烧所需的空气。烟气进燃烧室温度 1300℃，燃烧后进余热锅炉，温度为 1350 ~ 1400℃。从余热锅炉出来的烟气温度为 500 ~ 700℃，再进换热器或供熔炼精矿干燥系统用。燃烧室还起沉降室的作用，粗粒烟尘和喷溅物在燃烧室内沉积并被回收。通过闸门调节燃烧室的压力，以控制回转炉炉内压力。

回转炉供热与反射炉相似，燃料主要是重油和天然气，通过在端墙上的燃烧器燃烧供热。固定于端墙上的燃烧器与熔体的相对位置随着炉体的转动而变化，导致火焰在炉内分布不均匀，降低热交换效果。为此，日本东予冶炼厂开发了角度可变式重油炼烧嘴，可以根据炉内铜水量调整角度，保持火焰中心线与炉体中心线上平均熔体面之间的高度相一致，以提高传热效率。

回转炉熔池较深，炉墙较薄，熔池底部容易冻结。在浇铸阶段，铜液温度控制在 1250 ~ 1300℃，比反射炉高 50 ~ 100℃。回转炉直接热利用率为 8% ~ 15%，60% 以上的热量由烟气带出。包括烟气余热回收在内的热量总利用率可到 50% ~ 70%。按标煤（29309kJ/kg）计算，燃烧率为 3% ~ 9%。

11.3.2.2　回转炉实践

回转炉作业包括加料、保温、氧化、还原、浇铸，以容量为 240t 的炉子为例，全过程（保温除外）需要 8 ~ 10h，其中加料 1h，氧化 1 ~ 2h，浇铸 4 ~ 6h。

　A　加料

回转炉加液态铜料时，先将炉口转向炉前，用包子直接将铜料倒入炉内。大型回转炉分两批进料。进第一批料后，利用保温等料的时间，进行提前氧化 1 ~ 2h，使铜水提前含氧，缩短氧化操作时间，改善炉内热交换效果。一些工厂利用保温等料时间在回转炉内熔化冷料。加料期间停止烧火，炉内压力为 0 ~ −20Pa。

B　保温

处理两批粗铜时，一般有两次保温，保温时间由转炉供料时间确定。保温的炉内温度控制在 1300 ~ 1350℃；加有冷料时，炉内温度控制在 1350 ~ 1400℃。进行提前氧化时，炉内温度应控制在 1350℃以上。保温期炉内压力为 0 ~ −20Pa。

C　氧化

回转炉的氧化是通过固定在炉壳上的风管进行的。氧化时，风口转入料面下方 400 ~ 800mm，为熔池的 1/3 ~ 1/2，风压为 0.1 ~ 0.2MPa。回转炉的风口分设于炉口下方两侧，倒渣时风口送风，熔体受到强烈搅动，渣铜不能较好地分离，铜液容易随渣一同倒出，渣亦倒不干净。在需要加熔剂除杂质时，炉渣除不净会降低除杂质效果。为解决回转炉撇渣问题，墨西哥铜公司冶炼厂改进了回转炉结构，将炉口两侧的风口放在炉头一侧，取消了尾部的风口，在尾部增开一个渣口。氧化时，炉渣在风力的推动下被赶到尾部集中在一个区域，既可倒渣，也可以扒渣，解决了撇渣难的问题。

由于回转炉内铜液搅动激烈，循环较好，因而熔剂无论从表面加入还是从风口喷入，反应速度都比反射炉快，除杂质效果也比反射炉好。从风口喷入熔剂，又比铜液表面加入更好。

回转炉中铜液的氧化程度和控制方法与反射炉相同。氧化时间由粗铜含氧量确定：当粗铜含氧大于 0.5% 时，只撇渣，不再进行氧化；粗铜含氧 0.25% ~ 0.5% 时，氧化 30 ~ 50min。

氧化期炉内温度为 1350 ~ 1400℃，铜液温度为 1180 ~ 1250℃。在需要排除硫时，鼓入空气或水蒸气，并停火降温到 1180℃左右。氧化期炉内压力为 −20 ~ −50Pa。

D　还原

与反射炉作业相似，多数采用重油或液化石油气作还原剂，少数采用天然气或氨气。还原速度控制在 1.5 ~ 2.5t/min。还原剂压力为 0.1 ~ 0.2MPa。还原剂消耗量与铜水含氧量、阳极铜最终含氧量有关，液化石油气一般为 3 ~ 6kg/t，重油为 5 ~ 10kg/t，天然气为 5 ~ 8m$_3$/t，氨气为 5 ~ 8kg/t。

还原期一般不烧火。过量还原剂的燃烧能使铜液温度提高 40 ~ 60℃/h。还原结束，铜液温度可提高到 1250 ~ 1280℃，个别可达 1300℃。回转炉的铜液温度要比反射炉高出 50 ~ 100℃。之所以温度控制较高，是因为铜液流动线路长（回转炉一般都比反射炉长）、散热多、熔池深、炉底散热损失大。为了维持热平衡，需要提高铜液温度。还原期炉内压力为 −40 ~ −60Pa。

11.3.3　倾动式精炼炉

倾动式精炼炉是 20 世纪 60 年代中期由瑞士 Maerz 研究发明的。它在反射炉和回转炉基础上，吸取了两种炉型的长处。炉膛形状像反射炉，保持其较大的热交换面积，采取了回转炉可转动的方式，增设了固定风口，取消了插风管和扒渣作业，减轻了劳动强度，既能处理热料，又能处理冷料，是较理想的炉型。

倾动炉的结构如图 11-3 所示。目前已有的炉子容量为 55~350t。

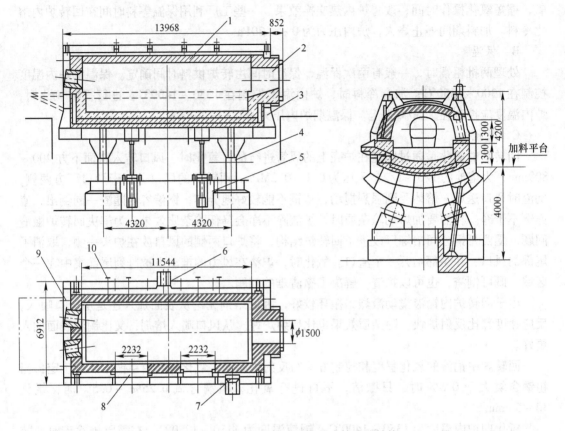

图 11-3　150t（MAERZ）倾动式精炼炉结构
1—炉顶；2—排烟口；3—钢架；4—支承装置；5—液压缸；6—出铜口；
7—扒渣口；8—加料口；9—燃烧口；10—氧化还原插管

倾动炉由炉基、插座、炉体、驱动装置、燃烧器及燃烧室组成。炉基由耐热钢筋混凝土筑成，在炉基上装设钢结构摇座，摇座上沿为圆弧形，装有若干个滚轮。炉体底部也是圆弧形，坐在摇座上。液压缸底部装在基础上，上部与炉底底部连接。伸缩液压缸带动炉体倾转，倾转角为 ±30°。炉体的倾转也可用齿轮装置带动。有快慢两种倾转速度，氧化、还原、倒渣用快速倾转，浇铸用慢速倾转。

倾动炉外壳底部为圆弧形，弧度 30°~45°，侧面亦为弧形，用工字钢或槽钢做骨架。整个外壳是一个特殊形状的钢结构焊接件。炉底用铬镁砖和黏土砖砌筑，炉底弧度为 30°~45°。侧墙用镁砖筑成圆弧形，外部是钢外壳。300mm 厚度的吊挂炉顶为圆弧形，用铬镁砖砌筑，弧度为 45°。在正面侧墙上开有两个工作门，供加料用。靠近尾部开有一个放渣口。正面侧墙装有 2~4 个氧化、还原风管。后侧墙上有一个出铜口。在一边端墙上开有 1~2 个孔装燃烧器。另一端墙开有排烟孔，经烟道与燃烧室相连。燃烧室为钢外壳，内衬黏土砖，结构与回转炉相似。

倾动炉与反射炉和回转炉相比，具有以下的优点：

（1）炉膛具有反射炉炉膛的形状，断面合理、受热面积大、热交换条件好、炉料熔化速度快。

（2）配备有两个加料门，铜料能快速均匀地加到炉膛各部位，冷、热料都适合处理。

（3）侧墙装有固定风管，倾转炉体可使风口埋入液面下进行氧化还原作业，不需要插风管操作。渣口开在侧墙上，倾转炉体可以撇出炉渣。侧墙上开有放铜口，倾转炉体可放出铜水，流量调节较为灵活。

（4）机械化程度高，取消了繁重的人工操作，劳动生产率高。

倾动炉与反射炉和回转炉比较，也存在着不足之处：

（1）炉体形状特别，结构复杂，加工困难，投资高。

（2）操作时倾转炉体，重心偏移，处于不平衡状态工作，倾转机构一直处于受力状态。

（3）炉体倾转，影响炉顶、炉墙的稳定性，在炉墙、炉顶烧损后，影响更大。

（4）在炉体倾转时，排烟口不与炉体同心转动，密封较困难。

这些不足之处影响了倾动炉的推广和发展，目前只有少数杂铜冶炼厂采用这种炉型。

11.4 阳 极 浇 铸

11.4.1 概述

传统的阳极浇铸采用人工控制，铜液从精炼炉放出，经溜槽进入浇铸包，注入铜模。重量由浇铸工根据模子的充满程度或在铸模上划一些刻度线进行控制。人工控制的随机性很大，重量波动大。20 世纪 50 年代开始，逐步实行半自动或自动定量浇铸，由计算机控制称量包，经液压系统自动浇铸。采用 28～36 块铜模的圆盘浇铸机，其生产能力达到 100t/h。定量浇铸的阳极板重量差可控制在 2% 以内，但仍然存在一些问题难以解决：浇铸时铜水喷溅及圆盘晃动产生飞边、毛刺；在冷却和脱模时，产生弯曲变形；铜模夹耳、耳部产生扭曲变形；铸模不平、板面厚薄不均。这些缺陷以及其他一些问题，几乎都是浇铸过程难以避免和不可能完全克服的，因此采取了阳极外形的修整工作，以弥补浇铸的缺陷。在电解车间增设阳极平板、校耳、铣耳整形生产线。

采用连铸技术取代传统的模子浇铸是解决以上问题的一条途径。

阳极生产有两种工艺：铸模浇铸和连铸。铸模浇铸又分为圆盘型和直线型两种，它们的技术成熟，运用广泛。圆盘型浇铸机是铜阳极生产的主要生产设备。直线型浇铸机结构简单、紧凑、占地面积小、投资低，但阳极质量差，仅被小型工厂采用。连铸是连续作业，连续浇铸并轧成板带，经剪切或切割成单块阳极。应用于铜阳极生产的形式为双带连铸，质量好、投资较高，国内尚未推广。

11.4.2 圆盘浇铸

圆盘浇铸有两种类型：人工控制和自动控制。人工控制是由人操纵浇铸包的倾动机构，凭经验掌握。自动浇铸包括铜水定量、脱模、联板、合格判断和模子准备等各程序的全部自动化。图 11-4 是奥托昆普圆盘浇铸机及其配置图。

阳极板的自动浇铸是由程序来控制的。常用的自动控制浇铸程序如下：铜水由精炼炉流出，经溜槽入中间包，接收浇铸包指令后由尾部提升，将铜水注入浇铸包。当电子秤自

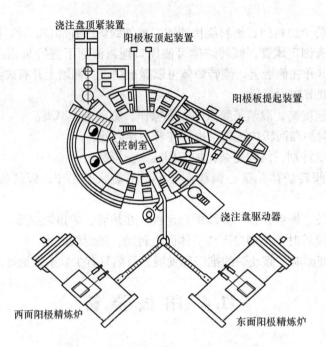

图 11 - 4 奥托昆普圆盘浇铸机及其配置图

动称量至给定值时，发出信号，中间包收包，回到原位。圆盘模子转到浇铸工位后，发出信号，浇铸包启动，按预定程序向铜模注入铜水。至给定值后，电子秤发出信号，浇铸包回到原位，同时将信号给中间包，再次注入铜水。信号同时发给圆盘，转动一个工位，空模再次进入浇铸位置。铸好阳极的铜模进入冷却室冷却后转出冷却室，停止运动，顶杆先以较小的力量对阳极进行松动预顶，而后再以大的力量作最终顶起使模与阳极板分离。装在冷却室后面的摄像机摄制耳部图像，输入计算机进行不合格判断，结果输入分拣计算机。圆盘转至取板工位，取板机自动提取阳极板，并送到接收机上。接收机是一个滚筒输送机，阳极放在滚筒上后，自动将阳极送到电子秤上。电子秤将阳极称出重量，并把称量信号送到计算机处理。根据重量差异，分出合格、异型、不合格三种类型。分类信号输入分拣计算机。分拣计算机根据耳部摄像监测的信息和电子秤输入的信号指令分拣机，拣出异型阳极及不合格阳极。合格阳极经冷却后，堆码、吊出、抬车送电解整形生产线，修整外形。阳极取走后，圆盘转至下一工位，经摄像机摄取顶针复位图像，并送计算机处理，对未复位的顶针进行锤击复位。顶针复位后，下一工位自动喷涂脱模剂。至此，一块阳极浇铸的作业程序全部完成。

圆盘浇铸机是广泛使用的设备，它比直线浇铸机运行平稳，浇铸质量高，已逐步取代直线浇铸机。

以圆盘浇铸机为主体的整个浇铸系统包括自动称量（电子秤）装置、阳极板水冷却室、顶板装置、阳极取板装置、顶针复位装置、脱模剂喷涂装置以及不良阳极板检测装置。

为了使脱模容易，要在铸模上喷洒脱模剂。常用的脱模剂有重晶石粉、石墨粉、骨灰、黏土粉。这些材料不会与铜起反应，阳极冲洗后不会干扰电解工艺。

脱模剂除了帮助脱模外，还有隔热作用。隔热问题往往容易被忽视。由于铜水热量经涂料层传递给铜模，铜水与铸模间就产生了温度差，从而降低浇铸点的温度。若涂料未粘牢，铸模很容易局部熔化与阳极板熔合在一起。

合格阳级经冷却槽进一步冷却后，进行整形工作。由于运输过程中难以避免碰撞，可能造成阳极损坏变形，因而阳极整形生产线都安放在电解工序，与阳极排板机串联使用。

11.4.3 阳极铸模

过去阳极铸模用铸铁或铸钢。铁的导热性差，耐急冷急热性差，易龟裂、寿命短、成本高；现在都采用（还原结束的）阳极铜浇铸的铜模。铜的导热性好，耐急冷热性好。质量好的铜模每块可浇铸 1000 ~ 1500t 阳极板。阳极铜杂质含量较高（0.4% ~ 0.8%），铸出的铜模耐急冷急热性差、易龟裂。加拿大 Inco 公司 1978 年曾试用电铜浇铸铜模，龟裂现象减缓，使用时间延长，但铜模向下弯曲加剧。为了克服此现象，开发出双面铜模，即在铜模两面铸有相同的阳极模。

双面模的特点是根据铜模在浇铸后向上弯曲的特性来回翻转循环使用。当上面模浇铸后，模中间会向下弯曲；再将模翻转过来，用下面模浇铸，弯曲了的中间就变成上拱，在拱面上浇铸，模面又由拱向下弯曲。如此反复使用，上下模变形在 $-2 ~ +2$mm 之间，而阳极板中间厚或中间薄的状况亦控制在 ±2mm 以内。单面模每块寿命为 1100 ~ 1200t，双面模为 2500t。无论用电铜或是阳极铜铸造铸模，双面模都优于单面模。双面模与单面模的各项比较列于表 11 -4。

表 11 -4 双面与单面铜模性能比较

项　　目	双 面 铜 模		单面铜模
	电铜铸造	阳极铜铸造	电铜铸造
阳极模翘曲量/mm	$-2.2 ~ +2$	$-1.8 ~ +2.3$	$+4 ~ +12$
翻转次数	6 ~ 7	7	
铜模年消耗量/块	40 ~ 50		125 ~ 130
裂缝开始出现/t	600 ~ 800	300	200 ~ 300
单块铜模寿命/t	2500	1100	1100 ~ 1200
两模空间间距/cm	6（最小）	6	
喷水冷却方式	底部全喷	底部全喷	底部全喷
维修情况	随时维修	随时维修	随时维修

影响铜模寿命的因素较多，除材质外，铜模铸造、使用及维护也有较大的影响。日本佐架关冶炼厂和东予冶炼厂都调查过铜模的受损情况，发现损坏部位主要是在顶针孔周围及铜水入模区域，损坏形式主要是龟裂和起层脱落，其原因是这个区域温差变化大，热应力比较集中。顶针孔是该区域的薄弱环节，最易损坏。他们采取了一些行之有效的措施进行改善。

（1）控制铜模温度是很重要的措施。铜水注入铜模时的温度对铜模寿命影响很大，季节气候都有影响。据东予厂的调查，夏天比冬天每块铜模少浇铸 20% 的阳极。顶针孔损坏数量夏天比冬天多 2.5 倍。温度过高，浇铸点易产生局部过热熔化，造成粘模，且铜模易产生龟裂。控制铜模温度的办法有：

　　1）装设红外线检测仪，监测铜模表面温度，控制模温在 160～180℃ 范围内。

　　2）根据水温与铜液温度，设定喷水时间，加强铜模冷却。该办法采用后，无论冬夏，阳极浇铸量增加了 35%。与最初情况相比，改进后的阳极浇铸数量增加了 180%。

　　3）在浇铸时往铜模内加入铜碎料，降低浇铸点的温度。日本日立冶炼厂采用此办法后，铜模的龟裂现象明显减轻。试验期使用了 72d 的铜模，只相当于不加碎料使用 24d 的龟裂程度。

　　4）增加铜模重量以增加热容量，降低铜模温度，减少粘模和龟裂。铜模重量控制在阳极板重的 6～10 倍较为适宜，铜模过重增加圆盘荷重，增加废模回炉的处理量。铜水注入模内的温度以控制在 1100～1120℃ 较适宜。

　　（2）在铜模边框左、右、下三边的中间部位开一切口，其目的是分散顶针孔周围及铜水注入区域的热应力。经试验，开了切口的铜模，阳极浇铸数量从 1682 块增加到 3062 块。

　　（3）改进铜模浇铸方法。用大容量（铜水装入量为模重的 1/2 以上）浇铸包浇铸，避免浇铸过程中前后倒入的铜水造成铜模内分层冷凝。

　　（4）减少对顶针的打击次数。改变以往顶针无论复位与否都用打击机敲打一次的做法，用检测仪检测，计算机控制，仅对未复位的顶针打击一次。龟裂损坏随打击次数的减少而减轻，阳极浇铸数量增加了 80%。

　　（5）用浊度计测定脱模剂黏土浆的浓度，并反馈到控制中心，按要求自动调节水与黏土比例，保持浆液浓度稳定。实施这一措施后，阳极的浇铸数量增加了 65%。

11.4.4　阳极外形质量与修整

11.4.4.1　阳极外形质量

　　要获高质量的电解铜，阳极的外形质量是很重要的。各工厂的控制标准不同，但要求是外观光滑、平整，吊挂垂直度好，不偏不斜，每块板的重量差、厚薄有一定限度，以及最少的飞边、毛刺、鼓泡。这些内容，无论是自动浇铸还是人工浇铸都不能完全达到，因为阳极外形质量与下列因素密切相关：

　　（1）铜液含硫。铜液含硫偏高，在浇铸时析出 SO_2，会造成板面鼓泡，严重时形成火山形状。氧化阶段脱硫要彻底，含 S 应降到 0.005% 左右。

　　（2）铜液含氧。铜水含氧高，流动性差，板面花纹粗；铜水含氧低，流动性好，板面花纹细，外观质量好。但含氧低于 0.03% 后，易产生二次充气，使板面鼓泡，破坏阳极外形。铜水含氧控制在 0.55%～0.1% 较适宜。

　　（3）铜水温度。铜水温度低，流动性不好，板面花纹粗，浇铸时易喷溅，飞边大而厚，外观质量差；铜水温度高，流动性好，板面花纹细，喷溅物薄而少，外观质量好，但易粘铜模。入模铜水温度控制在 1100～1120℃ 较为适宜。

　　（4）浇铸速度。采用程序控制的自动定量浇铸，工作稳定可靠。但该控制属于开路控制，对工艺条件的稳定性要求较高，如浇铸包的形状、液面高度必须按设计条件制作，稍有变化就会影响铜水流量，改变预定程序，产生喷溅，形成飞边、毛刺。浇铸包嘴的形状、倾斜角度稍有变化，也都会改变程序控制条件。包嘴斜度小，铜液前冲力大，在铸模下部喷溅；倾斜度过大，在铸模上部喷溅，造成两耳、飞边毛刺多。平口包子嘴不水平，低的一边流出铜水多，高的一边流出铜水少，铜液在模内易形成旋涡，铜水不能很快平静。浇铸包容积和包子嘴形状必须按样板制作，使其达到和接近程序控制设计的规定条件。

此外，由温度决定的铜水流动性也影响浇铸速度和飞边毛刺的产生。80%以上的飞边毛刺是由浇铸过程产生的，而影响很大的因素又是浇铸速度控制不当。人工浇铸完全取决于浇铸工的技巧，随意性较大，但也有其优点，当条件发生变化时，浇铸工可以很快改变操作方法，适应新的条件。自动浇铸就不能随意变化。

（5）圆盘运行的平稳性。圆盘运行的平稳度对浇铸出合格的阳极至关重要。浇铸完后，铜水表面还未完全凝固，圆盘启动与停止时因惯性力作用往往会产生轻微晃动，铜水很容易晃到模子边上，产生飞边。圆盘运行的平稳性既取决于设备质量和性能，也取决于运行曲线的设计制定。

（6）铜模的水平度。铜模摆放不水平，位置倾斜时会产生一边薄、一边厚，或一头薄、一头厚，严重时，铜水溢出产生飞边。生产中铜模需逐块校平，遇铜模弯曲无法校平时，应及时更换新模。

（7）阳极冷却。阳极喷水冷却前铜液必须全部凝固，若极板中心未凝固，喷水冷却时表层会产生大鼓泡。阳极厚、气温高、浇铸速度快，易生产此现象。阳极在冷却室内，上部喷水冷却速度快，底面紧贴铜模冷却慢，两面收缩不相等易产生板面弯曲。阳极不宜急冷，只宜缓冷。

（8）铜模质量。铜模对阳极质量有较大影响，主要表面在以下方面：

1）铜模弯曲，浇铸时阳极中间厚、两头薄形成了弓背，严重时从中间溢出铜水，产生飞边。

2）铜模龟裂，严重时裂缝宽而深，浇铸时铜水进入裂缝，形成背筋，脱模剂进入裂缝，水分不易干，板面易形成鼓泡。

3）铜模耳部两侧凹凸不平，脱模时出现夹耳，程度轻时，脱模产生阻力，耳部发生弯扭；严重时，不能脱模。

4）铜模耳部下沿的脱模斜度偏小，脱模时易产生夹耳。夹耳是板面收缩造成的。阳极浇铸后两耳先冷却，板面后冷却，板面冷却收缩，耳部受到拉力，造成两耳紧贴铜模下沿，导致夹耳。耳部下沿垂直面改为斜面，增加脱模斜度，可克服夹耳。但阳极悬垂时会偏心，需进行校耳。

（9）脱模剂。脱模剂浓度稀或喷洒不均匀，或喷的过少，易产生粘模，阳极难脱模，板面易产生弯曲；浓度过稠或喷的过多，水分不易干，遇铜水炸裂，会形成飞边毛刺，脱模剂烘干后，产生起层脱落，造成板面夹泥。脱模剂过多、过稠还会造成板面鼓泡。

11.4.4.2 阳极外形修整

圆盘浇铸的阳极，无论是人工浇铸还是自动定量浇铸，外形都会产生各种缺陷。阳极直接浇铸的合格率只有70%~90%，必须对可修整的阳极缺陷进行修整，提高合格率。阳极修整的主要作用：除去飞边毛刺；用液压平板机平整弯曲的板面；将耳部不平或扭曲进行校直或扭转；为保证阳极在电解槽内的悬垂度，用内圆铣刀将耳部下沿切屑加工成圆弧形。现代铜厂的阳极外形整理已实现机械化、自动化。

11.4.5　Hazelett 连铸机

为解决阳极浇铸出现的问题，20 世纪 70 年代开发了 Hazelett 连铸机，亦称双带连铸机，连续浇铸成板坯，再切割成单块阳极。

11.4.5.1　Hazelett 连铸机的构造

如图 11 - 5 所示，连铸机由上下两组环形钢带组成。每一组环形钢带由 2 个辊筒绷直，辊筒由驱动装置带动，钢带可随辊筒转动。上下两组环形钢带完全平行，组成铸模的顶和底。为保持两钢带的距离一致，上下两钢带都有鳍状辊支承和固定位置。两带之间的侧面由两串边部挡板链将两侧封严，形成模框。板坯为铸模的末端，前端为铜液注入口。两条钢带，前高后低有 9°倾角。挡板链由特殊的青铜合金块串联而成。两串挡板链的长度完全相同，是所要浇铸阳极板的倍数。除阳极挂耳的位置外，都使用矩形挡块，采用特殊加工的挡块组成挂耳槽，在连续浇铸的板坯上形成挂耳阳极，如图 11 - 6 所示。连铸坯厚度为 38 ~ 42mm，铸坯宽度按阳极尺寸调整，挂耳位置按阳极长度调整。为了保证两边挂耳互相对应，要选择性地加热或冷却边部挡块，控制其热膨胀。并连续检测对应的挂耳的正确位置。较热的边部挡块，膨胀大、挡块链长，就会落后于另一侧的挂耳槽。为此采用自动冷却或加热，以保持挂耳槽对应的正确位置。

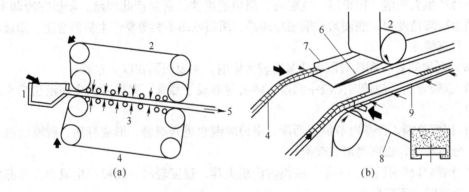

图 11 - 5　Hazelett 连铸机

（a）浇铸装置；（b）钢带和边缘细节

1—浇铸包；2—上部钢带；3—高速喷水冷却；4—下部钢带；5—成型板送剪切；
6—浇铸开端；7—固定边部挡板；8—侧面模轮；9—固定臂导引

11.4.5.2　连铸工艺

由精炼炉中流出的铜水经溜槽注入用重油或天然气加热的保温炉。保温炉起缓冲作用，均衡铜水温度，自动控制浇铸机的金属供应量。铜水从保温炉流出后，经溜槽流入固定式浇铸包，按给定速度注入浇铸机，铜水进入铸机后，铸模的上下钢带和边部挡流块连续运动，形成

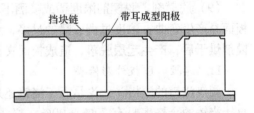

图 11 - 6　带阳极挂耳的连铸板坯示意图

连续铸坯，同时喷淋大量的水冷却上部和下部钢带，间接冷却铸坯。铸坯出铸机后由牵引辊碾压送至切割机或冲压机，切割成单块阳极。浇铸速度由牵引辊控制。单块阳极板经冷

却室冷却后进入堆码机，按给定数量堆码，再由叉车运送库房或电解车间。

铸坯的切割方法有两种：

（1）切割法。对40mm的厚板用两个1000A的氮气等离子弧枪同时将板坯切割成单块阳极。弧枪由程序控制自动移动，可随意变动板型。切割时金属烧损率约为1.4%。

（2）冲压法。对厚度16～17mm的板坯用液压冲压机按给定形状剪切成单块阳极。冲压机由计算机按程序控制。

铸坯脱模后，上带转至上方，下带和挡流块转至下方，上下两带先经喷涂机喷涂脱模剂后再经干燥器干燥重新进入浇铸状态。挡流块转至下方后，经清屑器清理铜屑后进入同步冷却室，同时冷却两边的挡流块。冷却后经喷涂机喷涂脱模剂后，进入挡块同步预热室（控制两边挡流块温度相同），预热后经温度检测器和挡板位置检测器检测后进行浇铸状态。

11.4.5.3 Hazelett 连铸机的技术性能及优缺点

主要技术性能：钢带寿命，上带为61浇铸时，下带为41浇铸时；阳极板重量差小于1%；设备利用率80%～95%；综合生产率78%～93%；阳极成品率98%；浇铸能力30～90t/h。

Hazelett 连铸阳极的优点是阳极板面光滑、平直，没有表面缺陷；厚薄一致，重量均匀；块重误差小于1%；阳极挂耳垂直、无歪扭；没有脱模剂粘附阳极。

连铸阳极与阳极相比，对电解生产有以下的好处：极间短路减少，槽间管理、检测、修整减少；残极率降低，40mm厚的阳极板的残极率为13%～15%，残极重熔量减少；阳极平直，极间距可缩短，电解生产能力增加；阳极质量提高，电流效率提高。

与间断浇铸相比，连铸工艺在车间生产费用的若干项目中有明显的效益。表11-5列出了节约费用占车间总费用中的比例。

表11-5 采用连铸后车间总费用节约的情况

项　　目	节约费用在车间中的比例/%	
	阳极板规格290kg	阳极板规格360kg
电流效率提高	1	1
检测减少节省人力	4.5	6.2
残极降低节约重熔费用	5	8.6
阳极泥富集提高	1.2	1.2
槽间管理减少	1.1	1.1
操作工作量减少	0	5.5
总　　计	16	27.1
最低效益/美元·吨$^{-1}$	9.0	

从表11-5可以看出，使用连铸机的经济效果是很可观的，比用圆盘浇铸机节省了16%～27.1%的费用。

连铸机可能出现的问题有：青铜挡块不严缝，产生漏铜，造成飞边、毛刺；青铜挡块、挂耳位置不对称或错位，影响阳极规格；测距装置不准确，造成切块长短不一，阳极报废；切割或冲压时阳极耳部底面不平整；板面弯曲，最大偏差达到7mm。这些问题难以避免，为提高阳极质量，仍需在电解工序装设平板、校耳、铣耳整形生产线，处理不合格阳极。

11.5　精炼炉产物及精炼技术经济指标

火法精炼的产物有阳极铜、精炼炉渣、烟气和烟尘。由于各工厂的原料与生产技术条件的差异，产出的阳极铜化学成分也就各不相同。一些典型的阳极铜化学成分见表 11 - 6 所列。

表 11 - 6　典型的阳极铜成分　　　　　　　　（%）

元　素	工　　厂						
	贵溪	云铜	金川	Olymiic Dam（澳）	Pty 公司（ISA 电解）	Pty 公司	Gresik（印尼）
Cu	99.59	>99	95.18	99.5	99.7	99.75	99.4
As	0.088	<0.35		0.025 ~ 0.035	0.043	0.0030	
Sb	0.048			0.0005 ~ 0.0015	0.003	0.003	
Bi	0.03	<0.03		0.01 ~ 0.015	0.0035	0.0030	
Ni	0.024	<0.15	3.394	0.002 ~ 0.004	0.025	0.023	
Pb	0.029	<0.2	0.028	0.001 ~ 0.005	0.008	0.012	0.08
Fe	0.001		0.007	0.002 ~ 0.005	0.0005	0.0017	
Se	0.029			0.02 ~ 0.03	0.0025	0.0025	
Te	0.024			0.003 ~ 0.005	0.005	0.004	
S	0.0041	<0.01	0.36	<0.005	0.0015	0.0019	0.004
O	0.097			<0.15	0.15	0.1	
$Au/g \cdot t^{-1}$	32.86			14 ~ 45	35	35	96
$Ag/g \cdot t^{-1}$	472.8			300 ~ 500	125	135	144

精炼炉渣的成分与冷料成分、耐火材料成分、粗铜带入的转炉渣数量有关，一般的范围为：Cu 15% ~ 32%，SiO_2 15% ~ 35%，CaO 1.7% ~ 4.2%，MgO 2% ~ 11.5%，FeO 6% ~ 25%，Al_2O_3 2% ~ 12%。一般以液态渣形式将精炼炉渣返回转炉处理。

烟尘中有较高的铜和少量易挥发的金属，对此一般返回熔炼炉处理。

11.6　火法精炼的新动向

缩短冶炼流程、提高效率、降低能耗是铜生产中降低生产费用的有效途径，长期以来一直是研究和开发的追求目标。将精炼炉与转炉配套作业，让转炉担负部分和全部的氧化精炼任务，减轻精炼炉的作业负担，缩短冶炼时间，是实现这一方向的途径。此外，随着铜产量增加，铜精矿来源趋向复杂，杂质含量高的精矿已进入冶炼厂，这也使希望在转炉吹炼时能够尽可能地多除去一些杂质。因此，改变转炉的一些传统操作方式、提高除杂质的能力、降低粗铜杂质含量已成为研究的目标，有的已经取得一定的成效。

在利用转炉分担精炼炉的任务方面有以下几种做法：

（1）在粗铜杂质含量低时，利用转炉氧化激烈、氧化效率高的特点，过吹几分钟，完成氧化作业，脱除粗铜中少量的硫。氧化后的铜水进入精炼炉后只进行还原作业。

（2）粗铜过吹除去部分杂质。在粗铜杂质含量过高、阳极铜中杂质含量不能达到要求时，将粗铜过吹以除去部分杂质，使阳极铜杂质含量降低。日本小坂冶炼厂在转炉中进行过吹作业，使粗铜含氧大于 0.5%，这时氧化渣变稀，主要成分是 $Cu_2O \cdot Fe_2O_3$。过吹后，粗铜中部分 As、Sb、Pb、Bi 进入过吹炼渣及烟尘，解决了粗铜中 As、Sb、Pb、Bi 含量偏高的问题，使后来的阳极铜杂质含量降低，达到了企业内部控制质量标准。

过吹渣中氧化物和铁酸盐的含量增加，氧化能力增加，当与铜锍接触时与 Cu_2S 的反应激烈进行，在很短的时间内放出大量的 SO_2 气体，从熔体中猛烈地喷出，产生严重的喷炉事故。为避免液体过吹渣与锍接触，过吹结束时在液面加入石英静置冷却，让液体过吹渣固化。

过吹导致吹炼炉时延长、渣量增加、粗铜中氧含量波动增大。为了解这些问题，制定了专门的操作法（OB 法），以规范过吹作业。根据白锍中杂质含量的多少决定吹炼时间和粗铜的氧化程度，统筹解决这些问题。

转炉过吹后，精炼炉不再进行氧化作业，净渣后直接进行还原作业。解决粗铜含 As、Sb 较高的问题时，可以考虑在转炉造渣期加石灰石造渣，其目的是使进入渣中的 As、Sb 氧化物与 CaO 生成稳定的砷酸钙和锑酸钙炉渣，转炉渣返回熔炼炉时不会再被硫化重新进入铜锍，减少 As、Sb 在锍中的积累和循环。当以贫化方式处理转炉渣时，形成 As 和 Sb 的开路，从而降低铜锍和粗铜中的 As、Sb 含量。

试验指出，转炉造渣期加入石灰石后，产出的转炉渣返回电炉，电炉锍含 As 从 0.195% 降低到 0.125%，阳极铜含砷从 0.12% 降低到 0.095%，电炉渣含砷从 0.035% 增加到 0.06%。

 思 考 题

11 – 1　阳极炉为何鼓入 N_2 能除硫，简要说明。

11 – 2　叙述火法精炼过程中杂质铅、砷、锑的走向。

11 – 3　对火法精炼中反射炉、回转炉、倾动炉三种炉型工艺进行比较。

11 – 4　粗铜过老或过嫩对阳极炉生产有何影响？

11 – 5　阳极浇铸模材质有哪几种？各有何优缺点？

11 – 6　阳极板外形质量与哪些因素有关系？

12 铜的电解精炼

12.1 概　述

12.1.1 电解过程

电解的实质是电能转化为化学能的过程，电解过程是阴、阳两个电极反应的综合。

金属的水溶液电解质电解应用在两个方面：

（1）从浸出或净化金属的溶液中提取金属。

（2）从粗金属、合金或其他冶炼中间产物（如锍）中提纯金属。

从浸出或经净化的溶液中提取金属，是采用不溶性阳极电解，叫作电解沉积；从粗金属、合金或其他冶炼中间产物（如锍）中提取纯金属，是采用可溶性阳极电解，称为电解精炼。铜的电解液净化中电积铜的生产就属于电解沉积，而电解铜的生产属于电解精炼。

12.1.2 电解沉积

电解沉积又称不溶性阳极电解。它的特点是：

（1）采用不溶性阳极，即电解时，阳极本身不参加电化学反应，仅供阴离子放电之用。

（2）电解液的主要成分（即铜）随着电积过程的进行，含量逐渐减小，其他成分则逐渐增加，因此需要不断抽出电解废液，补充新电解液。

12.1.3 电解精炼

电解精炼又称可溶性阳极电解。它的特点是：

（1）阳极为粗金属、合金或锍，电解时阳极上欲精炼的金属及其较负电性杂质被氧化溶入电解液中，而在阴极还原析出的只有欲精炼的金属，那些负电性杂质由于析出电位更负而不析出。

（2）随着电解过程的进行，负电性杂质在电解液中不断积累，破坏了正常的电解条件，因此要定期将一部分电解液抽出净化和回收有价成分。并且还要定期用新阳极更换不能继续使用的阳极。

铜的电解精炼是将火法精炼的铜浇铸成阳极板，用纯铜薄片（也称始极片）或不锈钢板作为阴极，阴、阳极相间地装入电解槽中，用硫酸铜和硫酸的混合水溶液作电解液，在直流电的作用下，阳极上的铜和电位较负的贱金属溶解进入溶液，而贵金属和某些金属（如硒、碲）等不溶，成为阳极泥沉于电解槽底。溶液中的铜在阴极上优先析出，而其他电位较负的贱金属不能在阴极上析出，留于电解液中，待电解液定期净化时除去，这样，阴极上析出的铜纯度很高，称为阴极铜或电解铜，简称电铜。

含有贵金属和硒、碲等稀有金属的阳极泥作为铜电解的副产品另行处理，综合回收金、银、硒、碲等元素。在电解液中逐渐积累的贱金属杂质，当其达到一定的浓度，就会影响电解过程的正常进行，因此必须定期定量地抽出部分电解液进行净化。抽出的电解液在净化过程中，常将其中的铜、镍等有价元素以硫酸盐的形态产出，硫酸则返回电解系统重复使用。铜电解车间，通常设有几百个甚至上千个电解槽，每一条直流电源线路串联其中的若干个电解槽成为一个系统。所有的电解槽中的电解液必须不断循环，使电解槽内的电解液成分均匀（图 12 - 1）。在电解液循环系统中通常设有加热装置，以保证电解槽内电解液的温度达到要求。

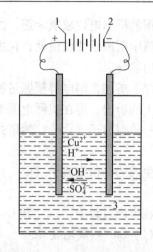

图 12 - 1　铜电解精炼过程示意图
1—阳极；2—阴极；3—硫酸铜
及硫酸水溶液

12.2　铜电解精炼的基本原理

12.2.1　铜电解精炼过程的电极反应

传统的铜电解精炼是采用纯净的铜始极片作阴极，阳极铜板作阳极，电解液由含游离硫酸和硫酸铜的水溶液组成。电解精炼过程如图 12 - 1 所示。

由于电离的缘故，电解液中的主要组分按下列反应生成离子：

$$CuSO_4 \rightleftharpoons Cu^{2+} + SO_4^{2-}$$
$$H_2SO_4 \rightleftharpoons 2H^+ + SO_4^{2-}$$
$$H_2O \rightleftharpoons H^+ + OH^-$$

在未通电时，上述反应处于动态平衡。但在直流电通过电极和溶液的情况下，各种离子作定向运动，在阳极上可能发生下列反应：

$$Cu - 2e^- = Cu^{2+}, \quad \varphi^{\ominus}_{Cu^{2+}/Cu} = +0.34V$$
$$H_2O - 2e^- = 1/2O_2 + 2H^+, \quad \varphi^{\ominus}_{O_2/H_2O} = +1.23V$$
$$SO_4^{2-} - 2e^- = SO_3 + 1/2O_2, \quad \varphi^{\ominus}_{O_2/SO_4^{2-}} = +2.42V$$

H_2O 和 SO_4^{2-} 的标准电位值很大，在正常情况下它们不可能在阳极上发生放电作用。此外，氧的析出还具有相当大的超电压，因此，在铜电解精炼过程中不可能发生析出氧气的反应，只有当铜离子的浓度达到极高或电解槽内阳极严重钝化，使槽电压升高至 1.7V 以上时才可能有氧在阳极上析出。因而只可能有 $Cu - 2e^- = Cu^{2+}$ 反应，即铜在阳极上溶解为铜离子的反应进行。

在阴极上可能发生下列反应：

$$Cu^{2+} + 2e^- = Cu, \quad \varphi^{\ominus}_{Cu^{2+}/Cu} = +0.34V$$
$$2H^+ + 2e^- = H_2, \quad \varphi^{\ominus}_{H^+/H_2} = 0.0V$$

铜的析出电位较氢为正，加之氢在铜上析出的超电压值又很大，故只有当阴极附近的电解液中铜离子浓度极低，且由于电流密度过高而发生严重的浓差极化时在阴极上才有可能析出氢气。

综上所述，铜电解精炼过程中，在两极上的主要反应是铜在阳极上的溶解和铜离子在阴极上的析出。但在实际电解时，阳极铜除了以二价铜离子（Cu^{2+}）的形式溶解外，还会以一价铜离子（Cu^+）的形式溶解，即：

$$Cu - e^- \Longrightarrow Cu^+ \tag{1}$$

生成的一价铜离子（Cu^+）在有金属铜存在的情况下，和二价铜离子产生下列平衡：

$$2Cu^+ \Longleftrightarrow Cu^{2+} + Cu \tag{2}$$

在生产过程中，Cu^{2+} 和 Cu^+ 之间的平衡常常不断地受到破坏，其主要原因有两个：

(1) Cu^+ 被氧化成 Cu^{2+}

$$Cu_2SO_4 + H_2SO_4 + 1/2O_2 \Longrightarrow 2CuSO_4 + H_2O$$

这一反应的化学反应速度随温度的升高及与空气接触程度的增加而加快，结果消耗了溶液中的硫酸并使溶液中的 Cu^{2+} 浓度增加。

(2) Cu^+ 歧化反应而析出铜粉

$$Cu_2SO_4 \Longrightarrow CuSO_4 + Cu$$

析出的铜粉进入阳极泥，使阳极泥中的贵金属含量降低，并造成铜的损失。

上述两个原因都使 Cu^+ 的浓度往往稍低于其平衡浓度，这又促使反应式 (1) 和 (2) 向着生成 Cu^+ 的方向进行，使阳极的电流效率提高，阴极的电流效率降低，并导致溶液中 Cu^{2+} 浓度不断增加。Cu^+ 分解和氧化的结果，使电解液中游离硫酸含量减少和 $CuSO_4$ 的浓度增加。阳极中的铜和 Cu_2O，以及阴极铜的化学溶解（称为返溶）也会使电解液中的含铜量增加，即

$$Cu_2O + 2H_2SO_4 + 1/2O_2 \Longrightarrow 2CuSO_4 + 2H_2O$$

$$Cu + H_2SO_4 + 1/2O_2 \Longrightarrow CuSO_4 + H_2O$$

此外，溶液中游离硫酸浓度的降低还可导致 Cu_2SO_4 的水解，即 $Cu_2SO_4 + H_2O \Longrightarrow Cu_2O + H_2SO_4$，进一步破坏 Cu^{2+} 与 Cu^+ 之间的平衡，并增加阳极泥中的铜量。

假若电解过程中使用的电流密度太小，Cu^{2+} 在阴极上的放电就可能变得不完全，而按下式进行还原，生成 Cu^+：

$$Cu^{2+} + e \Longrightarrow Cu^+$$

同时，Cu^+ 在阳极上随即按式 $Cu^+ - e \Longrightarrow Cu^{2+}$ 而氧化，从而导致电流效率下降。

综上所述，铜电解精炼过程，主要是在直流电的作用下，铜在阳极上失去电子后以 Cu^{2+} 的形态溶解，而 Cu^{2+} 在阴极上得到电子以金属铜的形态析出的过程。除此之外，还不可避免地有 Cu^+ 的产生，并引起一系列的副反应，使电解过程复杂化。

根据以上分析，可以认为铜电解精炼时较有利的工作条件是：电解液中含有足够高的游离硫酸和二价铜离子；电解液的温度不宜过高；采用足够高的电流密度；尽量减少电解液与空气的接触。

12.2.2 阳极杂质在电解过程中的行为

国内外一些知名厂家的阳极板成分见表 12-1。除表中所列元素外，阳极铜中大都还

含有 Cd、Hg、In、Mn 和铂族元素，其含量为 $(0.01 \sim 1) \times 10^{-6}$。在电解过程中，所有这些杂质都会出现强烈的化学变化和物相变化，这对阳极钝化、阴极质量、电解液净化以及从阳极泥中回收有价元素均有很大影响。

表 12 -1 国内外一些知名厂家的阳极铜成分 （%）

元素	贵溪冶炼厂	云南铜业公司	金川集团公司	Olympic Dam	Pty 公司
Cu	99.59	>99	95.18	99.5	99.7
As	0.088	<0.35		0.025 ~ 0.035	0.043
Sb	0.048			0.0005 ~ 0.0015	0.003
Bi	0.03	<0.03		0.01 ~ 0.015	0.0035
Ni	0.024	<0.15	3.394	0.002 ~ 0.004	0.025
Pb	0.029	<0.2	0.028	0.001 ~ 0.005	0.008
Fe	0.001		0.007	0.002 ~ 0.005	0.0005
Se	0.029			0.02 ~ 0.03	0.0025
Te	0.024			0.003 ~ 0.005	0.005
S	0.0041	<0.01	0.36	<0.005	0.0015
O	0.097			<0.15	0.15
$Au/g \cdot t^{-1}$	32.86			14 ~ 45	35
$Ag/g \cdot t^{-1}$	472.8			300 ~ 500	125

通常阳极铜中的杂质以它们在电化次序上的位置和在电解液中的溶解度为转移。按照不同的行为和性质，可将阳极板中的杂质分为以下四类：

（1）比铜显著负电性的元素，如锌、铁、锡、铅、钴、镍。

（2）比铜显著正电性的元素，如银、金、铂族元素。

（3）电位接近铜但较铜负电性的元素，如砷、锑、铋。

（4）其他杂质，如氧、硫、硒、碲、硅等。

12.2.2.1 比铜显著负电性的元素

比铜显著负电性的元素，这类杂质主要有 Ni、Fe、Zn，其次还有 Pb 与 Sn。除铅、锡外，几乎全部进入溶液，并在溶液中积累。其共同的特点是：消耗溶液中的硫酸，增加溶液的电阻。

（1）锌：在火法精炼中很容易除去，在矿产阳极铜中的含量通常很少。锌在阳极溶解时全部成为硫酸锌进入溶液。由于锌的电位比铜要负得多，故不能在阴极上析出，因此对电解过程没有显著的影响。

（2）铁：也是火法精炼时容易除去的杂质，因此阳极中铁的含量也很低。阳极溶解时，铁以二价离子进入电解液（$Fe - 2e^- = Fe^{2+}$）。

当阳极附近的电解液中有 Fe^{2+} 存在时，它会部分地在阳极上氧化成三价铁离子 Fe^{3+}，因而降低阳极电流效率。一部分 Fe^{2+} 也可以被空气或电解液中存在的微量氧所氧化生成

Fe^{3+}，即：

$$2Fe^{2+} + 2H^+ + 1/2O_2 = 2Fe^{3+} + H_2O$$

当 Fe^{3+} 移向阴极时，又被还原为 Fe^{2+}：

$$2Fe^{3+} + Cu = 2Fe^{2+} + Cu^{2+}$$

因而降低了阴极电流效率，并增加电解液中 Cu^{2+} 的含量。铁虽然不至于在阴极上析出，但它在阴、阳极之间来回作用，使电流效率下降。锌与铁在阳极的溶解还会增加硫酸的消耗，在电解液中的积累会降低电解液的导电率，并增大电解液的黏度和密度。

（3）锡：也属火法精炼过程中易于除去的杂质元素，在阳极铜中它的含量也是很少的。锡在阳极溶解时，先以二价离子进入电解液，即：

$$Sn - 2e^- = Sn^{2+}$$

二价锡在电解液中逐渐被氧化为四价锡，即

$$SnSO_4 + 1/2O_2 + H_2SO_4 = Sn(SO_4)_2 + H_2O$$

$$SnSO_4 + Fe_2(SO_4)_3 = Sn(SO_4)_2 + 2FeSO_4$$

硫酸高锡很容易水解而产生溶解度不大的碱式盐，沉入槽底成为阳极泥，即：

$$Sn(SO_4)_2 + 3H_2O = H_2SnO_3 + 2H_2SO_4$$

$$H_2SnO_3 = SnO_2 \cdot H_2O \downarrow$$

二价锡离子能使可溶性的砷酸盐还原成溶解度不大的亚砷酸盐，而使砷沉入阳极泥中。胶态的锡酸又能吸附砷、锑，这种胶状沉淀，若能尽量沉入阳极泥中，则可以减少电解液中砷、锑的含量。但若黏附于阴极上，就会降低阴极铜的质量。电解液中含锡量超过 $1g/L$ 时，只要偶然遇到酸度不够或温度下降，就会造成锡酸（$SnO_2 \cdot H_2O$）的大量析出。此时，阴极被锡污染就会特别严重。为了保证电解液中含锡量不超过正常操作所允许的浓度，阳极板中的含锡量要适当地控制，应不大于 0.075%。

（4）铅：在铜熔体中溶解度很小。电解过程中，比铜负电性的铅优先从阳极溶解，生成的 Pb^{2+} 与 H_2SO_4 作用生成难溶的白色硫酸铅 $PbSO_4$ 泥。$PbSO_4$ 一旦生成即附着在阳极表面或逐渐从阳极上脱落沉入槽底。在酸性溶液中，$PbSO_4$ 又可能氧化成为棕色的 PbO_2 覆盖于阳极表面。因此，阳极铜若含铅高，在阳极上就可能形成 $PbSO_4$、PbO 或 PbO_2 等的薄膜，引起阳极钝化，因而增加电阻，使槽电压上升；另外，会引起阳极溶解不均匀，使阳极表面呈现出明显的凹凸不平。一般情况下，阳极铜中的含铅量应控制在 0.2% 以下，以维持正常的电解作业。

电解液中氯离子的存在，能减少阳极的钝化现象。若阳极含铅量为 0.2%，则电解液中 Cl^- 保持在 $0.05g/L$ 左右也能减少阳极的钝化现象。

（5）镍：是火法精炼时难以除去的杂质。阳极铜含镍量一般都小于 0.2%，个别工厂可能高达 0.6% ~0.8%，甚至大于 1%。镍在阳极上的溶解与阳极含氧有很大的关系。阳极含氧低，则镍绝大部分进入溶液；阳极含氧高，则镍很大一部分进入阳极泥。这是由于镍对氧的亲和力大于铜对氧的亲和力，阳极板中的含氧优先与镍结合生成氧化亚镍（NiO），而生成的氧化亚镍不溶解于稀硫酸。

在电解精炼的实践中，除镍以外，使用其他杂质也很低的阳极板时，也经常出现阳极钝化现象，阳极电位、槽电压都升高，并使电流效率降低。就是由于生成紧密的、由氧化亚镍组成的阳极泥外壳所引起的。当阳极含镍，同时又含有砷、锑时，则砷、锑与镍结合生成溶解于铜中的镍云母（铜、镍与砷、锑氧化物所组成的复盐 $6Cu_2O \cdot 8NiO \cdot 2Sb_2O_5$、$6Cu_2O \cdot 8NiO \cdot 2As_2O_5$），它同样会在阳极上生成一层致密的但导电性差的薄膜，因而引起阳极钝化和槽电压升高。

此外，镍在电解液中积累，对电解过程还有下列不利因素：

1）降低电解液中硫酸铜的溶解度。电解液中溶解 $1g$ 镍，对降低硫酸铜溶解度的影响，相当于溶液中增加 $1.67g$ 硫酸所造成的影响。所以，当电解液中积累大量的镍后，硫酸铜的溶解度就大大地降低。电解液的温度稍有降低，铜就可能形成过饱和现象，造成硫酸铜结晶析出，降低电解液中铜的含量。溶液中其他金属（如锌、铁）盐类的积累也会造成同样的影响。

2）增加电解液的电阻。

3）增加电解液的比重和黏度。

从铜电解生产的要求来说，不希望有大量的镍进入阳极泥，而更希望其进入电解液，进而用生产硫酸镍的方式加以回收。

12.2.2.2　比铜显著正电性的元素

银、金和铂族元素比铜具有较大的正电性，几乎全部进入阳极泥中。其中有 0.5% 左右的阳极泥被机械夹带到阴极上，造成贵金属损失。

温度对电解液和阴极铜中的含银量有显著影响。随着温度的升高，电解液中银离子浓度增大，阴极铜中的银含量也增大。随着阳极铜中银含量增加，进入阴极铜中的银含量也随之增加。在 $60\,^\circ\!C$ 时，当阳极铜含银从 0.3% 增加至 1.0% 时，阴极铜含银几乎增加了 2 倍。此外，如果阳极铜含氧量增加，阴极铜中的银含量会有降低的趋势。

为了减少贵金属的损失和提高阴极铜质量，可采取一些措施，如加入适宜的添加剂（如盐酸、洗衣粉、取胜丙烯酰胺絮凝剂等），以加速阳极泥的沉降，减少黏附；扩大极距、增加电解槽深度；加强电解液过滤，使电解液中悬浮物含量维持在 $20mg/L$ 以下等。

12.2.2.3　电位接近于铜但较铜负电性的元素

这类元素包括 As、Sb、Bi。砷、锑、铋是对电铜质量最有害的杂质，因其电位与铜相近，能在阴极发生如下析出反应：

$$BiO^+ + 2H^+ + 3e^- \Longequals Bi + H_2O, \quad \varphi^\ominus = 0.28V$$
$$HAsO_2 + 3H^+ + 3e^- \Longequals As + 2H_2O, \quad \varphi^\ominus = 0.25V$$
$$SbO^+ + 2H^+ + 3e^- \Longequals Sb + H_2O, \quad \varphi^\ominus = 0.21V$$

影响阴极铜的质量。

阳极溶解时，As、Sb、Bi 这些元素成为离子进入溶液，并随即水解，而使其分布于电解液和阳极泥中。

从阳极上以三价离子状态进入溶液的铋，当溶液中有足够的砷存在时，可与砷形成砷酸铋而沉淀。各种铋的氧化盐类都具有很小的溶解度，电解液的酸度愈高，则过饱和倾向愈大。只要电解液的温度、循环速度或其他条件发生微小的变化，铋盐就可能从溶液中析出，并可能黏附于阴极上，使电铜质量恶化。

砷、锑是经常存在于阳极中的杂质。阳极溶解时，砷、锑均以三价离子的形态进入溶液，并随即发生水解：

$$As_2(SO_4)_3 + 6H_2O \Longrightarrow 2H_3AsO_3 + 3H_2SO_4$$
$$Sb_2(SO_4)_3 + 6H_2O \Longrightarrow 2H_3SbO_3 + 3H_2SO_4$$

因此，砷、锑首先以亚砷酸根离子（AsO_3^{3-}）、亚锑酸根离子（SbO_3^{3-}）的形态存在于电解液。但是由于电解液中一价铜离子的存在，它和空气中的氧作用而放出活性氧：

$$Cu^+ + O_2 \Longrightarrow Cu^{2+} + O_2^-$$

生成的活性氧使 AsO_3^{3-}、SbO_3^{3-} 氧化为砷酸根离子（AsO_4^{3-}）、锑酸根离子（SbO_4^{3-}），使砷、锑从三价氧化为五价。因此，可以认为砷、锑主要是以 AsO_3^{3-}、SbO_3^{3-}、AsO_4^{3-}、SbO_4^{3-} 的形态存在于电解液中。

研究指出，不同价的砷、锑化合物，即三价砷和五价锑、五价砷和三价锑能够形成溶解度微小的化合物（$As_2O_3 \cdot Sb_2O_5$ 及 $Sb_2O_3 \cdot As_2O_5$）。它们是一种粒度极小的絮状物质，不易沉降，在电解液中飘浮，并吸附其他化合物而形成电解液中的所谓"飘浮阳极泥"。

飘浮阳极泥的生成，虽能限制砷、锑在溶液中的积累，但会造成它们机械地黏附于阴极，使电铜的质量降低。其次，还会造成循环管道结壳，需要经常清理。

飘浮阳极泥中以 Pb、As、Sb、Bi 为主（表 12 - 2），故阴极铜中所含的砷、锑、铋主要是由飘浮阳极泥污染以及阴极沉积物晶体间的毛细孔隙吸附了含有砷、锑、铋的电解液所引起的。

表 12 - 2　飘浮阳极泥的化学成分

元素及存在形态	含量/%	元素及存在形态	含量/%
Cu(碱性砷酸盐形态)	0.6 ~ 3	As	11.9 ~ 18
Pb($PbSO_4$)	2.8 ~ 7.6	SO_4^{2-}	1 ~ 4
Bi[Bi(OH)$_3$]沉淀	2 ~ 6	Cl^-	0.2 ~ 1.2
Sb	29.5 ~ 48.5	Ag 屑	0.04 ~ 4

为避免阳极铜中的杂质砷、锑、铋进入阴极，保证电解过程能产出合格的阴极铜，特别是高纯阴极铜，应当采取如下措施：

（1）粗铜在火法精炼时，应尽可能地将这些杂质除去。

（2）控制溶液中适当的酸度和铜离子浓度，防止杂质的水解并抑制杂质离子的放电。

（3）维持电解液有足够高的温度（60 ~ 65℃）以及适当的循环速度和循环方式。

（4）电流密度不能过高。常规电解方法的电流密度以不超过 300A/m² 为宜。

（5）加强电解液的净化，保证电解液中较低的砷、锑、铋浓度。

（6）加强电解液的过滤。

（7）向电解液中添加配比适当的添加剂，保证阴极铜表面光滑、致密，减少漂浮阳极泥或电解液对阴极铜的污染。

12.2.2.4　其他杂质

其他杂质包括 O、S、Se、Te 等。

阳极铜中的氧通常与其他元素形成化合物而存在，其中的硫大多以 Cu_2S 的形态存在，这些化合物大部分是难溶于电解液的，在电解过程中它们主要进入阳极泥。NiO 及镍云母、Cu_2O 等均不溶解而进入阳极泥中。

阳极铜中的硒多以 Cu_2Se 颗粒夹杂于 Cu_2O 之间。一般阳极铜中碲的主要载体是一种连续的复杂夹杂物相 Cu_2Se-Cu_2Te，它们存在于铜粒子的边界上。在电解过程中，硒化物、碲化物并不溶解，在阳极上形成松散外壳或从阳极表面脱落沉入电解槽底的阳极泥中。

根据阳极中杂质含量及电解技术条件的不同，各元素在电解时的分配见表 12 - 3。

表 12 - 3 铜电解精炼时阳极中各元素的分配 (%)

元素	进入电解液	进入阳极泥	进入阴极
Cu	1 ~ 2	0.03 ~ 0.1	93 ~ 99
Ag	2	97 ~ 98	< 1.6
Au	1	99	< 0.5
铂族	—	~ 100	0.05
Se、Te	2	~ 98	1
Pb、Sn	2	~ 98	1
Ni	75 ~ 100	—	—
Fe	100	—	—
Zn	100	—	—
Al	~ 75	~ 25	5
As	60 ~ 80	20 ~ 40	< 10
Sb	10 ~ 60	40 ~ 90	< 15
Bi	20 ~ 40	60 ~ 80	5
S	—	95 ~ 97	3 ~ 5
SiO_2	—	100	—

12.3 电解精炼工艺流程

常规电解精炼通常包括极片的生产、始极片加工制作、阳极加工、电解、净液等工序。其一般的生产工艺流程如图 12 - 2 所示。在改进的永久性阴极工艺中免去了始极片的生产及制作工序。

在生产实践中，首先是在种板槽中用火法精炼产出的阳极铜作为阳极，用钛母板作为阴极，通以一定的电流强度的直流电，使阳极的铜化学溶解，并在母板上析出纯铜薄片（称之为始极片）。将其从母板上剥离后，经过整平、压纹、钉耳等加工后即可作为生产槽所用的阴极。然后，在生产槽中，用同样的阳极作阳极，以始极片作阴极进行电解，产出最终产品阴极铜。电解液需要定期定量经过净液系统，使电解液中不断升高的铜离子浓度降下来，并除去积累在电解液中的杂质镍、砷、锑、铋等。

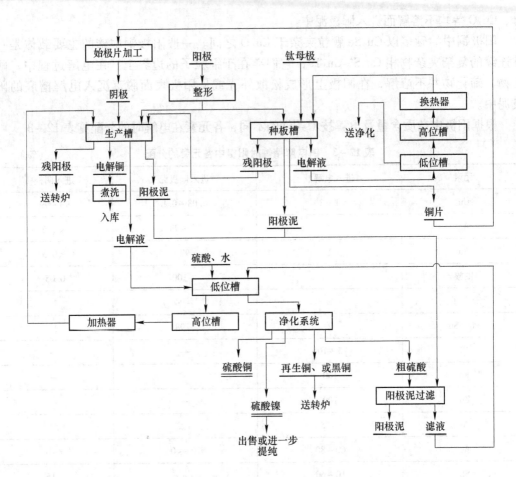

图 12-2　铜电解生产工艺流程

12.4　电解生产的主要设备

铜电解精炼车间，通常是由装有 n 个甚至上千个电解槽，并包括变电、整流设备、电解液循环、加热设备、起重运输设备、始极片制作、阳极板整形设备及其他辅助设备组成的综合系统。

12.4.1　电解车间的电路联结

铜电解车间内，电解槽的电路联结，现在绝大多数都采用复联法，即电解槽内的各电极并联装槽，而各个电解槽之间的电路串联相接。每个电解槽内的全部阳极并列地相联，全部阴极也并列地相联。电解槽的电流强度等于通过槽内各同名电极电流的总和，而槽电压等于槽内任何一对电极之间的电压降。

图 12-3 即为复联法的电解槽联结及槽内电极排列示意图。图上所表示的每一槽组由 4 个电解槽组成，在这些电解槽中交替地悬挂着阳极（粗线表示）和阴极（细线表示）。电流从阳极导电排 1，通向电解槽Ⅰ的全部阳极，该电解槽的阴极与中间导电排 2 联结，

中间导电排放在分隔电解槽Ⅰ和Ⅱ的壁上。同一中间导电排2与电解槽Ⅱ的阳极联结，所以导电排2对电解槽Ⅰ而言为阴极，对电解槽Ⅱ而言则为阳极。电解槽Ⅳ的阴极接向导电排3，它对第一槽组而言为阴极，对第二槽组而言为阳极。同样，导电排4对第二槽组而言为阴极，到以后的第三槽组上就成为阳极的导电排了。因此，电流从电解槽Ⅰ通向电解Ⅷ，并经过一系列槽组，最后经阴极导电排5回到电源。

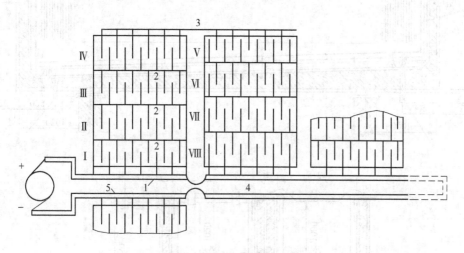

图 12-3 复联法联结示意图

1—阳极导电排；2~4—中间导电排；5—阴极导电排

电解槽中的每一阳极和阴极均两面工作（电解槽两端的极板除外），即阳极的两面同时溶解；阴极的两面同时析出。

12.4.2 电解槽

电解槽是电解车间的主要设备之一。电解槽为长方形的槽子，其中依次更迭吊挂着阳极和阴极。电解槽内附设有供液管、排液管（斗）、出液斗的液面调节堰板等。槽体底部常做成由一端向另一端或由两端向中央倾斜，倾斜度大约为3%，最低处开设排泥孔，较高处有清槽用的放液孔。放液排泥孔配有耐酸陶瓷或嵌有橡胶圈的用硬铅制作的塞子，防止漏液。此外，在钢筋混凝土槽体底部还开设有检漏孔，以观察内衬是否破坏。用钢筋混凝土构筑的典型电解槽结构如图12-4所示。

电解槽的槽体有多种材质，现在普遍采用钢筋混凝土槽体结构。此外还有由 YJ 呋喃树脂液、YJ 呋喃树脂混凝土粉、石英砂、石英石等制作的拼装式呋喃树脂混凝土电解槽，这类材质机械强度高，耐腐蚀、耐热性能好，遇机构损伤开裂时维修方便，在国内一些铜电解厂应用情况良好，但造价较高。国外已经有一些厂家采用了无衬里的预制聚合物混凝土电解槽，它能经受长期直接浸泡在电解液中而无严重的腐蚀，大大地简化了电解槽的安装、操作和维修。

电解槽中阴极与电解槽侧壁应有 50~70mm 的间隙，以利电解液的均匀循环和防止极板与槽壁短路。电极下缘与电解槽底之间应留有 150~200mm 的空间，以储存阳极泥。

电解槽的结构与安装应符合下列要求：槽与槽之间以及槽与地面之间应有良好的绝

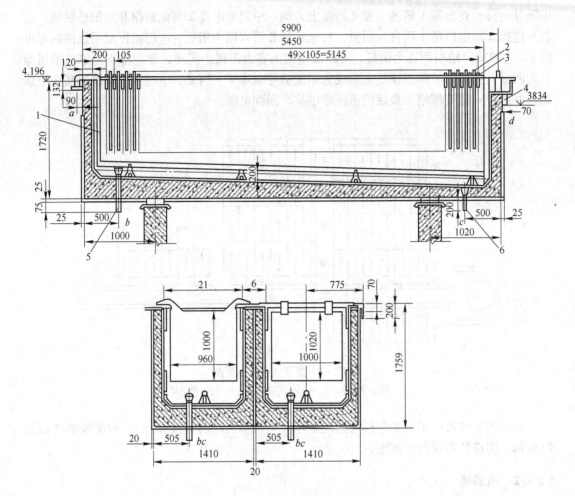

图 12 - 4　铜电解槽安装实例图

1—进液管；2—阳极；3—阴极；4—出液管；5—放液管；6—放阳极泥管

缘，槽内电解液循环流通的情况良好，耐腐蚀，结构简单，造价低廉。

电解槽的大小和数量依电解铜车间的生产规模而定。其设计通常由产量、选定的电解技术条件（如电流强度、电流密度、电极尺寸、极间距离以及阳极中贵金属含量等）等多个因素决定。

电解槽内的电解液循环有上进下出或下进上出两种方式。在上进下出式［图 12 - 5（a）］电解槽中，电解液的流动方向与阳极泥的沉降方向相同，因此上进下出液循环有利于阳极泥的沉降，而且阴极铜含金、银量低。另外，上进下出对于温度分布比较有利，但漂浮阳极泥会被出水挡板所阻，不易排出槽外，而且电解液上下层浓度差较大。只有用小阳极板电解的工厂采用。

图 12 - 5(b)为下进上出循环方式，电解液从电解槽一端的进水隔板内（或直接由进液管）导入电解槽的下部，在槽内由下向上流动，从电解槽另一端上部的出水袋溢流口（或直接由溢流管）溢出。在下进上出式电解槽中，溶液温度的分布不能令人满意，并且电解液的流动方向与阳极泥的沉降方向相反，不利于阳极泥的快速沉降，但可使电解液中的漂浮阳极

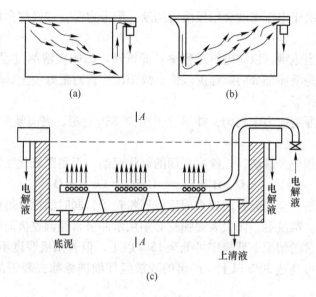

图 12 - 5　电解液循环方式

（a）上进下出；（b）下进上出；（c）新式下进上出

泥尽快排出槽外,减少其在槽中的积累,故对于高砷锑铜阳极电解特别有利。

随着电解槽的大型化、电极间距的缩小以及电流密度的提高，为维持大型电解槽内各处电解液温度和成分的均匀，一些工厂采用电解液与阴极板面平行流动的循环方式，即采用槽底中央进液、槽上两端出液的新"下进上出"循环方式［图 12 - 5（c）］，它是在电解槽底中央沿着槽的长度方向设一根进液管（PVC 硬管）或在槽底两侧设两根平行的进液管，通过沿管均布的小孔（孔距与同名板距相同）给液。排液漏斗安放在槽两端壁上预留的出液口上，并与槽内衬连成整体。由于给液小孔对阴极出液，不仅有利于阴极附近离子的扩散，降低浓差极化，而且减少了对阳极泥的冲击和搅拌。此外，中间进液、两端出液，有利于电解液浓度、温度以及添加剂的均匀分布，有利于阴极质量的提高。表12 - 4为该新式下进上出与常规下进上出电解液循环方式的对比试验结果。

表 12 - 4　新式下进上出与常规下进上出的对比实验结果

方式	给液量/L·min⁻¹	浓度差/g·L⁻¹	温度差/℃	槽电压/mV	电流效率/%
常规	20	6 ~ 7	2 ~ 3	330	95 ~ 96
新式	50	2 ~ 3	0 ~ 1	300	98

12.4.3　阳极和阴极

12.4.3.1　阳极

电解槽内装的阳极为火法精炼铜，含铜在98%以上；其尺寸视生产规模或电解槽大小、操作机械化程度等而定。机械化程度较高的大型工厂采用大型阳极板。大型阳极板尺寸：长800 ~ 1000mm，宽650 ~ 900mm，厚35 ~ 45mm，重150 ~ 500kg。阳极尺寸是与阴极尺寸相适应的，过宽的阳极会使阴极相应增宽而易于弯曲（针对始极片做阴极），以致造成短路；过长的阳极会使相应增长的阴极易被沉降的阳极泥所污染。

阳极的厚度取决于电流密度和阳极溶解周期。阳极愈厚,残极率愈低,但在生产过程中积压的金属越多。

阳极的耳部应当饱满,以防电解过程中耳部折断。因阳极溶解过程中并不是均匀的,一般在上部,尤其是液面部分溶解速度较快,故阳极浇铸时最好使上部较厚,以防电解时上部过早溶断造成掉极。

阳极浇铸时,厚度应力求均匀,并尽可能减少飞边毛翘、表面鼓泡和背部隆起现象,以免造成极间短路。

阳极装槽前必须先经酸洗,以除去表面的氧化亚铜,否则因氧化亚铜与电解液作用:

$$Cu_2O + H_2SO_4 \!=\!\!=\!\!= CuSO_4 + Cu + H_2O$$

在阳极表面生成铜粉,会引起在阴极表面生成铜粉粒子,同时消耗电解液中的硫酸和使电解液含铜浓度升高。酸洗后,阳极表面铜粉必须用水冲去,经调整极间距离后方可装槽。

在阳极溶解正常的情况下残极率可低至15%以下,但若阳极厚度不一,或过早穿孔、掉极,残极率有时可高达30%以上。产出的残极经仔细洗涤除去表面的阳极泥和电解液后返回阳极炉处理。

12.4.3.2　阴极

为避免阴极边缘产生树枝状阴极铜结晶,阴极板尺寸比阳极板宽35~55mm,长25~45mm。

A　常规电解工艺阴极

电铜生产的始极片,现在通常用一种反复使用的钛质"母板"作为阴极,在电解槽中经受电解若干时间后从上剥取得到纯铜薄片并加工制成。

为使母板上析出的铜皮易剥,在母板边缘约1~1.5cm的宽度上应黏结一层绝缘材料,使铜不在边缘析出。有些厂家采用聚乙烯塑料条粘边,使用寿命可达2~5个月。

生产电解铜的阴极始极片,边缘应当整齐,一般厚度为0.5~0.7mm,大型铜厂趋向于采用0.7~1mm更厚一些的。上面钉有两个挂耳。每片始极片均应经过平整,使其平直而不具有卷角或弯曲现象。在用机械化平直始极片时,为增加始极片的强度,往往将其压成带有浅宽沟槽的花纹。

阴极在电解槽内停留的析出时间视电流密度和阳极周期而定,一般为阳极周期的1/2、1/3或1/4。阴极周期越长,阴极周期的后期析出越粗糙,且积压在生产过程中的金属越多。

B　永久性阴极电解工艺

许多现代炼铜厂都已采用永久性不锈钢阴极电解以及阴极剥离机。永久性阴极电解铜技术的特征是使用不锈钢阴极取代传统的始极片,这一工艺包括不锈钢阴极制作与阴极铜剥离两部分。目前用永久性阴极电解技术产出的铜量占世界总产量的40%左右。

永久性阴极法电解技术最早由澳大利亚的MountISA公司的Townsville冶炼厂于1978年研制成功并投入生产,称为艾萨(ISA)电解法。1986年加拿大鹰桥公司的KiddCreek冶炼厂开发了另一种永久性阴极法电解技术,称为Kidd法。

两种工艺的最大区别在于:ISA工艺所产阴极铜剥离后为不相连的单块产品,而Kidd工艺剥离下的两块铜底边呈V形相连。ISA工艺为达到一块阴极上的两块铜分离的目的,开始用的是底边涂蜡的方法。1999年,他们通过改进阴极底边结构和在剥片机组上增设将两块相连的铜从底部拉开的功能，使得阴极铜仍是单块，这一方法被命名为 ISA2000。贵溪冶炼厂设计能力为 $20 \times 10^4 t$ 的 ISA2000 工艺已于 2003 年 2 月投产，并生产出符合高纯阴极铜标准的产品。

艾萨法不锈钢阴极的详细结构如图 12-6 所示。该阴极由母板、导电棒以及绝缘边三部分组成。母板由 316L 不锈钢制造，极板厚度为 3~3.75mm，以 3.25mm 居多，极板底边为 □ 形，表面光洁度为 2B（0.45~0.6μm）。导电棒有两种：（1）导电棒截面为中空长方形，两端封闭，材质为 304L 不锈钢，与槽间导电板接触的底边被加工成圆弧形，焊在阴极母板上，并镀上铜，镀层厚度为 1.3~2.5mm，以 2.5mm 为最佳，而且镀层覆盖全部焊缝，并延伸至阴极板面，使导电棒具有良好的导电性和延伸性；（2）导电棒为 304L 不锈钢挤压成工字形，并将工字形底边改为圆弧，底边圆弧半径 80mm（另有一种 50mm），镀铜层厚 2.5mm。上述两种导电棒的阴极板在电解槽中会自然垂直而与槽间导电排呈线性接触，底边和导电棒中心线的偏差不超过 5mm，紧靠导电棒在阴极板面开有两个方形窗口，供阴极起吊时挂钩用。

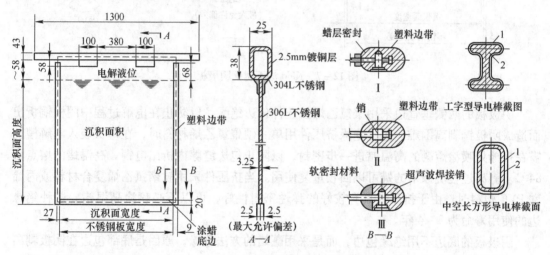

图 12-6 艾萨不锈钢阴极的结构
1—镀铜层；2—304L 不锈钢

Kidd 法不锈钢阴极的结构如图 12-7 所示。该阴极由母版、导电棒以及绝缘边三部分组成。母板材料为 316L 不锈钢制造，厚为 3.25mm，表面光洁度为 2B，导电棒为纯铜棒，与不锈钢阴极之间采用双面连接焊接，导电性能比艾萨法更好。Kidd 法不锈钢阴极的底边开有 90°的 V 形槽，入槽前底边不蘸蜡。所以 Kidd 工艺剥离下的两块铜底边呈 W 形相连，目的是捆扎时可以压紧。Kidd 法阴极使用的绝缘包边为 PVC 塑料夹条和张紧棒，这种包边与板面有很好的密封性，不必再用螺栓紧固，也不需进行边部封蜡。一般而言，包边与阴极板结合最弱的部位是底边两角，该区域的电流密度高，铜生长快，对包边产生较大的压力，使其易于损坏。Kidd 法阴极板比阳极板长和宽各增加 30mm，却由于采用 Hazelett 浇铸机铸出的阳极有两个缺角，使得底边电力线分布较疏，铜沉积层变薄，底部包边压力减轻，而且阴极采用低温洗涤，因此这种包边的使用寿命较长，年替换率不到 4%，主要的损伤为机械损伤。

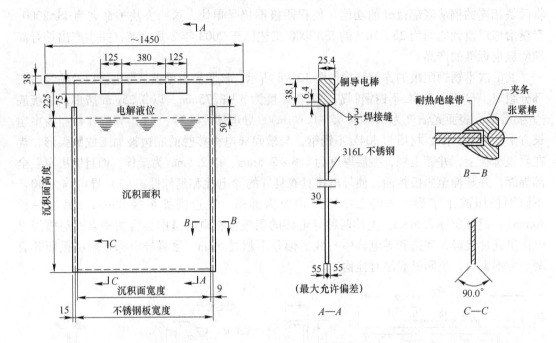

图 12 - 7　Kidd 法不锈钢阴极板

　　阴极板的两侧垂直边采用聚氯乙烯挤压件包边绝缘,以防止在电解过程中阴极铜析出而造成阴极铜剥离困难。包边绝缘挤压件用单一硬聚氯乙烯材料时,在每次装入电解槽前需在接缝处喷涂熔融的高温蜡进一步密封,以防止包边缝隙内析出电铜。高温蜡的熔点为84℃。剥离过程洗涤下的蜡可以回收重复使用。当挤压件采用软聚氯乙烯复合材料或丙烯酸 PVC 塑料时,由于挤压件具有较好的弹性密封性好,可以不必喷涂高温蜡。这种绝缘边的使用寿命为 3 ~ 4 年。

　　阴极板的底边不用绝缘包边,而是采用蘸蜡的方法绝缘,原因是底部包边在阴极剥离作业时容易损坏,而且底部包边处易沉积阳极泥而影响阴极铜质量,并造成贵金属损失。1999 年,艾萨公司推出了无蜡工艺,通过改变阴极底部结构,并在阴极剥片机组上增加了能把两块连接的铜从底部拉开的功能,使阴极铜仍为单块产品。

　　不锈钢阴极板可以反复使用,放入电解槽前也不需要加隔离剂和矫直等。它在电解槽中受到阴极保护作用,不会发生腐蚀,实践证明其使用寿命可达 15 年以上,即使有损伤也多为机械损伤。小的机械损伤可以修复,正常情况下年损坏率 1%。由于不锈钢表面有一层永久性的很薄的氧化膜层,可以很好地解决沉积铜的黏附性和剥离性之间的矛盾,既能使沉积的电解铜不会从阴极上掉落于电解槽内,又可以容易地从阴极上剥离下来。

　　永久性不锈钢阴极铜电解技术,以不锈钢阴极取代了传统电解法的始极片,并可重复使用,从而省去了生产始极片的种板电解槽系统,同时也省去了由始极片、导电棒及吊攀组装成阴极的制作工艺,使整个生产流程大为简化。

　　永久性不锈钢阴极铜电解的剥离机是由锌电积的阴极剥离机经移植改造而成的。其规格为大型 (500 块/h)、中型 (250 块/h) 和小型 (60 块/h)。阴极剥离机具有的功能有阴极的接收、传递、热洗、锤击、铜片剥离、铜片堆垛、运出、阴极检查、剔出与补进、塑料条涂蜡、底边涂蜡、备好的阴极行运等。

永久性阴极电解技术的优点：

（1）电流密度高、极距小。由于不锈钢阴极表面光洁、平直、悬垂度好，不容易造成短路，故可采用较小的极间距和较高的电流密度。目前采用不锈钢阴极的工厂的电流密度一般为 $280 \sim 330 A/m^2$，同极距为 $90 \sim 100 mm$。与传统阴极板法相比，在相同规格的电解槽中阴极装入片数可增加 10%，在相同电流密度下使电解槽的生产能力提高 10%。

（2）阴极周期短、产品质量高。永久阴极法一般采用较短的阴极周期，特别是艾萨法，阴极周期多为 $6 \sim 8d$，是阳极周期的 $1/3$。短周期使电解过程中电极短路和表面长粒子的情况大为改善，有利于提高阴极铜的质量。而传统电解法的阴极周期多为 $10 \sim 14d$。根据生产实践，传统电解法 8d 以后的阴极周期后半期阴极铜表面长粒子的情况加剧，杂质含量相应增加。

始极片作阴极所产生的阴极铜，因有两个吊攀，在阴极洗涤过程中往往不易将吊攀铆接处清洗干净，造成阴极铜表面含有硫酸铜和硫酸，存放一定时间后表面变黑，从而影响质量。永久阴极法生产的阴极铜无吊攀，易清洗干净，产品物理规格良好。

（3）蒸汽耗量低。传统电解法每吨阴极铜的平均蒸汽消耗量为 $0.6 \sim 0.9t$，永久阴极法每吨阴极铜的平均蒸汽消耗量在 $0.4t$ 以下。

（4）流程简单、自动化程度高、操作人员少。与传统电解法相比生产人员可以减少 $1/3$。

（5）金属积压量少、流动资金周转快。较高的电流密度以及阴极周期缩短，减少了铜在加工过程中的积压量，压缩了流动资金占用量，此外也缩短了铜的积压时间，加快了资金周转速度。

永久性不锈钢阴极的应用，需要消耗大量的不锈钢材，建厂投资较大。

12.4.4　电解液循环系统设备

电解生产过程中电解液循环流通的作用：一是补充热量，维持电解液具有一定的温度；二是经过滤，滤除电解液中所含的悬浮物，以保持电解液具有生产高质量阴极铜所需的清洁度。

电解液循环系统的主要设备有循环液储槽、高位槽、供液管道、换热器和过滤设备等。

现代铜精炼厂多采用钛列管或钛板加热器，不透性石墨和铅管加热器已经被淘汰。芬兰的 Larox（陶瓷）净化过滤机对电解液中微米级悬浮物的过滤是很有效的。

现代铜电解生产向着大极板、长周期、高电流密度、高品质发展，因此，拥有完整的自动化极板作业机组是实现生产高效率、高质量的前提。完整的极板作业机组主要包括阳极板准备机组、阴极板制备机组、电铜洗涤堆垛机组、残极洗涤堆垛机组、导电棒储运机组和专用吊车等。

12.5　铜电解精炼的生产实践

12.5.1　铜电解精炼技术条件的控制

铜电解精炼技术条件的控制，对操作过程的正常进行、技术经济指标的改善和保证电铜的质量都具有决定性的意义。

　　铜电解精炼技术条件的选择，取决于这个工厂的阳极成分和其他具体条件，如处理矿铜阳极时，杂质含量低，贵金属的含量较高，可以采用较高的电流密度、较高的电解液温度，而电解液的循环速度宜小；若处理杂铜阳极，杂质含量高，贵金属含量低，则电解液的杂质含量必须严加控制，电解液的温度和循环速度都宜大；若处理从其他矿石中综合回收的铜料时，阳极中砷、锑、铅含量高，不宜采用过高的电流密度，而应加强电解液的管理，提高电解液中的氯离子浓度。同时，对产量任务与设备能力基本相适应的工厂，可以采用最经济的电流密度进行生产；对产量任务大，而设备能力又较小的工厂，就必须采用高电流密度，而且其他的技术条件也应相应地进行改变和调整。

12.5.1.1　电解液的组成

　　铜电解精炼所用的电解液，是硫酸和硫酸铜的水溶液。这种溶液导电性好、稳定、挥发性小，电解过程可以在较高的温度和酸度下进行。另外，硫酸铜的分解电压较低，砷、锑在硫酸溶液中能生成难溶性化合物，因而杂质对阴极质量的影响较小，贵金属在硫酸溶液中也能得到较完全的分离。这些都使以硫酸溶液作为铜电解液比采用其他溶液，如盐酸溶液、硝酸溶液、铵盐溶液具有较大的优越性。

　　电解液成分与阳极成分、电流密度等电解的技术条件有关。由于具体条件不同，各工厂的电解液成分也不相同，一般控制在：

$$Cu \qquad 40 \sim 55g/L \qquad\qquad 一般为 50g/L$$
$$H_2SO_4 \qquad 150 \sim 220g/L \qquad 一般为 200g/L$$

　　电流密度增加时，单位时间内在阴极上放电的数量亦随之增加，因此电解液的含铜量亦应相应地提高。由于一价铜离子的生成和氧化及其所引起的副反应，造成电解液中的含铜量不断升高，当电解液的温度较高时，溶液中的含铜量增长较快。

　　如阳极板的杂质含量很高，则按铜计算的阴极电流效率会高于阳极电流效率，即在单位时间内，阴极析出的铜量大于从阳极溶解的铜量，因而电解液含铜逐渐贫化。

　　电解液中铜含量不断上升和下降是不希望出现的现象。含铜量不断上升，电解液的电阻就不断增加，并且由于硫酸铜在酸性溶液中有一定的溶解度，当含铜量超过其溶解度，或电解液的温度下降，硫酸铜就有从电解液中结晶于阴、阳极板和电解槽四壁的危险，从而使电解作业不能正常地进行。电解液中的含铜量不断下降，则杂质有可能在阴极析出，此时必须向溶液中加入硫酸铜结晶，以补充溶液中铜离子浓度的不足。

　　在电解生产过程中，必须根据各种具体条件加以掌握，以控制电解液的含铜量处于规定的范围。在定期定量抽出电解液进行净化的基础上，如发现电解液中的含铜量有不断上升的趋势，则必须考虑采取将原来规定的电解液含铜量予以降低，或降低电解液的温度，提高电流密度，开设或增加电解槽列中的脱铜槽数等措施。所谓"脱铜槽"，就是在该电解液的循环系统中，抽出一定数量的电解槽，其中以铅板或铅－银合金板作为阳极，以普通始极片为阴极，在高于硫酸铜的分解电压的槽电压下，将电解液中的硫酸铜分解，在阴极上析出电铜，达到降低循环系统中电解液含铜的目的。如发现电解液中的含铜量有下降的趋势，就应当考虑采取适当地提高电解液的温度，提高阳极板的含铜品位等措施，使电解液的含铜量得以稳定。

电解液中的硫酸含量，一般在 150 ~ 230g/L 范围波动。通常酸度愈大，导电性愈大；酸度愈低，导电性愈差。因而现在都趋向于采用高酸低铜的电解液来进行电解，以达到节约电能的目的。但是电解液中的硫酸含量也不可能无限制地提高，硫酸含量提高，硫酸铜的溶解度就会降低，严重时便有从溶液中结晶出来的可能。硫酸铜的溶解度与硫酸含量的关系见表 12 – 5。

表 12 – 5　25℃时硫酸铜的溶解度与溶液中硫酸含量的关系

H_2SO_4 含量/g·L^{-1}	Cu 含量/g·L^{-1}	H_2SO_4 含量/g·L^{-1}	Cu 含量/g·L^{-1}
0	89.54	60	74.82
5	88.82	90	69.61
10	87.51	100	67.33
20	83.93	150	58.51
40	78.73	180	52.22

随着阳极的溶解，电解液中的杂质，如镍、铁、锌、砷、锑、铋等不断积累。杂质的积累使硫酸铜的溶解度降低，因此，杂质含量高的电解液中硫酸含量也应当减小。

杂质在溶液中的积累，使溶液的电阻增大、比重增大、黏度增大，硫酸铜的溶解度降低，电解液对阴极的污染程度加大，更重要的是砷、锑、铋等在阴极上放电的可能性增加，从而降低阴极铜的质量。因而各工厂都根据各厂的具体条件，如阳极成分、电流密度、电解液的循环及加热情况，对电解液中的杂质浓度作了一定的限制，如砷 <7g/L、铋 <0.5g/L、镍 <20g/L 等。

控制电解液中的杂质浓度的方法，是以在电解液中积累速度最大的杂质为基础，按其积累的速度，计算出它在全部电解液中每日积累的总量，然后从电解液循环系统中抽出相当于这一数量的电解液，送往净化工序，再补充新水和硫酸。这样，就可以既维持电解液的体积和酸度不变，又使杂质浓度不超过规定的标准。

为了降低电解液中的银离子浓度，使其不致在阴极上放电，并抑制电解液中砷、锑、铋离子的活性和消除阳极因含铅过高而可能引起的钝化作用，向电解液中加入盐酸（HCl）或食盐，以维持电解液中有一定的氯离子（Cl$^-$）浓度。

此外，为了防止阴极上生成疙瘩和树枝状结晶，以制取结晶致密和表面光滑的电铜，电解液中还需加入胶体物质和其他表面活性物质，如明胶、硫脲、干酪素等。但这些物质的加入增加了电解液的黏度，其加入的数量应视各厂的具体条件而定。

12.5.1.2　电解液的温度

正确控制铜电解液的温度，是改进电解过程的技术经济指标、保证产品质量的重要因素。提高电解液的温度就能降低电解液的黏度，增加各种离子的扩散速度，减少电解液的电阻，从而提高电解液的电导率，降低电解槽的电压降，以减少电解铜的电能消耗。经实验测定，电解液在55℃时的电导率几乎为25℃时的2.5倍；电解液的电阻在50~60℃时，温度每升高1℃，电阻约减小0.7%。

提高电解液温度，就能消除阴极附近铜离子的严重贫化现象，从而使铜在阴极上能均匀地析出，并防止杂质在阴极上放电的可能性。因此铜电解液的温度通常控制在 55 ~ 60℃之间，而在电流密度达到300A/m^2 时，需将液温提高至 62 ~ 65℃

过高的电解液温度也有很多缺点；

（1）使一价铜离子 Cu^+ 与二价铜离子 Cu^{2+} 之间的平衡向提高 Cu^+ 的浓度方向移动，从而使电解液中的含铜浓度上升，阴极电效下降；并且铜在电解液中的化学溶解速度急剧加快，会进一步提高电解液中的含铜浓度。

（2）会使添加剂明胶和硫脲的分解速度加快，消耗量增加。

（3）电解液的蒸发损失增大（表 12 - 6），使车间的劳动条件恶化，增加蒸汽的消耗。

表 12 -6　不同温度时电解槽的水分蒸发量　　　　　　［kg/(m² · h)]

空气温度/℃	空气相对湿度/%	电解液的温度/℃							
		48. 5	50	51. 5	53. 5	55	57	60	65
22	80	0. 76	0. 835	0. 84	0. 795	1. 09	1. 15	1. 33	1. 74
24	70	0. 74	0. 84	0. 855	0. 90	1. 10	1. 165	1. 35	1. 75
26	65	0. 75	0. 83	0. 84	0. 89	1. 08	1. 14	1. 32	1. 73

电解液流经一个电解槽时，温度一般会下降 3 ~ 5℃，可见电解液的散热程度是很大的，其热量的散失主要是在电解液的表面进行。有人研究过电解液表面的散热情况，确定在正常的电解液温度下，每平方米电解液表面的散热速度为 11787kJ/h，其中由于水分的蒸发而造成的散热为 7662kJ/h，即占散热量的 65%。因此为节约加热电解液的蒸汽消耗，并改善车间的劳动条件，曾有厂家研究并使用过在液面覆盖 60μm 厚的油膜，使热损失减少 2/3，然而油膜会有一定的流失、挥发，并附着于阴极铜表面，造成油膜损失；之后，又有厂家采用直径为 1.5 ~ 2.0cm 的聚苯乙烯泡沫塑料浮子覆盖于电解液表面，使电解液蒸汽消耗减少 1/2，为 300 ~ 400kg/t 铜，并降低了室内温度，减少了车间的酸雾。国内某厂自 1980 年开始，在电解槽、储液槽液面上分别覆盖 φ10mm 及 φ350mm 的高压聚乙烯实心塑料球，电解槽内电解液温度平均升高 1.4 ~ 2.0℃，蒸汽单耗降低 20% 以上（为 200 ~ 300kg/t 铜），也有一些厂家在电解槽面上覆盖耐酸涤纶布或聚丙烯布，使蒸汽单耗降为 450kg/(t 铜) 左右。日本一些厂家采用电解槽覆盖罩布并改进真空蒸发罐操作方法，降低了蒸汽单耗，蒸汽单耗为 20 ~ 50kg/t 铜。

12.5.1.3　电解液的循环速度

在电解过程中，电解液必须不断地循环流通，以保持电解槽内电解液温度均匀、浓度均匀。电解液循环速度的选择主要取决于循环方式、电流密度、电解槽容积、阳极成分等。

当操作电流密度高时，应采用较大的循环速度，以减少浓差极化。表 12 - 7 为电解液中阴极、阳极附近的铜离子浓度与循环速度和电流密度的关系。

表 12 -7　阳极和阴极附近铜离子浓度与循环速度、电流密度的关系

液面下深度/cm	Cu²⁺浓度/g · L⁻¹								
	电流密度 150A/m²　循环速度（槽）6 ~ 8L/min			电流密度 250A/m²　循环速度（槽）6 ~ 8L/min			电流密度 250A/m²　循环速度（槽）11 ~ 13L/min		
	阳极附近	阴极附近	浓度差	阳极附近	阴极附近	浓度差	阳极附近	阴极附近	浓度差
2	66. 8	66. 5	0. 3	66. 4	66. 4	0. 0	66. 5	66. 4	0. 1
20	68. 6	68. 0	0. 6	69. 0	69. 0	1. 3	68. 3	67. 8	0. 5

液面下深度/cm	Cu²⁺浓度/g·L⁻¹								
	电流密度150A/m²			电流密度250A/m²			电流密度250A/m²		
	循环速度（槽）6~8L/min			循环速度（槽）6~8L/min			循环速度（槽）11~13L/min		
	阳极附近	阴极附近	浓度差	阳极附近	阴极附近	浓度差	阳极附近	阴极附近	浓度差
50	72.0	71.2	0.8	72.4	70.4	1.7	72.5	71.7	0.8
70	75.9	75.3	0.6	76.4	74.6	1.9	11.0	76.1	0.9

从表 12 –7 可以看出，同一槽内不同深度铜离子的浓度不同，其差额最大达 10g/L。在同一深度的阴、阳极附近，铜离子的浓度也不同，其浓度差随电流密度增大而增大，随电解液循环速度增大而减少。因此，保持较高的循环速度有利于减少浓差极化，降低槽电压；但是循环速度过快，又会使阳极泥不易沉降，且造成贵金属的损失增加，有时还会导致阴极质量恶化和板面大量长粒子。表 12 –8 为阴极铜中贵金属的含量与电解液循环速度的关系。

表 12 –8　阴极铜中贵金属的含量与电解液循环速度的关系

电解液循环速度/L·min⁻¹		20	18	14	12	9
阴极中的含量（吨铜）/g·t⁻¹	Au	1.7	1.1	1.0	0.6	0.8
	Ag	24	17	14	16	9

循环速度的大小和选择，主要取决于电流密度。电流密度越大，要求的循环速度越大。不过，在提高电解液温度的情况下，循环速度可以适当地减小。一般情况下，电流密度与循环速度的关系见表 12 –9。

表 12 –9　电流密度与循环速度的一般关系

电流密度/A·m⁻²	284	251	205	194	188	168
循环速度/L·min⁻¹	27	22.5	20.5	18	18	15

12.5.1.4　添加剂

添加剂指的是那些少量加入电解液中，能起到调节沉积物物理性质，如光泽度、平滑度、硬度或韧性等特殊作用的物质。铜电解精炼所采用的添加剂多为表面活性物质。目前，国内铜电解厂普遍采用的添加剂有胶、硫脲、干酪素、盐酸等。有的工厂还经常添加名为"阿维通"、"高立克"等物质。

添加剂的种类很多，各个工厂必须根据各自的条件如阳极成分、电流密度、电解液成分等因素，选择其中的一种或几种。

（1）胶。经常使用的胶是动物胶，或称明胶，它是一种比较简单的蛋白质。明胶是电解液的基本添加剂。电解液中胶质的浓度，据资料的记载，约为 0.01% ~ 0.02%。因而在新配电解液时，应当作为"底胶"加足这一数量，然后在电解铜生产过程中，每班根据电铜的析出数量按 g/t 单位向电解液中补加。加入的数量一般在 10 ~ 80g/t 范围内波动。在阳极的杂质含量高，且电流密度也高的情况下，胶的加入量接近上限值；在阳极杂质含量低，电流密度也低的情况下，胶的加入量接近下限值。

　　加胶量适当时，阴极铜表面光滑、致密，呈现玫瑰红色和金属光泽，敲击时声响如钢而柔；加胶过低时，电铜质软而脆、哑响、结构疏松、结晶粗糙，较易为空气所氧化；而当加胶量过多时，虽得到的电铜品位很高，但硬度很大，声响如钢而硬，颜色红中带白，甚至分层，表面基底虽细，但出现密布且极难击落的圆头带有针刺的铜粒子。

　　胶在电解生产过程中是不稳定的，会受各种条件影响而分解失效。因此，要求将胶均匀、连续地加入，以避免造成电解液中有效胶浓度的急剧变化。

　　(2) 硫脲。硫脲是国内外铜电解厂普遍采用的添加剂之一。硫脲是一种白色而有光泽的晶体，分子式为 $(NH_2)_2CS$，比重为 1.405，易溶于水。铜电解液采用明胶和硫脲的混合添加剂，可以在高电流密度下制取结构致密的阴极铜。当硫脲浓度为 10mg/L 或更高时，阴极极化作用开始急剧增加，此时络合物阳离子 $[Cu(N_2H_4CS)_4]$ 在阴极液层中形成胶膜，使 Cu^{2+} 离子在阴极放电发生困难，促使阴极极化增加，有利于获得细粒光洁的阴极铜沉积物。当电解液中含有镍时，这种络合物胶膜的作用更为显著。

　　硫脲在纯水中比较稳定，温度在 60～80℃时，20mg/L 硫脲的浓度几乎不随时间变化。60℃时，在 200g/L 硫酸溶液中 20h 后仅有微小的分解；但是在含有 Cu^{2+} 和 Cl^- 的电解液中却分解得很快，并随电解液的温度升高以及 Cl^- 的浓度增大分解速度加快。

　　在混合添加剂中，如硫脲用量适当阴极铜的颜色呈玫瑰红色，表面出现金属光亮，结晶致密，阴极铜密度大，表面有细的定向结晶所引起的平行条纹，敲击时发出铿锵清脆的响声。即使始极片原来有一些疙瘩也会受到抑制，阴极铜上的疙瘩也会迅速钝化，处理短路时疙瘩不发黏，一击便落。但若硫脲过量，阴极铜表面的条纹增粗，疙瘩增多，而且针状、柱状疙瘩多，表面颜色较暗，缺乏金属光泽，但基底仍很紧密。一般硫脲用量按每吨电解铜 20～70g 加入。

　　(3) 干酪素。干酪素是我国各电解铜厂曾广泛应用的复合添加剂之一，国外几乎不应用。目前，有一些大型铜电解厂已停止使用干酪素。干酪素只能起抑制粒子生长、改变粒子形状的作用，而不能起细化电铜结晶和表面条纹的作用。决定结晶和条纹粗细，即阴极板面基体结构的是胶的加入量。

　　(4) 氯离子。氯离子也是国内外铜电解厂普遍采用的复合添加剂之一。电解液中的氯离子通常是以盐酸（HCl）或食盐（NaCl）的形式加入，而以盐酸加入的工厂较多。电解液中氯离子的含量一般控制在 10～60mg/L。电解液中单独添加氯离子（如 Cl^- 为 20～30mg/L）时，对铜阴极过程有去极化作用，同时得到表面粗糙的沉积物。当氯离子浓度较高时，会出现针状结构结晶。因此氯离子只有作为复合添加剂组合之一，才能有改善阴极沉积物结构的作用。

　　一般认为，氯离子作为添加剂可使溶液中为量很少的银离子成为 AgCl 沉淀进入阳极泥；也有一种观点认为，氯离子的存在会形成 $CuCl_2$ 沉淀，并吸附砷、锑、铋和它们所形成的化合物共同沉淀，以此减少砷、锑、铋等有害杂质对阴极的污染。

　　阿维同是一个商品名称，是表面磺化剂。国内一些厂在停止使用阿维同后，没有对阴极铜产生任何不利影响。

　　以上几种为国内外常用的添加剂。由于添加剂是铜电解生产技术的重要环节之一，为了进一步改善阴极铜的析出质量，减轻添加剂对阴极铜的污染，降低阴极铜的杂质含量，对新型添加剂的研究与试用从未停止。

12.5.1.5　槽内极间距离

槽内极间距离通常以同名电极（同为阳极或阴极）中心之间的距离来表示。缩短极间距离，可以降低电解液电阻，增加电解槽内的极片数量。但是，极距的缩短，会使阳极泥在沉降过程中附着在阴极表面的可能性增加，造成贵金属损失的增加，并使阴极铜质量降低；此外，极距的缩短，也会使极间的短路接触增多，引起电流效率下降。因此，极距的缩短对阴阳极板的加工精度和垂直悬挂度提出了更加严格的要求。采用小型阳极的工厂，同极中心距一般为 75～90mm，采用大型阳极的为 95～115mm。

12.5.1.6　电流密度

电流密度一般是指阴极电流密度，即单位阴极板面上通过的电流强度。工厂中采用的电流密度单位是 A/m^2。目前铜电解的电流密度一般为 220～270 A/m^2。

提高电流密度，可以提高电解槽的生产率与劳动生产率；对于新建的工厂，在同样生产规模的条件下，可以减少建设的电解槽数、节约投资。因此近年一些工厂在保证电铜质量的前提下，力求采用较高的电流密度。但是，电流密度的提高受到很多因素的限制，如阳极板的尺寸与成分、电解液成分和温度、极距与电解液循环速度等，电流密度的提高甚至还会影响电铜的质量与其他技术经济指标。所以在选用电流密度时应考虑与下述因素间的关系。

（1）电流密度与电能消耗。提高电流密度会使阴、阳极电位差加大，同时电解液的电压降、接触点和导体上的电压损失也会增加，从而提高槽电压和电解时的直流电耗。电流密度在 220～300 A/m^2 范围内每增加 1 A/m^2，则槽电压大约增加 1mV。在电流密度相同的情况下，电解铜的电能消耗与每个电解槽中的电极面积的大小有关，电极面积越大，电能消耗越低。这是由于在大极板的电解槽中电流在电极面上分布比较均匀，电解液的热稳定性强，导电棒和挂耳的接触电压降以及母线的电阻相应地减小的缘故。

（2）电流密度与贵金属损失的关系以及对电解铜纯度的影响。随着电流密度的提高，阴极附近电解液中含铜浓度贫化的程度加剧。为了减小阴极附近的浓差极化，需增大电解液的循环速度，使电解液中阳极泥的沉降速度减小，从而增加电解液中阳极泥的悬浮程度，在高电流密度下，促使阳极不均匀溶解及阴极不均匀沉积，所产阴极表面比较粗糙。这两个因素使阳极泥机械黏附于阴极的可能性增加。此外，由于电流密度的提高，电极之间的电场强度也随之增加，加大了阴极对一些带正电荷的悬浮阳极泥粒子和银离子的吸引力，使悬浮阳极泥在阴极上的黏附以及银离子在阴极上放电的危险性增加，使贵金属的损失增大。

因此，在高电流密度下，必须相应地调整添加剂的使用情况，或使用新的、更有效的添加剂，提高电解液的温度，以保证阴极铜的质量。

（3）电流密度对电流效率的影响。电流密度提高后，若添加剂配比不当或其他条件控制不当，容易引起阴极表面产生树枝状结晶、凸瘤、粒子等，使阴、阳极之间的短路现象显著增加，从而引起电流效率的下降。反之，当电流密度过小时，二价铜离子在阴极上的放电有不完全的现象，成为一价铜离子；一价铜离子又可能在阳极上被氧化为二价铜离子，导致电流效率下降。

（4）电流密度与蒸汽消耗和劳动条件的关系。随着电流密度的提高，由于电解液电阻而产生的热量增加，故用来加热电解液所需的蒸汽消耗量会减少。但在较高的电流密度下生产电解铜，必然要采用较高的电解液温度和较大的循环速度。因此，由于电解槽液面水分的蒸发会造成车间内酸雾加重、恶化劳动条件，故采用高电流密度生产的车间更应采取电解液表面的覆盖措施。同时，在高电流密度下生产时，若其他条件控制不当，会使极间短路现象增多。

12.5.2　种板槽技术条件

为使阴极铜的结构致密，首先必须要求始极片铜皮的结构致密、表面光滑、无铜粒铜刺现象。因此在生产始极片铜皮的母板槽中，必须控制比较优越的技术条件，如采用较低的电流密度，比较高的添加剂加入量，以保证析出优质的铜皮。

母板槽的电流密度应尽可能地维持在 $200A/m^2$ 左右，只宜偏低，不宜偏高。但有些工厂，由于母板槽和普通电解槽共用一个电路系统，故在设计母板槽的尺寸时，槽子的长度适当加长。当受条件限制，母板槽也可在高达 $250A/m^2$ 以上的电流密度下生产，但此时就应改善其他的技术条件。

种板槽使用的阳极应当力求杂质含量较低，表面光洁平整，重量均匀，以减少杂质对电解液的污染和防止极间短路现象。阳极在种板槽内应只使用到正常阳极寿命的 1/2 或 2/3 即行更换，以保证阳极工作面积不致显著缩小，引起电流密度的升高和极间距离的增大，以致槽电压升高。母板槽内换出的阳极尚有一定的厚度，须装入普通生产槽中再用，直至达到固定的周期为止。

为了铜皮的析出致密，常增加添加剂的加入量，尤其是胶的加入量，一般约为电铜生产加胶量的 2 倍。为保证铜皮的析出质量，种板槽的电解液成分中含铜浓度应适当提高，杂质含量应该控制在较低的范围。电解液的循环速度和温度可考虑适当提高，以有利于阴极铜皮的析出。

阴极的析出时间应视电流密度而定，以析出的铜皮厚度为 0.5 ~ 0.7mm 原则。此外还应考虑劳动组织的安排和铜皮的需要数量，或为 12h、16h 和 24h。

12.5.3　阴极铜质量控制

阴极铜的最新国家标准是 GB/T 467—2010。该标准将阴极铜产品化学成分分为 A 级铜（Cu-CATH-1）和 1 号标准铜（Cu-CATH-2）和 2 号标准铜（Cu-CATH-3）三个牌号。

12.5.3.1　化学质量控制

电铜的化学质量问题可分为两个方面：一是杂质超过允许含量；二是含铜主成分达不到规定标准。

根据生产实践，可能出现以下几方面管理和操作上的疏忽，导致电解铜的化学成分不合格：

（1）个别电解槽的循环速度长时间地过小，引起槽内电解液分层，或由于管道堵塞，个别电解槽较长时间地（3 ~ 4h 以上）停止循环，未予处理，而槽内继续通电，引起阴极附近电解液中铜离子过度贫化。

（2）其他含铜的溶液，如电解液净化时产出的粗硫酸含铜结晶母液、阳极泥洗水、处理阳极泥时的脱铜液、车间地面的废液等含杂质或悬浮物高的溶液，未经充分处理或过滤，大量地直接兑入电解液。

（3）阳极杂质，如铅、银、氧化亚镍等含量高，易于在阳极表面生成阳极泥膜，甚至硬壳，产生阳极钝化。严重时，槽电压高达 1～2V，阳极析出氧气，引起阳极泥翻沸，此时电解铜表面发黑，杂质大量析出。情况不很严重时，可用小锤锤击阳极耳部，使阳极泥受震掉落；情况严重时，则应将该槽阳极吊出，刷除表面阳极泥，更换槽内溶液，再行通电电解。

（4）添加剂配合不当，特别是加胶量不足时，电解铜结晶变粗，质地松软，表面发红；氯离子过量时也有此种现象。此外，当电流密度大，而其他技术条件未能及时配合，特别是添加剂用量没有相应增加时，也会造成结晶变粗。结晶粗糙、质地松软的电铜极易被空气所氧化，特别是钻取分析试样时，钻头的高速旋转，致使钻取的试样铜屑发热而氧化加剧，造成化验时含铜主成分不合格。这种现象在南方的多雨季节，空气潮湿时，更易发生，有时使电铜的取样化验多次反复。因此，在生产过程中应力求获得结构致密、表面光滑的电铜。

在发现电铜结构粗糙、疏松，并确定其为缺胶所引起后，应立即增加胶的加入量，使电铜的含铜主成分迅速提高。事实证明，当加胶过量引起电铜长粒子时，电铜的主成分仍然是很高的。

对阴极铜中杂质元素进行物相分析表明：阴极铜中的杂质元素除部分银以金属形态存在外，其余都是以化合物的颗粒形式存在于阴极铜的裂隙中。这说明铅、锑、铋、硫和部分银，是以机械夹杂的形式进入阴极铜的。

12.5.3.2 物理质量控制

A 阴极铜表面粒子的消除

铜电解精炼过程中，往往由于很多原因，在阴极铜表面和边缘产生粒子和凸瘤，既影响电铜质量，引起短路；又会降低铜的精炼回收率和运输过程中的损失；严重时，甚至整个电铜板面都被粒子密布，给生产的正常进行造成很大的威胁。因此，必须分析阴极铜粒子生成的原因。

引起阴极铜工粒子的原因主要有以下三种情况：

（1）固体颗粒附着于阴极而引起的粒子生成。

1）金属铜粉的附着。阳极中的氧主要以 Cu_2O 形态存在，它与电解液中的硫酸会发生下列反应而析出铜粉：

$$Cu_2O + H_2SO_4 \stackrel{}{=\!=\!=} Cu + CuSO_4 + H_2O$$

此外，新阳极装槽前，若未经酸洗，或虽经洗刷却未洗净除去表面上和孔洞中的 Cu_2O 粉末，也会发生上述反应产生铜粉，引起铜粉粒子的生长。

2）Cu_2O 的黏附。新装阳极时，表面的 Cu_2O 掉落在电解液中，在电解过程中随电解液飘游。当其未与硫酸充分作用时即可能以 Cu_2O 薄片黏附于阴极，以此为基点生长出疏松的片状粒子，这种粒子多分布于阴极下部，发展速度较快，不需很长时间就能扩展至较大面积，情况严重时甚至整个阴极板面都会被布满。当阴极杂质含量高、极间距离短时，更会加剧阳极泥黏附阴极的机会。

3）阳极泥的附着。电解液的温度太低，加胶过多时，会引起电解液的黏度增大；或电解液的循环速度太大，使阳极泥的沉淀条件变坏，也会引起少部分的阳极泥在沉降过程中黏附于阴极表面，产生铜粒子。当阳极杂质含量高、极间距离短时，更加剧了黏附阴极的可能性。

阳极泥呈松散状,且其中夹有导电性不良的化合物时,阳极泥黏附阴极所产生的铜粒子呈开花状,其中有阳极泥的黑色质点,不但会造成贵金属的损失,而且严重降低电铜的质量。阳极泥粒子一般分布于阴极的下部,严重时也可能发生于阴极上部。

4)漂浮阳极泥的黏附。漂浮阳极泥中的砷、锑、铋含量均远高于槽底阳极泥中的含量,由于其密度小,粒度小到几微米,难于沉降,因此在电解液中飘浮,极易黏附在阴极铜表面,成为铜粒子的生长中心。

一些工厂实践表明,当电解液中 Cu^{2+} 含量大于 55g/L 时,阴极表面不分上下开始长粒子;当 Cu^{2+} 含量大于 55~60g/L 时,长粒子相当厉害,这可能是由于硫酸铜过饱和产生结晶核黏附所致。

(2)添加剂配比不当引起的粒子生成。加胶量不够时,不能充分发挥胶质对粒子生长的抑制作用,会在阴极板面上生长粒子。这种粒子是尖头棱角形的,相对均匀地分布于整个板面。随着胶量的增加,这种粒子逐渐变圆,直到消失。

加胶量过多时,阴极的整个板面都会吸附相当数量的胶质,不仅会产生阴极铜分层现象,而且整个阴极的基体结构都很致密。胶抑制阴极表面尖端棱角优先生长的作用被削弱了,于是又重新出现阴极铜长粒子的倾向。胶量过多,阴极铜表面生长的粒子呈圆头状,并且在圆头上有尖刺,形似"杨梅",与阴极基体的接触面较大,极难击落,在阴极表面分布均匀。

加盐酸或氯化钠量不适当、氯离子浓度过小时,往往会在阴极上出现鱼鳞光亮的灰白粒子,这可能是由于砷、锑等杂质形成的飘浮阳极泥黏附在阴极上而使电力线分布不均匀引起的结果。这种粒子与阴极铜接触处是一点,中间大,头是尖的,并且生长很快。

氯离子浓度过大时易在阴极表面生长针状粒子。若氯离子浓度减小,此粒子逐渐变圆直到消失。关于针状粒子生长的原因,可能是由于过多的氯离子生成难溶性的氯化亚铜(Cu_2Cl_2)黏附在阴极上作为结晶核心而形成的。

硫脲加入量少时,阴极铜表面有亮晶,结晶疏松;但加入量过多时,又使阴极铜表面出现粗条纹状结晶,严重时出现粗结晶粒子。

(3)局部电流密度过高引起粒子生成。阳极板面积应比阴极板面积略小,否则,易在阴极周边生成粒子,甚至粗大的凸瘤,此种现象在电流密度较高时更为显著。阴极面积比阳极面积大多少合适须根据电流密度确定。若阳极面积太小,则电流在阴极上只分布于与阳极相对的区域,而不是整个阴极板面,使阴极的实际电流密度升高,也导致产生铜粒子。

装槽时由于操作不当可能造成阴、阳极没有对正或极距不均匀的现象。前一种现象因阴极一边边缘离阳极的边缘太近而长凸瘤,另一边边缘因离阳极太远而析出太薄;后一种现象则因阴极的两个侧面与阳极板板面的垂直距离不一使电流密度不一,距阳极近的一面,因电流密度过大而易长粒子。

当阳极不平整或始极片有弯曲卷角现象时,在阳极凸出处或始极片弯曲卷角处,均会因阴、阳极间距太近使电流分布过于集中而长出密度细小的圆粒子。始极片的弯曲卷角还易于黏附阳极泥,导致阳极泥粒子生长。

槽内个别阳极的钝化或个别电极接触导电不良,都会减少电流在这些电极上的分布,从而使槽内其他导电良好的阴极上电流密度增大，引起生长铜粒子。此外，由于阳极成分不均匀造成阳极溶解不均匀，使阳极表面凹凸不平或过早穿孔，使电流密度分布也随之不均匀，结果局部电流密度增高，同样也引起生长铜粒子。

为了预防阴极上生长粒子和凸瘤，应采取以下措施：

（1）阳极的化学成分应与采用的技术条件相适应。如高砷、锑阳极，应采取高砷、锑阳极电解的技术条件；高镍（或银）阳极，应采取高镍（或银）阳极的技术条件；特殊阳极电解的技术条件，应通过试验和本厂的生产实践具体探索才能决定。

（2）控制良好的阳极和始极片的物理规格，阳极和始极片在入槽前应经过压平处理，避免弯曲、卷角。阳极应无鼓泡、气孔、飞边毛翅等；始极片应具有良好的刚性和悬垂度。根据电流密度的大小，始极片的面积应适当大于阳极面积。

（3）新阳极装槽前应经热的稀硫酸溶液充分浸洗，溶去表面和孔洞内的氧化亚铜。酸洗后，阳极表面黏附的铜粉应仔细用新水冲洗除去。

（4）提高电极装槽质量，力求使阴、阳极对正，极间距均匀，接触点光洁。

（5）根据各厂的具体条件，选择和稳定最适宜的电解技术条件，如电流密度、电解液成分、电解液温度和循环速度。

（6）加强对阴极铜结构的观察，选用有效的添加剂，并摸索最适宜的添加剂配比和加入方式。

（7）加强电解液的净化和过滤，控制电解液中可溶杂质和固体悬物的浓度在一定范围，保持电解液清亮，降低电解液的密度，给阳极泥的沉降创造良好的条件。当电解液密度大于 $1.25g/cm^3$ 时，电解液容易出现浑浊。电解液过滤的数量按各厂具体情况决定。

　B　阴极铜发酥发脆

阴极铜发脆的主要原因有两个方面：一是阴极铜中某些有害杂质偏高；二是阴极铜结晶不够致密，板面呈现酥脆现象。

（1）阴极铜中某些有害杂质偏高。不同的杂质对铜的机械性能的影响有很大的差别。铅、铋、硫对铜的机械性能的影响很大，是导致阴极铜易脆的主要杂质。铅、铋主要与硫形成硫化物，呈微粒（ $1\sim3\mu m$ ）状分布于铜的裂隙中，它们可溶解于熔融铜中，但当熔融铜凝固时又呈游离态析出，在铜结晶的周围形成薄膜。这些杂质破坏铜结晶间的联系，降低铜自身的致密性，而且由于铅、铋的抗张强度小、熔点低，故在热加工和冷加工时都出现脆性。

氧能增加铜的强度，稍降低其韧性；砷改善铜的韧性和强度，而不影响其可锻性。阴极铜中碳、氢、氧的含量高也是造成阴极铜酥脆的一个主要原因。

（2）阴极铜结晶不够致密。铜在阴极上的沉积过程，是金属的电结晶过程，由晶核的形成和晶体的成长两个过程组成。已生成的晶核的成长和沉积物的结构与许多因素有关，其主要因素是电流密度、铜离子浓度、电解液温度、电解液循环速度以及添加剂品种与用量等。

　C　阴极铜表面产生气孔

电解过程中，在阴极表面会出现严重气孔或麻孔现象，气孔的形状似口朝上的葫芦，有的孔深，有的孔浅，有时大孔里面还有小孔。

（1）气孔的生成对阴极铜质量的影响。

1）影响阴极铜质量。空气泡吸附在阴极铜上使阴极铜不能和电解液相接触，这部分就没有电流密度分布，同时其他地方的电流密度就会增大，引起粒子生成，而且杂质也容易在电流密度较大的地方析出，影响阴极铜质量。

2）影响阴极铜物理质量并使阴极铜夹杂电解液。当阴极铜表面的气泡破裂时，电解液就会进入孔洞中，随着电解的进行，气孔将慢慢封闭，使电解液残留在阴极铜中，或由于阴极出槽时，因气泡炸裂使气孔充满电解液，洗时难以洗干净，影响阴极铜的质量。

3）引起阳极泥开花粒子的生长，影响阴极铜的质量。电解槽内有大量气体析出，严重时会使电解槽内的电解液翻滚，影响阳极泥沉降，造成阳极铜表面产生开花粒子。

（2）阴极铜表面出现气孔的防治，应当采取的措施。

1）尽量提高低位槽内的液面，或将低位槽分隔成下部连通的两个槽，使高位槽的溢流和电解液的回流埋入 1 号低位槽，再经连通孔进入有循环泵的 2 号低位槽内，保证液面处于比较平静状态，避免空气从循环泵的吸液口进入循环系统内。

2）将高位槽分隔为前、后两隔室，使进液面伸入前室，出液口和溢流口设于后室，并从隔板处起设一水平排气面或一定斜度的排气面，使空气在此尽量逸出；另外，将出液管向里延伸，避免空气卷入的可能。

3）为使供液管的垂直管段中电解液处于正压下运行，同时确保槽面流量的供给，可在管道最低位置安装流量孔板，以改变流体的断面积，控制流量正好满足生产工艺要求。这样，管道内其他地方的流速就相应降低，供液管垂直管段内充满液体，从而消除负压，避免了空气的吸入。

4）定期检查循环泵及接头是否漏气，并定期检查和更换泵的密封填料。

5）定期清理循环泵的进液底阀，防止其被部分堵塞，造成泵空转而将空气从泵的密封不严的缝隙中吸入。

12.6　铜电解工艺技术经济指标

12.6.1　电流效率

铜电解精炼的电流效率通常是指阴极电流效率，为电解铜的实际产量与按照法拉第定律计算的理论产量之比，以百分数表示。若按阳极计则为阳极电流效率。由于阳极溶解时，小部分的铜以一价铜离子的形态进入溶液，故按二价铜来计算的电流效率一般都比阴极电流效率高 $0.2\% \sim 1.7\%$，因而使电解液中的含铜量不断增长。铜电解阴极电流效率为 $(95 \pm 3)\%$。

电流效率可用下式计算：

$$阴极电流效率(\%) = \frac{阴极铜实际产量}{按法拉第定律计算所得阴极铜量} \times 100\%$$

$$\eta_i = [Q/(q \cdot I \cdot t \cdot N)] \times 100\%$$

式中，η_i 为电流效率，%；Q 为在电解时间 t 内析出的阴极铜量，g；N 为电解槽数；q 为铜的电化当量，$1.1852 \mathrm{g}/(\mathrm{A} \cdot \mathrm{h})$；$t$ 为电解时间，h。

引起阴极电流效率降低的因素有电解副反应、阴极铜化学溶解、设备漏电以及极间短路等。

电解过程中的副反应，有氢离子在阴极还原析出 H_2、三价铁离子的还原等。然而在铜电解生产条件下，进行上述副反应的可能性都很小，因而对电流效率的影响不大。

阴极铜在电解液中的化学溶解速度取决于电解液的温度、酸度、电解液中氧含量以及阴极在电解液中沉浸的时间长短。因此，为减少阴极的复溶，电解液不宜维持过高的温度，并应尽可能与空气隔绝，以减少溶液中的含氧量。通常阴极铜的化学复溶使电流效率降低 0.25% ~ 0.75% 。

设备的漏电包括电解槽和循环系统的漏电。电解槽的漏电是通过彼此邻近的电解槽间或通过电解槽的绝缘体到地面漏电。循环系统的漏电主要通过电解液循环流动至集液槽与地面构成了电路，从而产生漏电。为了防止或减少漏电，应该加强电解槽间、溶液循环系统对地的绝缘。电解槽之间应留有足够的间隙(一般为 20 ~ 50mm)，加强电解槽与梁、柱、地间的绝缘性能，在槽体与梁间用绝缘瓷砖、橡皮或塑料隔开，采用 PVC 或其他塑料来作为溶液的输送管道，以玻璃钢或塑料作为槽子的衬里，以及在循环系统中安装断流装置措施等。此外，生产人员必须经常检查设备的绝缘和漏电情况，杜绝电解液的跑、冒、滴、漏，维持车间内的清洁和干燥，尽量减少设备的对地漏电。漏电损失一般可达 1% ~ 3% 。

阴、阳极间短路的主要原因是由于阳极物理规格不好，有凹凸不平或飞边毛翅，始极片弯曲、卷角，阴极析出粗糙、长粒子凸瘤等原因所致，所以对阳极和始极片的质量应有严格要求。

加强电解槽的槽上管理工作，是提高电流效率的关键所在。先进的现代工厂安装有槽电压扫描监控系统，利用计算机对极间短路、槽电压的异常变化，甚至阳极寿命进行监控和探测。目前，对短路或烧板检查，国内一般都使用手拖式的短路探测器来进行探查；国外很多厂家都相继使用高斯计、红外线扫描（手提式摄像机）、热跟踪枪、手提式热电极探测器和短路探测器等多种仪器来检查。还有的工厂使用电流分布计来测量单根阴极的电流强度，通过检测和调整，可以保证每块阴极板电流分布均匀，使每块阴极铜质量均匀、稳定。此外，还设置计算机对整个生产系统进行监控，对电解液温度、流量和液位等主要工艺参数和重要设备实行自动控制。

12.6.2　槽电压

通常所说的槽电压，实际上是平均槽电压，它是指电解槽两极间的平均电压降。而通常计算的槽电压指标是指各个电解槽压降的平均值。在计算该项指标时，按下式进行计算：

$$电解槽平均槽电压(V) = \frac{平均总电压(V) - 线路损失(V)}{平均开动槽数}$$

在计算时扣除脱铜槽。

槽电压是影响电解铜电能消耗的重要因素，它对电流效率的影响尤为显著。每个电解槽的槽电压包括阳极电位、阴极电位、电解液电阻所引起的电压降、导体上的电压降以及槽内各接触点的电压降，有时还包括阳极表面的阳极泥电压降等。

$$E = (\varphi_+ - \varphi_-) + E_L + E_{con} + E_p$$

式中，E 为槽电压；φ_+ 为阳极电位；φ_- 为阴极电位；E_{con} 为导体上的电压降；E_L 为电解液电压降；E_p 为槽内各接触点电压降。

从各个工厂槽电压的分布情况来看，电极电位差值占槽电压的 25% ~ 28%，电解液电压降占 30% ~ 67%，接触点及金属导体电压降占 8% ~ 42%。槽电压的正常范围为 0.2 ~ 0.4V。电解液电位降与极间距离、阳极泥层的厚度、电解液的温度、金属离子的总浓度、添加剂加入量等因素有关。极间距离越大，阳极泥层越厚、不易脱落，电解液温度低，金属离子浓度大，添加剂加入量大，则导体上的电压降大；反之，导体上的电压降减小。接触点电位降与各接触点接触的好坏密切相关，阳极与导电棒、阴极与导电棒、阴极挂耳与阴极棒等接触的越好，挂耳和始极片铆合的越牢固，则接触点电压降越小；反之，接触点电压降越大。

为了降低槽电压，应当采取如下措施：

（1）改善阳极质量，力求将粗铜中的杂质在火法精炼中脱除，防止阳极泥壳的生成，以降低阳极电位。

（2）不必要求过低的残极率。过低的残极率会引起阳极在工作的末期槽电压急剧升高。

（3）阴、阳极，导电棒，导电板之间的接触点应经过清洗擦拭，以保持接触良好。

（4）电解液成分宜保持硫酸含量在 160 ~ 210g/L，铜含量为 40 ~ 50g/L，并尽可能地降低其他杂质的含量和胶的加入量。电解液的温度应维持在 60 ~ 68℃。

（5）尽可能地维持较短的极间距离，以降低电解液的电压降。

12.6.3 电能消耗

铜电解精炼的电能消耗，是按生产 1t 电解铜所消耗的直流电进行计算，或是按总电能消耗（交流电耗）计算。电能消耗能够综合反映出电解生产的技术水平和经济效果。

直流电能消耗包括生产电解槽、种板电解槽、脱铜槽以及线路损失等全部直流电能消耗量。可用下式来计算直流电能的单位消耗：

$$W = \frac{E \times 1000}{\eta \cdot q}$$

式中，W 为直流电能消耗，$kW \cdot h/t$ 铜；E 为电解槽的槽电压 V；η 为电流效率，%；q 为铜的电化当量为 $1.1852g/(A \cdot h)$。

从上式可以看出，电能的单位消耗取决于电解槽的槽电压和电流效率，并随槽电压升高或电流效率降低而增大。工厂的电流效率都在 90% ~ 98% 之间（国内为 95% ~ 98%），波动范围不大。而槽电压则由于受电流密度、电解液成分及温度、阳极组成等因素的影响波动范围很大，一般在 0.2 ~ 0.4V 之间，因而对电解铜的电能消耗具有更大的影响。

直流电能消耗，一般为 230 ~ 280kW · h/t 电铜，见表 12 - 10。

表 12 - 10 几个铜电解精炼厂的技术经济指标

指标	1	2	3
电解回收率/%	99.90	99.83	99.60
直流电耗/kW · h · t⁻¹铜	260 ~ 280	231	236
蒸汽单耗/t · t⁻¹电铜	1	0.89	0.6
硫酸单耗/kg · t⁻¹电铜	3	2.39	9.9

指 标	1	2	3
电流效率/%	97	97.33	97.83
槽电压/V	0.3~0.35	0.3	0.25
残极率/%	17	20.5	18.56

12.6.4 电解回收率及直收率

电解回收率是指在铜电解精炼过程中产出的电铜所含铜量占实际消耗物料所含铜量的百分比。其公式如下：

$$电解回收率 = \frac{电铜含铜量}{实际消耗物料含铜量} \times 100\%$$

式中，电铜含铜量为入库电铜量乘以电铜平均品位（加权平均），实际消耗物料含铜量为前期结存［电解槽内外结存的阳极、再用残极、槽内电铜、槽外始极片、电解液等的含铜量］+本期收入［阳极板、置换液（金银工序返回）含铜量］-本期付出［残极、废铜屑、净化电解液（净液工序的电解液）、阳极泥等的含铜量］-本期结存的铜量。

电解直收率是指在铜电解精炼过程中产出的电铜所含铜量占实际投入物料所含铜量的百分比，其公式如下：

$$电解直收率 = \frac{电铜含铜量}{实际投入物料含铜量} \times 100\%$$

12.7 电解液的净化

12.7.1 电解液净化的目的及工艺流程

在铜电解精炼过程中，电解液的成分不断发生变化，铜离子浓度不断上升，杂质在其中不断积累，而硫酸浓度则逐渐降低。为了维持电解液中的铜、酸含量及杂质浓度都在规定的范围内，就必须对电解液进行净化和调整，以保证电解过程的正常进行。

一般情况下，电解液中与其他杂质浓度的上升速度相比，铜浓度的上升速度是最快的。

因此，铜电解工厂往往同时采用下列两种净液方法：

（1）按上升速度最快的杂质计算，抽出一定数量的电解液送往净液工序，然后向电解液循环系统中补充相应数量的新水和硫酸，以保持电解液的体积不变。抽出的电解液中所含的铜、镍等有价成分必须尽可能地回收，砷、锑、铋等杂质应尽量除去。

（2）按抽液净化的方法仍不能保持电解液中铜浓度的平衡时，多余部分的铜则采用在生产电解槽系统和净化系统中抽出一定数量的电解槽作为脱铜槽，槽中以铅-锑，铅-银等合金作阳极，普通始极片作阴极，进行电积脱铜。电解液中因为铜的析出相应地有硫酸再生，故称脱铜槽，亦称为再生槽。根据铜离子的上升速度决定脱铜槽的槽数，以保持电解液铜离子浓度的平衡。

抽往净液工序的电解液数量是根据阳极铜的成分、各种杂质进入电解液的百分率、各工厂所允许的电解液中杂质的极限含量以及杂质的脱除程度等决定的，一般以在阳极中的含量较高，又易于在电解液中积累且其在电解液中的允许极限浓度又低的杂质为准。

铜电解液净化的一般流程如图12-8所示。

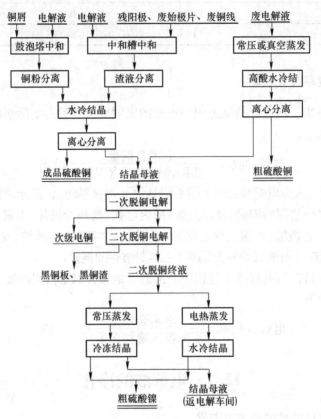

图12-8 铜电解液净化的一般流程

电解液净化的工艺流程与阳极铜成分、所产副产品的销路、各种原料与来源、综合经济效益及环境保护等许多因素有关，各工厂视具体条件来确定。目前各工厂采用的净化流程虽各不相同，但归纳起来仍然可分为下列三大工序：

第一，用加铜中和法或直接浓缩法，使电解液中的硫酸铜浓度达到饱和状态，通过冷却结晶使大部分的铜以结晶硫酸铜形态产生。

第二，采用不溶阳极电解沉积法，将电解液或硫酸铜结晶母液中的铜基本脱除，同时脱去溶液中大部分砷、锑、铋。

第三，采用蒸发浓缩或冷却结晶法，从脱铜电解后液中产出粗硫酸镍。

此外，根据硫酸铜的需求情况决定是否采用第一道工序。如硫酸铜的需要量不大，则可以不生产硫酸铜，而将抽出的电解液直接送往电解脱铜，使电解液中的铜以阴极铜或黑铜板的形态产出；反之，若硫酸铜需求量大，则在第一道工序中加入废纯铜线、铜屑或残阳极，以中和溶液中的含酸，提高硫酸铜产量。近年来，一些净化电解液的新方法正在试验研究，有的已在一些工厂应用，如渗析法，有机溶剂萃取铜、镍，萃取法脱砷，共沉淀法除砷、锑、铋，氧化法除砷、锑、铋。

12.7.2 硫酸铜的生产

12.7.2.1 硫酸铜的性质

硫酸铜俗称胆矾或蓝矾,为天蓝色的斜晶系结晶或粉末。其化学成分为:$CuSO_4 \cdot 5H_2O$,一般含 Cu 24% ~24.5%,相对密度 2.284,易溶于水(0℃时,31.6g/100mL 水,100℃时 203.3g/100mL 水),微溶于甲醇,不溶于无水乙醇,在 45℃时失去二分子结晶水,110℃失去四分子结晶水,250℃以上将失去全部结晶水形成绿色强烈吸湿性无水硫酸铜粉末。无水硫酸铜的密度 3.3606g/cm³(15℃),熔点 200℃,加热到 650℃分解成为氧化铜(CuO)和三氧化硫,在干燥空气中慢慢分化,表面变为白色粉状物,能溶于水和氨液。

用铁和锌可从硫酸铜溶液中置换出金属铜。

12.7.2.2 硫酸铜用途

化学工业中用于制造其他铜盐,如氰化亚铜、氯化亚铜、氧化亚铜等产品;染料工业用作生产含铜单偶氮染料,如活性艳蓝、活性紫、酞蓝等铜络合剂,也是有机合成、香料和染料中间体的催化剂;医药工业常直接或间接地用作收敛剂和生产异烟肼、乙胺嘧啶的辅助原料;涂料工业用油酸铜作船底防污漆的毒害剂;此外,还用于电镀工业、农业的杀虫剂,食品级用作抗微生物剂、营养增补剂。

12.7.2.3 硫酸铜生产过程

以废电解液生产硫酸铜时,根据硫酸铜的需求量,可以采用加铜中和法或直接浓缩法。前者产出的产品可以满足硫酸铜国家标准中的一级品标准;而后者因采用直接浓缩,溶液中的酸度过高,其他的金属如镍、锌、铁等也有共析出的可能,故往往质量较差,一般需经过重新溶解再结晶后,才能满足质量要求。

加铜中和法是在鼓入压缩空气的作用下,废铜线、片、屑或残极等在电解液中会发生中和反应:

$$Cu + H_2SO_4 + 1/2O_2 \Longrightarrow CuSO_4 + H_2O$$

铜的溶解速度在一定温度范围内随着反应温度的升高而加速,但氧在溶液中的溶解度却随着温度的升高而降低。因此,当反应温度超过 90℃时,铜的溶解速度反而降低,同时在较高的反应温度下操作还会增加蒸汽消耗。所以,中和反应温度一般以 85℃为宜。

随着铜的不断溶解,溶液的密度逐渐提高,待溶液密度达到 1400kg/m³ 左右时,中和过程即告完成。然后,将此硫酸铜溶液经过滤后,放入机械搅拌的水冷结晶槽或自然冷却结晶槽中进行冷却结晶,经过滤后,冲洗,再脱水烘干,即得硫酸铜产品。一些工厂为了减少结晶母液的数量,减轻脱铜电解的负担,采用二次结晶法,即将一次结晶母液经过蒸发浓缩,再结晶产出高酸硫酸铜。此高酸硫酸铜须经重溶后返回中和槽,二次结晶产出的母液送脱铜电解。

废电解液中溶铜过程常用的设备有中和槽和鼓泡塔。

直接浓缩结晶法由蒸发、结晶、离心(过滤)几大工序组成。首先将电解液或中和液加入具有蒸汽加热蛇管和空气鼓风的蒸发槽中进行常压蒸发,但此种设备的蒸发过程缓慢,消耗蒸汽量大。较为先进的工厂将蒸发浓缩作业在真空蒸发器中进行,以节省能源,提高蒸发效率。

一般电解液含铜 40 ~50g/L,含酸 165 ~190g/L,蒸发后终液含铜可达 80 ~100g/L,

含酸达 350g/L 以上，送结晶工序进行结晶。

在硫酸溶液中，硫酸铜的溶解度与溶液的酸度、铜离子浓度等有关。铜离子和酸浓度高时，硫酸铜结晶率就高；冷却结晶温度低，结晶母液含铜低，结晶率也高，但结晶温度过低有析出硫酸镍的可能。所以，一次结晶的终点温度控制在 25 ~ 30℃，一次结晶母液经蒸发浓缩后的二次结晶温度应不低于 30℃，以防硫酸镍共同析出。特别是当溶液含镍高时，硫酸铜结晶终点温度应控制在更高些。

目前，国内常用的结晶装置为夹套式的机械搅拌水冷结晶槽。这种结晶机的缺点是作业过程间断进行，劳动强度较大。但其生产过程稳定，维护成本较低。较为先进的连续式结晶器种类繁多，有冷却结晶器、蒸发结晶器、真空结晶器、盐析结晶器和其他类型的结晶器。

离心过滤是一种固液分离过程，就是将结晶态的硫酸铜从溶液中分离出来，要求分离效果好，晶体硫酸铜不要混在滤液中。常用的设备是双极离心机。此设备过滤面积大、效率高，适用于连续化硫酸铜生产。

12.7.3 电积脱铜及脱砷、铋

在电解精炼过程中，电解液中铜离子的增加量约为阳极溶解量的 1.2% ~ 2.0%。如硫酸铜生产所带走的铜离子量仍不能抵消电解液中的铜离子增加量时，则多余的铜离子必须用电解沉积法除去。

目前，国内外从电解液中脱除铜及砷、锑、铋的方法主要分为三大类：第一类是采用电解沉积法使铜及砷、锑、铋一同被脱除；第二类是采用萃取或离子交换法除去电解液中的砷、锑、铋；第三类是利用化学法使砷、锑、铋沉淀，下面主要介绍第一类方法。

电积脱铜所采用的各种设备基本上与铜电解相同，阴极仍为铜始极片，只有阳极为含银 1% 的铅银合金或含锑 3% ~ 4% 的铅锑合金。电积脱铜的两极反应如下。

阴极：
$$Cu^{2+} + 2e \rule{1em}{0.4pt} Cu$$
$$AsO^+ + 3e^- + 2H^+ \rule{1em}{0.4pt} As + H_2O$$
$$BiO^+ + 3e^- + 2H^+ \rule{1em}{0.4pt} Bi + H_2O$$
$$SbO^+ + 3e^- + 2H^+ \rule{1em}{0.4pt} Sb + H_2O$$
$$2H^+ + 2e^- \rule{1em}{0.4pt} H_2$$
$$As^+ + 3e^- + 3H^+ \rule{1em}{0.4pt} AsH_3$$

阳极：
$$2OH^- - 2e^- \rule{1em}{0.4pt} H_2O + 1/2O_2$$

阴极上的电极反应则视溶液中铜及杂质离子浓度的高低而不同，通常铜离子浓度高时阴极上主要发生铜的放电析出；当铜离子浓度降低到一定程度时，则杂质砷、锑、铋和铜共同放电；若当铜离子浓度再降低，除了杂质与铜共同放电外，还常伴随有 AsH_3 的析出。AsH_3 是剧毒气体，在 250×10^{-6} 的浓度下人体持续吸入 30min 会致人死亡，在 10×10^{-6} 浓度下停留几个小时即能引起中毒症状。

由于电积脱铜过程是使溶液中的 $CuSO_4$ 分解，槽电压中包括了 $CuSO_4$ 的分解电压，故比电解精炼时的槽电压高出约 7 倍，一般为 1.8 ~ 2.5V。

当一次脱铜电解将溶液的铜离子浓度降低到 40 ~ 20g/L 后，再进行脱除砷、锑、铋等

杂质的二次脱铜电解。传统的电积脱砷是使溶液周期性地循环流过脱铜电解槽（即为间断式流程），将溶液中的铜离子在阴极上不断析出，随着溶液中铜离子浓度的降低，砷、锑、铋等一些电极电位较低的杂质也相继在阴极上析出。当溶液中铜离子浓度降低到一定程度时，在阴极上就有砷化氢气体产生。在铜离子浓度低于8g/L时，溶液的砷离子浓度开始降低，即砷开始在阴极上与铜一起析出。当铜离子浓度在2g/L范围内，砷离子浓度降低较快；当铜离子浓度下降到2g/L时，即有砷化氢气体产生；在铜、砷离子浓度均降至1g/L以下时，砷化氢气体产生量急剧上升。由此可见，保持铜离子浓度在2~5g/L范围内，既可使砷大量析出，又能避免产生砷化氢气体。

由于各系统的铜、酸、砷条件不同，其最佳条件所要求的铜离子浓度范围也略有不同。保持铜、砷离子浓度在最佳脱砷范围，可通过补充溶液（加辅助液）来实现。从国内外的生产实践看，与溶液中砷离子浓度相对应的最佳铜离子浓度范围如下：

As/g·L^{-1}	8	6	2
Cu/g·L^{-1}	2~6	1~5	0.5~3

连续脱铜脱砷电积法的技术条件和经济指标为：电流密度200~260A/m^2，槽电压1.8~2.5V，同极中心距100~130mm。终液含铜、砷0.5~1g/L，脱铜电流效率30%~80%，脱砷电流效率10%~20%。

电积法脱铜、砷、锑后期极易产生剧毒AsH$_3$气体，铜离子浓度降至0.5g/L时砷化氢气体产出量约为2~4mg/(A·h)，故槽面上应用FRP罩面封，由排风机将电积过程中产生的酸雾和AsH$_3$等有害气体抽走。为了安全生产，应将排风机与硅整流器联锁，一旦风机跳闸，硅整流器同时停电，槽面随之停止生产。

电积后期产出的固态产物的成分如下：黑铜板含Cu 75%，As 5%，Sb 1.0%，Bi 1.5%；黑铜粉含Cu 62%，As 6.7%，Sb 1.7%，Bi 2.0%。

12.7.4 电解液净化脱镍及硫酸镍的生产

经过脱铜电解后的溶液，一般含铜小于1g/L（多数为0.1~0.5g/L），含酸300g/L，甚至可达350~450g/L，此外还含有较多量的其他杂质，如镍、砷、锑、铁、锌等。送往回收粗硫酸镍的母液要求含镍一般在35g/L以上。电解液中镍的脱除，国外主要采用结晶法、萃取法、离子交换法，而国内多采用结晶法产出粗硫酸镍副产品。结晶法生产硫酸镍主要有直火浓缩、冷冻结晶以及电热浓缩法。

直火浓缩法一般分为两个阶段进行，先进行预先蒸发，在衬铅的浓缩槽内用蒸汽浓缩至密度1480~1500kg/m^3，然后再送往钢制的直火浓缩锅内进行直火蒸发，用煤作燃料。溶液一直浓缩到密度为1600~1650kg/m^3，此时溶液含硫酸1000~1200g/L，部分镍以无水硫酸镍形态析出，溶液中的其他杂质大部分也混入无水硫酸镍中。经澄清分离后，上清液为浓缩液，其他杂质大部分混入无水硫酸镍中，其中所含镍离子浓度随酸液中的硫酸浓度增加和澄清时间加长而降低。当溶液含硫酸达到1000g/L以上时，镍离子浓度小于5g/L，可返回铜电解车间，无水硫酸镍则送去回收镍。

直火浓缩法的优点是设备简单、镍直接回收率高、母液含镍少；缺点是硫酸的损失大，通常有 10% ~20% 的硫酸被蒸发掉，车间酸雾大，环境污染严重，劳动条件恶劣。直火浓缩法腐蚀严重，设备寿命很短，一般为 3 ~6 个月。现在直火浓缩法除条件简陋的工厂外，一般不宜采用。

冷冻结晶法是采用人工制冷的办法将溶液的温度降低至比自然冷却或水冷却更低的温度。若能将硫酸镍溶液的温度降低至 -20℃，则硫酸镍在 28% ~45% 硫酸溶液中的溶解度将下降至 1.0% ~1.6%，即相当于母液含镍 4.7 ~7.5g/L 以下，使结晶效率得到显著提高。根据生产实践，冷冻结晶以 -20℃ 以下为宜。冷冻前液含酸最好为 350 ~400g/L。含酸过高，结晶颗粒过细，脱酸不易，造成用粗硫酸镍生产精制硫酸镍过程中消耗较多的碱。冷冻结晶后液含酸约 400g/L，用蒸汽间接加热至 60 ~80℃ 后返回电解工序。

电热浓缩法的工艺原理与直火浓缩法基本相同，它是用三根石墨电极插入装有溶液的浓缩槽中，电源装置输出较高的电流到电极，通过溶液自身的电阻产生热量使溶液沸腾，在常压状态下蒸发水分而使溶液浓缩。蒸发出的气体由排气系统送酸雾吸收塔净化后排放，浓缩液连续溢流至水冷结晶槽，冷却析出粗硫酸镍结晶，经真空吸滤后得粗硫酸镍产品。

浸没燃烧蒸发法是用热燃气体通入脱铜及砷、锑、铋后的电解液中，使溶液蒸发浓缩，使硫酸镍在高酸浓度下达到过饱和而结晶析出，从而使镍、酸分离。

浸没燃烧是国外比较先进的一项热浓缩法净化除镍的新工艺，该技术现已广泛应用于回收各种酸和金属。浸没燃烧法的设备简单、镍直收率高、母液含镍少、酸损失少、处理量大，不会造成环境污染。

 思考题

12-1　铜电解添加剂有哪些？它们各自的作用是什么？

12-2　简述电积法脱出砷、锑、铋的净化原理。

12-3　铜阳极板的化学成分对铜电解精炼有何影响？

12-4　影响电流效率的主要因素有哪些？主要因素是什么？

12-5　预防和处理阳极钝化的方法有哪些？

12-6　阴极铜粒子形成原因是什么？为预防阴极铜表面产生粒子，需要采取哪些措施？

12-7　某电解铜厂生产和种板系统的电流均为 22000A，始极片生产周期是 21h。每日出铜停电时间是 8 点。每组电解槽 16 只，每槽 40 块阴极。某日出铜的 2 组是 8 天前的下午 4 点通电的，结果产出阴极铜 156t，计算此 2 组电解槽的电流效率（种板槽电效 98.8%）。

12-8　某电解工厂，每个电解槽装 40 片阳极板，每片阳极板重量为 150kg，电流强度为 12000A，若残极率指标为 15%，电流效率为 95%，槽时利用率为 95.0%，阳极周期应为多少天？

12-9　某厂的电解液以 As^{3+} 为最快超过极限浓度的杂质，已知该厂年阴极铜产量为 12 万吨，电解直收率为 80%，阳极含砷 0.01%，砷进入溶液的比例为 80%，砷在溶液中的极限浓度按 6g/L 计算，砷的净化脱除率为 100% 计，计算每年的净液总量。

12-10　某铜电解厂有 20 组、每组 15 只电解槽，通电电流是 260000A。在 6 月的月报上，用电量是 2443067kW·h，电流效率是 95.8%，槽时利用率是 96.2%，计算这个厂 6 月电解的综合电耗。

思考题答案

一、绪论

1−1

    答： (1) 铜的物理性质：

铜是一种玫瑰红色、柔软、具有良好延展性能的金属。

铜的熔点为 1083℃，沸点为 2310℃。

固态时（20℃）密度为 $8.94g/cm^3$，熔点时（1083℃）密度为 $8.32g/cm^3$，1200℃液态时密度为 $7.81g/cm^3$。

熔点时蒸汽压很低，仅为 0.13Pa，

铜是电和热的良导体，仅次于银，如果把银的电导率和热导率作为 100%，则铜的电导率是 93%。热导率是 73.2%。

液体铜能溶解某些气体，如 H_2、O_2、SO_2、CO_2、CO 和水蒸气。

(2) 铜的化学性质：

铜的电位次序位于氢之下，不能从酸中置换出氢，故不溶解于盐酸和无溶解氧的硫酸中，只有在具有氧化作用的酸中铜才能溶解，如铜能溶解于硝酸和有氧化剂存在的硫酸中，能溶于氨水中。

金属铜在干燥的空气中不起氧化作用，但在含有 CO_2 的潮湿空气中，铜的表面会生成一层薄的碱性碳酸铜（铜绿）薄膜，这层薄膜对金属铜具有保护作用，使其不再受腐蚀，但铜绿有毒，故纯铜不宜作食用器具。

铜在空气中加热至 185℃时开始氧化，在表面生成一层暗红色的铜氧化物；当温度高于 350℃时，铜的颜色逐渐由玫瑰红色变成黄铜色，最后变成黑色。黑色层为 CuO，中间层为 Cu_2O，内层为金属铜。

1−2

    答： 铜锍的主要组成物是硫化亚铜和硫化亚铁。

1−3

    答： 常见的铜合金有黄铜（铜锌合金）、青铜。

1−4

    答： 在自然界铜原料以三种矿物形态存在，即天然铜矿、氧化铜矿和硫化铜矿。

1−5

    答： 火法炼铜工艺流程和湿法炼铜工艺流程。

二、造锍熔炼的基本原理

2−1

    答： 在 1300℃以上的高温和氧化气氛作用下，物料中的铁与铜的化合物，以及脉石成分，进行一系列的化学反应，熔化和溶解形成金属硫化物（冰铜）与氧化物（炉渣）两个互不相溶的相，并因其密度的差异而分离。

2 - 2

　　答：铜锍的一些物理性质：

　　熔点：950 ~ 1130℃（Cu 30%，1050℃；Cu 50%，1000℃；Cu 80%，1130℃）。

　　比热容：0.586 ~ 0.628J/（g·℃）。

　　熔化热：125.6J/g（Cu_2S 58.2%），117J/g（Cu_2S 32%）。

　　热焓：0.93MJ/kg（Cu 60%，1300℃）。

　　密度（固态、液态）如下：

铜锍品位/%		30	40	50	70	80	粗铜
密度 /g·cm^{-3}	20℃	4.96	4.99	5.05	5.46	5.77	8.61
	1200℃	4.13	4.28	4.44	4.93	5.22	7.87

　　注：粗铜含 Cu 98.3%。

　　黏度：约0.004Pa·s 或由$3.36 \times 10^{-4}\exp(5000T_m)$ 计算。

　　表面张力：约为330×10^{-3}N/m（Cu 53.3%，1200 ~ 1300℃）。

　　电导率：$(3.2 ~ 4.5) \times 10^2 \Omega$/m（Cu 51.9%，1100 ~ 1400℃）。

　　FeS-Cu_2S 系铜锍与$2FeO$·SiO_2 熔体间的界面张力约为0.02 ~ 0.06N/m，其值很小，故铜锍易悬浮于熔渣中。

　　在火法炼铜中，铜锍还具有以下重要性质：

　　（1）铜锍的熔点一般低于炉渣的熔点，并随铜锍品位不同而有所变化。

　　（2）熔融铜锍的密度（4.13 ~ 4.70g/cm^3）比熔渣密度（3.0 ~ 3.5g/cm^3）大，而熔融铜锍的黏度（-0.1P）低于熔渣的黏度（5 ~ 20P），因而铜锍在炉渣层以下，且流动性比熔渣好。

　　（3）铜锍的导电性很好。

　　（4）铜锍是贵金属金、银的良好捕集剂。

　　（5）铜锍对铁器具有迅速强烈的腐蚀能力。

　　（6）熔融铜锍遇水会爆炸。

2 - 3

　　答：（1）熔化温度。炉渣与纯金属不同，它没有一个确定的熔点，而是只存在一个熔化温度区间。

　　（2）熔渣的黏度与熔渣的化学成分及温度有关。任何组成的炉渣，其黏度随温度升高而降低。

　　（3）电导。渣中 FeO、CaO、MgO 等碱性氧化物增加时，使熔渣电导增大；反之，SiO_2、Al_2O_3 增多时，熔渣的电导减小。升高温度使熔渣电导值增大。一般说来，熔渣的电导与熔渣的黏度随组分的变化是相反的。

　　（4）密度。熔渣的成分对熔渣密度影响很大。SiO_2 密度最小（2.51g/cm^3），增加渣含 SiO_2，可使熔渣密度降低。FeO 和 Fe_3O_4 的密度大，含 FeO 和 Fe_3O_4 高的熔渣密度也大，CaO 可使渣的密度降低，从而改善冰铜沉降条件。

（5）SiO_2、Fe_2O_3 等物质可降低熔渣的表面张力，而 CaO 增大熔渣表面张力。升高温度使表面张力增大。

2-4

答： 影响渣含铜的因素甚多，主要是冰铜品位、炉内氧化气氛的强弱、渣型、操作温度、磁性氧化铁的含量、熔渣沉清的程度等。为了降低渣中铜，必须从以上各方面入手，采取综合措施。

三、闪速熔炼

3-1

答： 闪速熔炼有以下的特点：

（1）焙烧与熔炼结合成一个过程。

（2）炉料与气体密切接触，在悬浮状态下与气相进行传热和传质。

（3）FeS 与 Fe_3O_4、FeS 与 $Cu_2O(NiO)$，以及其他硫化物与氧化物的交互反应主要在沉淀池中以液 – 液接触的方式进行。

3-2

答： 精矿中最常见的矿物有黄铜矿（$CuFeS_2$）和黄铁矿（FeS_2）。闪速炉内发生的总反应可以表达如下：

$$CuFeS_2 + 5/4O_2 === 1/2(Cu_2S \cdot FeS) + 1/2FeO + SO_2$$
$$2FeS_2 + 7/2O_2 === FeS + FeO + 3SO_2$$
$$3FeO + 1/2O_2 === Fe_3O_4$$

在沉淀池内的主要反应有以下几类：

（1）Fe_3O_4 的还原反应：

$$[FeS] + 3(Fe_3O_4) === 10(FeO) + SO_2$$

（2）Cu_2O 的硫化还原反应：

$$(Cu_2O) + [FeS] === [Cu_2S] + (FeO)$$

（3）继续氧化反应。在高强度氧化熔炼生产高品位锍时，反应塔会产生过氧化，液滴落入熔池后，还会发生硫化物的继续氧化反应。

3-3

答： 有喷淋冷却和立体冷却两种。

3-4

答： 干燥方法有回转窑干燥法、气流干燥法、喷雾干燥法和蒸汽干燥法。

3-5

答： 随着反应塔热负荷的提高，喷淋冷却将逐步被立体冷却所代替，立体冷却可使耐火材料寿命大大延长。奥托昆普公司 1993 年前后开发了一种炉体结构，这种结构的闪速炉反应塔及沉淀池均为平吊挂顶，沉淀池顶的中部到反应塔之间的砖里安装有垂直铜冷却排，使炉顶寿命大大提高。

3-6

答： 闪速炉直接炼铜的工艺特点：

（1）工艺对精矿的化学组成、物理性质和装入量的变化很敏感，因而控制要求很高。

（2）产出的粗铜、炉渣温度高。

（3）采用高浓度富氧。

（4）炉内不会有 Fe_3O_4 的析出。炉渣对炉衬的侵蚀性强。

3 - 7

    答：闪速生产故障有：

（1）干矿仓着火；

（2）下生料；

（3）冷却元件漏水；

（4）锅炉烟尘黏结；

（5）系统突然停电。

四、诺兰达熔炼

4 - 1

    答：气流从诺兰达炉子的一侧风口鼓入熔池中时，受到熔体的阻碍被击散立即形成若干小流股和气泡。在风口处这些气泡由于流体动力学的原因是不稳定的，它们在风口上面不远的地方分裂成更小的气泡，滞留在熔体内。

    滞留气体在熔池面上形成的这种穿面喷流或羽状卷流是熔池熔炼的基本条件。羽状卷流的好坏决定了熔池内炉料的熔化、氧化和造渣过程的速度，直接影响炉子耐火砖的寿命和烟尘率的多少。包括诺兰达炉在内的熔池熔炼的基础原理就是羽状流的形成量。

4 - 2

    答：诺兰达反应炉熔炼过程主要控制 4 个工艺参数，即铜锍品位、炉渣 Fe/SiO_2 比值、炉温和熔体面，其他参数为次要因素。

4 - 3

    答：铜锍品位是由调节工艺需氧量来实现的。

4 - 4

    答：采取如下的措施调控炉温：冷料（返料）率随炉温升高（降低）而增加（减少）；高硫精矿比例随炉温升高（降低）而减少（增加），当增加高硫精矿比率时，氧浓度相应上调；石油焦加入量随炉温升高（降低）而减少（增加），同时调整氧量；氧浓度随炉温升高（降低）而减少（增加）；加料端燃油供应量随炉温升高（降低）而减少（增加），同时调整供风、供氧。这些措施中，以调节冷料（返料）最为简单、快速、有效。

4 - 5

    答：渣含铜通过控制铜锍品位、渣型、澄清时间等来控制。

4 - 6

    答：影响诺兰达炉的铜回收率高低的因素主要是炉渣贫化方式。采用选矿法，虽然一次投资高，占地面积较大，但铜的回收率可达到 98.5%；采用电炉或反射炉贫化，弃渣含铜比较高些，铜的回收率要低一些。

    诺兰达的铜直收率一般不到 80%，主要原因是炉渣带走较多铜。铜的直收率较低是该工艺的另一个缺点。白银炉直收率可达96.42%，熔炼反射炉直收率达到96%。

五、铜精矿的顶吹熔炼

5—1

答：优点：

（1）熔炼速度快，生产率高。

（2）建设投资少，生产费用低。由于炉体结构简单，因此建设速度快，投资少。

（3）原料的适应性强。

（4）与已有设备的配套灵活、方便。

（5）操作简便，自动化程度高。

（6）燃料适用范围广。喷枪可以使用粉煤、碳粉、油和天然气等燃料。

（7）良好的劳动卫生条件。

澳斯麦特/艾萨工艺存在的不足：

（1）炉寿命较短，最好水平达到了28个月（艾萨炉）；

（2）喷枪定期更换，影响生产连续运行；

（3）生产运行指标的稳定控制尚需进一步提高。

5—2

答：比较澳斯麦特熔炼和艾萨熔炼两种工艺：

（1）喷枪。澳斯麦特喷枪主要有四层结构：由内至外，依次为最内层燃料管（部分喷枪包含重油雾化风管）；第二层是氧气通道，第三层为空气通道；第四层是套筒风，主要用于供燃烧烟气中的硫及其他可燃组分使用，风道出口位于熔体之上，不插入熔体。艾萨喷枪不设套筒风管结构，喷枪采用两层同心套管，内管为燃料通道（艾萨喷枪燃料多为燃油），外管为富氧空气通道。喷枪前部设置一个旋流器将富氧空气和燃油均匀混合。

（2）耐火材料。Mount Isa公司的艾萨炉的主要构筑特点是除放出口加铜水套进行冷却以保护砖衬外，炉体其余部位不加任何冷却设施。

Miami冶炼厂的艾萨炉侧墙下部为铜水套与砌砖，在厚度为450mm的耐火砖（DB505-3）工作层外砌筑铜水套。

澳斯麦特炉后期炉体设计方面逐步使用内置铜水套、外设钢水套的结构。

（3）排放方式。艾萨炉多用间断排放方式，直接由炉体下部的排放口直接排入溜槽，流入贫化炉。排放过程中，炉内液面不断下降，喷枪随着液面下降维持给炉内熔体加热和成分调整，达到排尽炉内存渣效果。

澳斯麦特炉多采取溢流堰结构，实现连续排放。

各有千秋。

5—3

答：（1）喷枪浸没端寿命短。喷枪浸没端寿命取决于喷枪风管外壁固态凝渣层保持状况，即挂渣质量，渣能否保持住。可以通过将喷枪提至在静态液面100~300mm上，停枪1~2min，从烧嘴测量口观察枪上挂渣如何，操作中要求做出枪一次挂一次渣。

（2）耐火材料侵蚀速度快。造成炉寿命短的主要原因：

1）耐火材料选择不当；

2）耐火材料升温质量、保温效果不佳；

3）炉况与渣型控制不当等。

（3）泡沫渣。泡沫渣产生原因：

1）渣型不好，黏度大，气体不能正常从渣中溢出，使渣体积增加，形成泡沫渣，如 SO_2 气体亲和力小，很难形成大气泡，随着气体不断增加，将渣面托起，从炉子加料口、烧嘴口等处溢出。

2）断料或原料成分变化（S、Fe 含量明显降低）而风、氧量又没有相应地减少，就有可能出现过氧化情况，产生泡沫渣。

3）熔池中不同气势分层，在喷枪突然搅动下剧烈反应，产生大量气体，来不及从渣中溢出，产生泡沫渣。

4）喷枪烧坏严重。

5）炉温过低。

5 – 4

答：澳斯麦特熔炼法与艾萨熔炼法与其他熔池熔炼工艺一样，都是在熔池内熔体 – 炉料 – 气体之间造成强烈搅拌与混合，大大强化热量传递、质量传递和化学反应的速度，以便在燃料需求和生产能力方面产生较高的经济效益。反应同前。

六、白银炼铜法

6 – 1

答：熔池被隔墙分为熔炼区和沉淀区两个部分。按炉膛空间的结构不同又可分为双室炉型和单室炉型。炉体上多处设置了铜水套。

内虹吸放铜锍是白银炉独特结构之一，内虹吸隔墙内也设置铜水套，水套内外两侧及上部砌筑耐火砖。

沉降区和熔炼区炉顶尾部各设有一道压拱，以增强高温火焰与熔体之间的热传递，同时兼有捕集烟尘的作用。在熔炼区炉顶上安装有铜水套加料管。炉顶直角拐弯处都安装有铜水套冷却件，以减轻气流和粉尘蚀损速度。

直升烟道设在熔炼区尾部，风口鼓风造成的熔体喷溅和烟尘中熔融尘易黏结在上面，故直升烟道用铜水套冷却件构成，以减轻黏结并便于清理。

6 – 2

答：产能小；烟气二氧化硫含量低。

6 – 3

答：（1）熔炼区与沉降区的熔体发黏。炉温低或加料过多，风口难捅，进风量少，炉料熔点高以及大块物料过多等，都会使熔炼区熔体发黏。提高炉温，严防加料成堆，采用合理渣型是消除该现象的预防措施。

沉降区炉渣发黏除了供热不好、炉温低及熔炼区加料过多和操作上的原因外，还与炉料含锌高有关。炉渣中含 SiO_2 过高，渣发黏；炉渣中的 Fe_3O_4 过多，黏度亦增加。

当炉渣发黏时，如为炉料含 Zn、SiO_2 高所致，则需调整炉料成分；如为生料和炉温降低所致，则应减少或暂停加料，提高炉温，并用风管吹风搅动熔体，促使生料快速熔化；如为炉底积铁，可往炉内加铸铁球洗炉。

（2）风口难清理。熔炼区加料过多，熔体温度低；风压低，风管出口黏结；铜锍面过低，风口处于渣层之中，炉渣受吹入冷空气作用降温快；风管出口有料堆等，这些情况都将造成风口难捅现象。此外，风口内壁结渣或风管安装不正确，也使风口难以清理。

（3）加料管难清理。加料管难捅的主要原因是炉料中 SiO_2 不足，导致渣含铁高，这种炉渣喷溅到加料管内难以捅掉；其次是加料气封风量过大、炉温低、熔体喷溅严重，引起加料管内黏结。

（4）直升烟道结瘤。熔炼区尾部风口造成的熔体飞溅和随烟气带走的烟尘容易使直升烟道内壁结尘黏结。清出结瘤的方法是停炉时用炸药爆破或用重油烧化。在直升烟道内壁安装水套以及在直升烟道底部熔池中使用小直径风口送风对减轻直升烟道结瘤有较显著的效果。

6-4

答：生产实践表明，白银炉渣中的 $(SiO_2 + CaO)/Fe$ 比值控制在 1.0~1.1 较为合适。当 $(SiO_2 + CaO)/Fe$ 比低于 1.0 时，渣含铜显著升高；比值高于 1.2，渣含铜降低幅度较小，渣量增多，渣含铜的绝对损失量增加。

白银炉的鼓风搅动的搅动特性有利于 Fe_3O_4 的还原。白银炉渣 Fe_3O_4 含量较低，一般为 2%~5%，对渣含铜影响不大。

白银炉的生产实践表明，炉膛温度的高低会影响炉渣黏度和炉渣与铜锍的分离。炉渣排放温度一般应控制在 1200~1250℃，炉膛火焰温度应高于排放温度 150~200℃，达到 1350~1400℃。合适的炉温对降低渣含铜是非常重要的。

白银炉返回转渣的操作对渣含铜有一定影响。但是，采取合理的操作制度能够将这种影响减小。集中返渣或间隔时间较短时，转炉渣在炉内停留的时间缩短，不利于渣含铜降低；停留时间小于 20min，渣含铜急剧升高。转炉渣在炉内停留的时间也不宜过长，超过 60min 渣含铜下降幅度很小，停留时间以 40min 为宜。

在较高温度下的稳定操作对降低渣含铜非常重要。在一定供风、供热条件下，要控制加料速度与放渣、放锍、返转炉渣的速度相适应。严格控制渣层及厚度，稳定操作，避免较多的"夹生料"由熔炼区进入沉淀区，避免这些"夹生料"还未来得及过热和进一步的反应而随渣放出，是降低渣含铜的重要措施。

6-5

答：（1）熔炼效率高。

（2）能耗较低。

（3）白银炉熔池中设置了隔墙，将整个炉子分隔成两个区：熔炼区和沉降区。

（4）在熔炼区熔池中由于有足够的 FeS 和 SiO_2 存在，在鼓风的强烈搅动下 Fe_3O_4 能与之充分接触；而且炉料中配有适量的煤，因此炉渣中 Fe_3O_4 含量低，一般为 2%~5%。

（5）白银炉熔炼是将湿炉料直接加入炉内，随气流带走的粉尘量少；另外熔炼区鼓风搅拌强烈，翻腾飞溅的熔体对炉气夹带的粉尘起了良好的捕集作用，因而熔炼烟尘率相对较低，仅为 3% 左右。

（6）白银炉熔炼对原料的制备要求简单。

（7）转炉渣可以返回白银炉进行贫化处理。

（8）白银炉熔炼的铜硫品位可容易地通过风矿比在较大的范围内进行调整。

（9）白银炼铜法对原料的适应性强，有利于共生复杂矿的综合利用。

（10）白银炉可使用粉煤、重油、天然气等多种燃料，适应性较强。

（11）白银炉在富氧熔炼过程中，炉料中有 60% ~ 70% 的硫进入气相，烟气含 SiO_2 达到 10% ~ 20%，成分和数量比较稳定，所产烟气适用于两转两吸制酸工艺，硫的总利用率可达 93%。

七、传统熔炼法

7 – 1

答：反射炉熔炼的原理：

粉状炉料（生精矿或焙砂）由炉顶两侧加料孔加入到侧墙下部的料坡上，由燃烧室燃料燃烧产生的高温炉气带入熔炼室，带入的热量以对流传热的方式传递给炉料和熔池表面、炉顶以及上部炉墙。除了在装料时炉气穿过炉料直接与部分炉料颗粒表面短暂接触外，入炉料只能是在料坡的表面与炉气接触受热熔化。因此在反射炉内直接由高温炉气传递热量供炉料熔化的条件是很差的，而主要的是依靠自热的炉顶和上部炉墙以辐射传热的方式传递热量给料坡和熔池表面，使熔炼过程获得足够的热量。

反射炉熔炼主要优点：

（1）反射炉熔炼可以处理在物理状态上不适于鼓风炉熔炼的细料。

（2）反射炉熔炼可以用各种燃料来加热，如粉煤、重油、天然气等，而鼓风炉只能使用资源有限的焦炭。

（3）反射炉熔炼的单位炉料空气消耗量较鼓风炉要少得多。按化学反应反射炉熔炼比鼓风炉熔炼过程简单，而且可以接近炉子观察炉顶、炉墙各部分的状态，操作易于控制和管理，机械化程度较鼓风炉高。

（4）反射炉熔炼单位生产能力低于鼓风炉，但单炉的总熔炼能力却比鼓风炉大得多，因此适于大型铜厂采用。

反射炉熔炼的主要缺点：

（1）熔炼是在中性或弱氧化气氛中进行，因此氧化能力低，氧化放热少；85% ~ 90% 的热源靠燃料燃烧供给，因此能源消耗高。

（2）反射炉熔炼的脱硫率低，一般约在 25% ~ 30%；烟气中的二氧化硫浓度低，不能回收生产硫酸，同时会对大气造成严重污染。由于社会对环境污染的控制越来越严格，给反射炉熔炼的应用和发展带来难以克服的阻碍。

（3）反射炉的炉料是靠燃料燃烧的热量来加热熔化的，加之炉料自身的热导率很低，而且受热表面十分有限，因此单位生产能力很低。

（4）反射炉熔炼的主要热源是高温炉气，而高温炉气主要依靠温差，通过对流、传热的方式将热量传递给料坡、熔池面、炉顶、上部炉墙，因此，热效率低，一般只能有 25% ~ 30% 在炉内利用。

7 – 2

答：电炉熔炼原理实质上可分两个过程：一个为热工过程（如电能转换、热能分布等）；另一个为冶炼过程（如炉料熔化、化学反应、铜渣分离等）。

该工艺特点：电炉容易形成高温区而且温度易于控制；不添加燃料、没有燃烧气体产生，因而炉气量较低，并对多种物料具有较强的适应性。

7-3

答：传统熔炼工艺与现代强化工艺相比有如下缺点：

（1）床能力及脱硫率比较低，导致能耗高而消耗大量的燃料。

（2）自动化程度低，劳动强度大。

（3）产出铜锍品位低，致使转炉吹炼时间长，并有可能使吹炼第一周期温度过高，从而降低转炉的寿命，导致耐火材料单耗升高。

（4）烟气中 SO_2 浓度低，不适宜制酸。密闭鼓风炉熔炼虽采用富氧能够提高烟气中 SO_2 浓度，但当与转炉相配时，只能满足一转一吸的制酸工艺要求，尾气仍需处理才能达标排放。

（5）硫的回收率低，环保效果差。

（6）对脉石高的难熔铜精矿不适于处理。

九、熔锍吹炼

9-1

答：在标准状态下，只要有 FeS 存在，同种金属硫化物与氧化物反应生成金属的过程就不会发生。因此铜锍吹炼过程的两个阶段可以明显地分别出来。

9-2

答：Fe_3O_4 会使炉渣熔点升高、黏度和密度也增大。炉渣中 Fe_3O_4 含量较高时，会导致渣含铜显著增高，喷溅严重，风口操作困难；在转炉渣返回熔炼炉处理的情况下，还会给熔炼过程带来很大麻烦。

控制 Fe_3O_4 的措施和途径：

（1）转炉正常吹炼的温度在 1250～1300℃ 之间。在兼顾炉子耐火材料寿命的情况下，可适当提高吹炼温度。

（2）保持渣中一定的 SiO_2 含量。

（3）勤放渣。

9-3

答：卧式侧吹转炉吹炼过程是间歇式的周期性作业。作业污染大、直收率低、烟气量大。

闪速吹炼特点：

（1）精矿中硫的回收率达 99.9%，高于任何一个铜冶炼厂。

（2）污染物大大降低，大多远低于最新标准，因而此类冶炼厂是目前世界上最清洁的工厂。

（3）硫酸尾气的 SO_2 浓度仅为 100×10^{-6}。

（4）与老厂相比，新冶炼厂生产 1t 铜的能耗只需原工艺的 1/4，且新厂余热发电量可供全厂总耗电量的 85%。

（5）熔炼、吹炼总烟气量（标态）仅为 $60000m^3/h$，比一台 $\phi 4 \times 9.2m$ 的转炉烟气量还小。制酸设备的烟气处理能力仅需原系统的 50%。

（6）劳动生产率由 300 吨/（人·年）提高至 1000 吨/（人·年）。

（7）无包子运输，无需建筑坚固的行车厂房。

(8) 闪速吹炼流程有很大的灵活性。熔炼炉与吹炼炉可各自独立操作，不必紧密相联，可以将铜锍储存起来，两个工序不会相互制约。

(9) 据报道，采用 FSF + FCF 工艺，其投资为 FSF + PS 工艺的 85% ~ 90%，总作业成本仅为 89%。

9 - 4

答：造渣期：

$$FeS + 1.5O_2 \Longrightarrow FeO + SO_2$$
$$2FeO + SiO_2 \Longrightarrow 2FeO \cdot SiO_2$$

造铜期：

$$Cu_2S + 1.5O_2 \Longrightarrow Cu_2O + SO_2$$
$$2Cu_2O + Cu_2S \Longrightarrow 6Cu + SO_2$$

9 - 5

答：将吹炼温度 1573K 代入吉布斯自由能公式，分别得出 - 129170J、- 189211J、- 220442J，判断 Cu_2S、Ni_3S_2、FeS 发生氧化的顺序为 $FeS > Ni_3S_2 > Cu_2S$。

9 - 6

答：将 1473K 代入求出 $K_P = 5400$，反应可以进行。

9 - 7

答：闪速吹炼的应用前景：

现代熔炼技术对吹炼的要求是：

(1) 高吹炼富氧浓度；

(2) 能处理高品位铜锍；

(3) 送往酸厂的烟气连续、稳定，SO_2 浓度高；

(4) 逸散烟气少。

肯尼柯特原有 3 台诺兰达炉，采用闪速熔炼和闪速吹炼工艺后有如下优势：

(1) 精矿中硫的回收率达 99.9%，高于任何一个铜冶炼厂。

(2) 污染物大大降低，大多远低于最新标准，因而该冶炼厂成为目前世界上最清洁的工厂。

(3) 硫酸尾气的 SO_2 浓度仅为 100×10^{-6}。

(4) 与老厂相比，新冶炼厂生产 1t 铜的能耗只需原工艺的 1/4，且新厂余热发电量可供全厂总耗电量的 85%。

(5) 熔炼、吹炼总烟气量（标态）仅为 $60000m^3/h$，比一台 $\phi 4 \times 9.2m$ 的转炉烟气量还小。制酸设备的烟气处理能力仅需原系统的 50%。

(6) 劳动生产率由 300 吨/(人·年) 提高至 1000 吨/(人·年)。

(7) 无包子运输，无需建筑坚固的行车厂房。

(8) 闪速吹炼流程有很大的灵活性。熔炼炉与吹炼炉可各自独立操作，不必紧密相联，可以将铜锍储存起来，两个工序不会相互制约。

(9) 据报道，采用 FSF + FCF 工艺，其投资为 FSF + PS 工艺的 85% ~ 90%，总作业成本仅为 89%。

以闪速熔炼 - 闪速吹炼工艺为基础的新冶炼厂将为全世界的铜冶炼厂制定新的环境标准。而且高处理量、高铜锍品位是闪速熔炼的主要发展方向，因此，闪速熔炼 - 闪速吹炼工艺将是闪速冶炼的发展方向。

十一、粗铜的火法精炼

11 –1

答：通过惰性气体 N_2 搅拌作用使硫与氧接触发生氧化反应而除硫。

11 –2

答：砷和锑与铜能形成一系列化合物和镍云母溶入铜中，这便是砷锑难除的主要原因。可用反复氧化还原的方法除去砷锑，即将砷锑氧化为 As_2O_3 和 Sb_2O_3 挥发。但此时有一部分砷锑会形成 As_2O_5、Sb_2O_5 以及砷酸盐和锑酸盐，所以需进行还原，使砷锑由高价还原为低阶氧化物再挥发除去，也可用苏打或石灰等碱性熔剂使砷锑形成不溶于铜中的砷酸盐和锑酸盐造渣除去；还可用石灰和萤石混合熔剂使砷锑造渣。

铅可以氧化成 PbO 与炉底或吹入的 SiO_2 造渣，更有效的是采用磷酸盐和硼酸盐两种造渣形式除铅。

11 –3

答：倾动炉与反射炉和回转炉相比，具有以下的优点：

（1）炉膛具有反射炉炉膛的形状，断面合理、受热面积大、热交换条件好、炉料熔化速度快。

（2）配备有两个加料门，铜料能快速均匀地加到炉膛各部位，冷、热料都适合处理。

（3）侧墙装有固定风管，倾转炉体可使风口埋入液面下进行氧化还原作业，不需要插风管操作。渣口开在侧墙上，倾转炉体可以撇出炉渣。侧墙上开有放铜口，倾转炉体可放出铜水，流量调节较为灵活。

（4）机械化程度高，取消了繁重的人工操作，劳动生产率高。

倾动炉与反射炉和回转炉比较，也存在着不足之处：

（1）炉体形状特别，结构复杂、加工困难、投资高。

（2）操作时倾转炉体，重心偏移，处于不平衡状态工作，倾转机构一直处于受力状态。

（3）炉体倾转，影响炉顶、炉墙的稳定性，在炉墙、炉顶烧损后，影响更大。

（4）在炉体倾转时，排烟口不与炉体同心转动，密封较困难。

这些不足之处影响了倾动炉的推广和发展，目前只有少数杂铜冶炼厂采用这种炉型。

11 –4

答：粗铜过老，氧量增加，增加还原时间；粗铜过嫩，硫含量增加，增加氧化时间。

11 –5

答：阳极铸模，过去用铸铁或铸钢。铁的导热性差，耐急冷急热性差，易龟裂，寿命短，成本高。现在都采用（还原结束的）阳极铜浇铸的铜模。铜的导热性好，耐急冷热性好。

11 –6

答：阳极外形质量与下列因素密切相关：

（1）铜液含硫。（2）铜液含氧。（3）铜水温度。（4）浇铸速度。（5）圆盘运行的平稳性。（6）铜模的水平度。（7）阳极冷却。（8）铜模质量。（9）脱模剂。

十二、电解精炼

12 −1

答：主要有胶、硫脲、干酪素（阿维通）、盐酸等。

（1）胶的作用：在电力作用下分解成的阳离子优先吸附在阴极凸出部位，阻止继续析出，达到抑制顶端结晶的作用，从而抑制粒子的生成，使板面平整。

（2）硫脲的作用：使阴极形成更多的晶核，结晶细、密。

（3）干酪素（阿维通）的作用：使电解液中的悬浮物凝聚后沉降，减少因悬浮物产生的粒子。

（4）盐酸的作用：可使电解液中的银离子成为氯化银沉淀进入阳极泥，减少贵金属损失，也使砷、锑、铋对阴极铜的危害减小。

12 −2

答：随着电积过程的进行，电解液中铜浓度不断下降，特别是铜浓度下降到 8g/L 以下时，Cu 的放电电位下降，在阴极附近铜离子贫乏，使 As、Sb、Bi 与 Cu 一并析出，在阴极上得到 As、Bi、Sb 高的黑色疏松沉积物而实现脱杂的目的。

12 −3

答：当阳极板主品位比较低时，杂质元素的含量比较高，必定使电解液污染比较严重。在电解过程中会发生电解液铜离子浓度下降，杂质离子富集较快、阳极泥率大、溶液洁净度低，各种阳极泥固体颗粒易在阴极上机械黏附现象，使阴极铜杂质含量上升，物理表面结粒严重，影响阴极铜质量，而且使电解电流密度不能升得更高，补充的硫酸铜新液量增加而相应增加净化工序的负荷，使电解精炼成本上升，劳动生产率下降。

12 −4

答：（1）漏电：1）导电排对地漏电；2）电解槽漏电；3）电解液循环过程漏电。（2）阴极的化学溶解。（3）极间短路。（4）其他。二价铁离子在阳极被氧化成三价，三价铁离子在阴极被还原成二价。

主要因素是极间短路。

12 −5

答：（1）阳极板的杂质如 Ni、O 等含量不超过一定的范围；

（2）关注阳极板的成分变化，及时调整电解工艺技术条件；

（3）加强装槽前的阳极板泡洗；

（4）配加适量的盐酸，使电解液中保持适量的 Cl^- 含量。

12 −6

答：引起阴极铜工粒子的原因主要有以下三种情况：

（1）固体颗粒附着于阴极引起的粒子：

1）金属铜粉的附着；

2）Cu_2O 的黏附；

3）阳极泥的附着；

4）漂浮阳极泥的黏附。

（2）添加剂配比不当引起的粒子。

（3）局部电流密度过高引起粒子。

为了预防阴极上生长粒子和凸瘤，应采取以下措施：

（1）阳极的化学成分应与采用的技术条件相适应。

（2）控制良好的阳极和始极片的物理规格，阳极和始极片在入槽前应经过压平处理，避免弯曲、卷角。阳极应无鼓泡、气孔、飞边毛翅等；始极片应具有良好的刚性和悬垂度。根据电流密度的大小，始极片的面积应适当大于阳极面积。

（3）新阳极装槽前应经热的稀硫酸溶液充分浸洗，溶去表面和孔洞内的氧化亚铜。酸洗后，阳极表面黏附的铜粉应仔细用新水冲洗除去。

（4）提高电极装槽质量，力求使阴、阳极对正，极间距均匀，接触点光洁。

（5）根据各厂的具体条件，选择和稳定最适宜的电解技术条件，如电流密度、电解液成分、电解液温度和循环速度。

（6）加强对阴极铜结构的观察，选用有效的添加剂，并摸索最适宜的添加剂配比和加入方式。

（7）加强电解液的净化和过滤，控制电解液中可溶杂质和固体悬物的浓度在一定范围，保持电解液清亮，降低电解液的密度，给阳极泥的沉降创造良好的条件。

12 - 7

答：始极片单重：$22000/80 \times 1.186 \times 21 \times 0.988/1000 = 6.8 \text{kg}$

此两组电解槽通电时间：$(7 \times 24 + 16) = 184 \text{h}$

理论析出量：$22000 \times 1.186 \times 2 \times 16 \times 184/1000000 = 153.6 \text{t}$

始极片重量：$6.8 \times 2 \times 16 \times 40/1000 = 8.7 \text{t}$

实际析出量：$156 - 8.7 = 147.3 \text{t}$

电流效率：$147.3/153.6 = 95.9\%$

12 - 8

答：根据已知条件，残极的重量为：$150 \times 15\% = 22.5 \text{kg}$

可供溶解部分的阳极重量为：$150 - 22.5 = 127.5 \text{kg}$

可供溶解部分整槽阳极的重量为：$127.5 \times 40 = 5100 \text{kg}$

该槽每天阴极的析出量为：$1.186 \times 12000 \times 24 \times 0.95 \times 0.95 \times 10 - 3 = 308.27 \text{kg}$

阳极的理论周期为 $5100/308.27 = 16.54 \approx 17 \text{d}$

12 - 9

答：$120000 \div 80\% \times 0.01\% \times 80\% \times 1000 \div 6 = 2000 \text{m}^3$

12 - 10

答：$M = 26000 \times 1.186 \times 20 \times 15 \times 30 \times 24 \times 0.958 \times 0.962/1000000 = 6138 \text{t}$

$W = 2443067/6138 = 398 \text{kW} \cdot \text{h/t} \text{铜}$

参 考 文 献

[1] 朱祖泽，贺家齐. 现代铜冶金学 [M]. 北京：科学出版社，2003.

[2] 杜子瑞. 粗铜冶金 [M]. 北京：中国有色金属工业总公司职工教育教材编审办公室，1986.

[3] 陈海廷，李振武. 精铜冶金 [M]. 北京：中国有色金属工业总公司职工教育教材编审办公室，1996.

[4] 彭荣秋. 铜冶金 [M]. 长沙：中南大学出版社，2004.